半导体与集成电路关键技术丛书

扇出晶圆级封装、板级封装及嵌入技术

高性能计算（HPC）和系统级封装（SiP）

［美］贝思·凯瑟（Beth Keser）
［德］斯蒂芬·克罗纳特（Steffen Kröhnert）　编著

吴向东　雷　剑　李林森　刘俊夫　罗　丹　卢　茜
李力一　林玉敏　李鹏程　王传声　倪　涛　曾敏慧　　译
张正缘　邹方静　李晶晶　卫　敏　夏逸凡　李丹婷
朱　喆　王　畅　雷子薇　孙　雷

王　琛　周泉丰　孟德超　审校

U0219026

机械工业出版社

CHINA MACHINE PRESS

本书提供了多种视角下对各种扇出和嵌入式芯片实现方法的深入理解，首先对扇出和晶圆级封装的技术趋势进行了市场分析，然后对这些解决方案进行了成本分析，讨论了由台积电、Deca、日月光等公司创建的先进应用领域的封装类型。本书还分析了新技术和现有技术的 IP 环境和成本比较，通过对当前推动先进应用领域的新封装类型发展的半导体 IDM 公司（如英特尔、恩智浦、三星等）的开发和解决方案的分析，阐述了各类半导体代工厂和制造厂的半导体需求，同时对学术界的前沿研究进展进行了归纳总结。

本书适合微电子封装工程师及从事微电子封装研究的学者和师生阅读，同时也是半导体制造封装行业从业者的优良参考书。

图书在版编目（CIP）数据

扇出晶圆级封装、板级封装及嵌入技术：高性能计算（HPC）和系统级封装（SiP）/（美）贝思·凯瑟（Beth Keser），（德）斯蒂芬·克罗纳特编著；吴向东等译 . —北京：机械工业出版社，2024.6

（半导体与集成电路关键技术丛书）

书名原文：Embedded and Fan-Out Wafer and Panel Level Packaging Technologies for Advanced Application Spaces:High Performance Compute and System-in-Package

ISBN 978-7-111-75580-7

Ⅰ. ①扇…　Ⅱ. ①贝…②斯…③吴…　Ⅲ. ①集成电路 - 封装工艺　Ⅳ. ① TN405

中国国家版本馆 CIP 数据核字（2024）第 072945 号

机械工业出版社（北京市百万庄大街 22 号　邮政编码 100037）
策划编辑：吕　潇　　　　　责任编辑：吕　潇
责任校对：张爱妮　牟丽英　　封面设计：马精明
责任印制：刘　媛
北京中科印刷有限公司印刷
2024 年 6 月第 1 版第 1 次印刷
169mm × 239mm · 16.75 印张 · 298 千字
标准书号：ISBN 978-7-111-75580-7
定价：128.00 元

电话服务　　　　　　　　网络服务
客服电话：010-88361066　　机 工 官 网：www.cmpbook.com
　　　　　010-88379833　　机 工 官 博：weibo.com/cmp1952
　　　　　010-68326294　　金 书 网：www.golden-book.com
封底无防伪标均为盗版　机工教育服务网：www.cmpedu.com

自 1958 年美国德州仪器（Texas Instruments，TI）公司的杰克·基尔比（Jack S. Kilby）和 1959 年仙童（Fairchild）公司的罗伯特·诺伊斯（Robert Noyce）发明集成电路以来，半导体产业由"发明时代"进入了"商用时代"。过去 30 年，以集成电路为核心的电子信息产业已经超过了以汽车、石油、钢铁为代表的传统工业，成为世界第一大产业。未来电子信息产业的深度演进，一方面依赖于半导体材料与工艺的不断进步，另一方面离不开先进封装技术的持续进步与技术融合。相较于将芯片从晶圆上分立出来，再进行电路连接的传统封装，直接在晶圆上进行操作的晶圆级和板级先进封装技术，简化了工艺流程、降低了封装费用、改善了散热性能、提高了芯片集成度和系统性能，展现出速度、能耗、可靠性等优势，包括嵌入和扇出在内的晶圆级和板级先进封装技术直接影响甚至决定集成电路产业的技术水平，正成为国家或地区综合实力的重要标志之一。

集成电路是信息化和智能化社会的根基，而封装集成技术也逐渐成为集成电路领域最为重要的技术组成之一。2020 年我国不仅正式将"集成电路科学与工程"设置为一级学科，还发布一系列重大专项和政策支持，旨在发展一条集成电路自主工艺和先进封装技术的新路径。然而，当前本领域尚缺乏兼容专业深度和业务广度的中文科普性参考书籍。

值得注意的是，贝思·凯瑟博士等编著的《扇出晶圆级封装、板级封装及嵌入技术：高性能计算（HPC）和系统级封装（SiP）》从先进封装市场、当前技术关键、未来技术趋势等方面入手，涵盖了集成扇出技术的成本优势分析、在移动端和高性能计算领域的应用现状、高密度集成和异质集成领域的新进展、嵌入式技术在功率芯片和混合集成领域的新技术，囊括了主要企业和研究机构的先进技术现状，分析和展望了嵌入和扇出晶圆级封装技术的新的技术方向和巨大潜力，是本领域急缺的重要参考读物。各章节翻译人员均是具有长期科研和实践的年轻骨干，并请行业资深专家进行审校。我相信，本书的出版必定会对我国电子封装领域人才培养和科技人员技术水平提升起到促进作用！以嵌入式和扇出型为代表的先进封装技术的发展正当其时，新一轮以先进封装技术驱动的集成电路产业高速发展值得期待！

中国科学院院士、IEEE Fellow

2023 年 9 月

先进封装市场不断增长，其中，嵌入式和扇出晶圆级封装（FO-WLP）以及扇出板级封装（FO-PLP）已成为市场的主要增长点。从 2009 年在小批量生产中简单应用，连接半导体芯片与球栅阵列（BGA）焊球的铜再布线层（RDL）的线宽和线距大于 10/10μm；到 2016 年，线宽和线距进展到更小的 10/10μm 到 5/5μm 之间，实现了高密度多层 RDL；到现在，线宽和线距小于 5/5μm，实现了超高密度（UHD）RDL。这项技术模糊了晶圆和基板工艺之间的界限，将对半导体封装行业产生革命性的影响。扇出技术带来的优势是不可否认的：高精度线宽和线距的铜再布线层具有高产率，由于其高带宽密度和极优的能量效率（低传输能耗），因此在高性能计算（HPC）行业得到了广泛应用；由于消除了基板，低轮廓封装在智能手机中得到了广泛应用；由于消除了线键和焊料凸点互连，使互连更短，从而提高了所有潜在产品的电气性能。这些都是技术层面的进步。消除基板后，厂商不再需要订购基板并跟踪其库存，而消除了凸点或线键互连意味着不需考虑对应的生产周期，从而降低成本。因此，在成本和供应链管理方面也取得了进展。

中国已经准备好用扇出晶圆级和板级封装技术撬动封装产业。供应商如江苏长电和天水华天已经推出扇出型封装解决方案。其他公司如长电集成电路、天空半导体、成都奕成科技和华润微电子也进入了该市场，提供晶圆级或板级的封装解决方案。这么多中国公司的入局验证了这项技术是半导体封装业的未来。以前从未有过这么多封装解决方案供应商同时进入同一个新技术市场的情况。

2016 年，市场已经验证了这项技术的成功。台积电向苹果 iPhone 7 交付了第一个采用扇出型分布技术的应用处理引擎（APE），而高通则开始以十亿数量级的板级封装向市场交付射频（RF）器件和电源管理集成电路（PMIC）。经过最初十年的担忧和观望，这项技术已经取得了成功。

我期待着北美、欧洲、东亚、南亚和东南亚在技术上能够实现无缝合作，让这个世界变得更美好。像扇出封装这样的新型先进封装技术需要从集成设备制造商（IDM）、无晶圆厂（Fabless）、原始设备制造商（OEM）、材料和设备供应商、外包半导体（产品）封装和测试（OSAT）公司到客户等一系列全球范围内的合作来共同开发。继续维持这些合作伙伴关系，才能让创新蓬勃发展。

国际微电子组装与封装协会（IMAPS）2023 年轮值主席

贝思·凯瑟（Beth Keser）博士

2023 年 4 月 24 日

进入 21 世纪以来，晶圆级封装（WLP）开始得到广泛应用，其中大部分封装和测试是以全晶圆形式完成的。WLP 不需要 IC 载板作为过渡，因此可以实现更薄的封装形式并直接安装在主板上。而扇出型封装 (FO) 的典型特征是互连 I/O 超出芯片边缘，可实现多芯片、2.5D 和 3D 封装。采用扇出封装技术还可以制造含有再布线层（RDL）的转接板，这是 2.5D 封装的低成本替代方案。此外，扇出封装技术促进了垂直方向的多芯片堆叠，从而解决了 3D 封装方案。输入 / 输出（I/O）接口密度的可扩展性，以及通过 2D、2.5D 和 3D 结构将无源和有源芯片集成在具有巨大小型化潜力的同一封装中，使扇出封装成为半导体封装的首选之一。尤其是 Apple 的 A10/A11/A12 系列 CPU 得到台积电（TSMC）诸多扇出型封装技术加持，在 iPhone 大放异彩之后，越来越多的技术工作者在讨论和研究扇出型封装。

本书共 11 章，分别从扇出晶圆和板级封装的市场和技术趋势、与其他技术的成本及技术方案比较、高性能计算（HPC）应用和移动端应用案例等维度介绍了嵌入式和扇出晶圆级封装技术。全书图文并茂、数据丰富翔实。期望本书的翻译出版能为国内广大从业研究人员和工程技术人员提供参考和借鉴。

本书涉及多学科技术，新工艺和新材料术语较多，因译者翻译和学术水平局限，有些表述可能存在不妥之处，恳请广大读者批评指正。

译者

　　自 2019 年 2 月我们出版《嵌入式和扇出晶圆级封装技术进展》（*Advances in Embedded and Fan-Out Wafer Level Packaging Technologies*，Wiley 出版社）以来，嵌入式和扇出封装技术已经取得了很大进展。这些封装技术已经变得更加普遍。过去，它们仅用于移动无线设备，如智能手机和平板电脑，而现在，它们已成为网络交换机、网络 SERDESIP 芯片、人工智能、5G 和汽车解决方案。由于这一革命性的进步仅用了 3 年时间，我们认为有必要编写本书。

　　本书共 11 章，以 Yole Développement 题为"扇出晶圆级和板级封装的市场和技术趋势"的市场分析开始，涵盖了这一激动人心的新技术的过去和未来；第 2 章则是 SavanSys Solutions 公司提供的成本分析；接下来是关于台积电（TSMC）的两章，详细介绍了他们的集成扇出技术在手机和高性能计算空间中的应用信息；第 5 章详细介绍了 Deca 公司在 M- 系列设计规则和从 300mm 圆形扩大到大型面板制造技术方面的进展；然后，弗劳恩霍夫 IZM 在第 6 章详细介绍了他们的面板技术；第 7 ～ 9 章重点介绍了日月光集团、AT&S 公司和 Phoenix Pioneer 公司的嵌入式技术；最后两章是由加州大学洛杉矶分校和佐治亚理工学院的未来封装技术的学术带头人所写。

贝思·凯瑟

斯蒂芬·克罗纳特

原书致谢

这本书献给我的父母，老罗伯特·施内根伯格和卡罗尔·施内根伯格·贝尔。没有他们的关爱和鼓励，我不可能取得这50年职业生涯中哪怕一半的成就。同时，我还要感谢我的丈夫米兰·凯瑟，他在2004年从工程领域荣誉"退休"，抚养我们的女儿，而我则继续在热情地从事电子封装工程事业。

贝思·凯瑟

我想把这本书献给我的父亲贝恩德·克罗纳特，他于2021年3月去世，享年80岁，在最后的几年里，他一直忍受着阿尔茨海默病的折磨。他总是为我树立一个好榜样，坚持不懈地、有目的地追求他的目标，与他有幸一起工作或生活的人密切合作。他没有被挫折吓倒，而是总是向前看，并从中汲取力量，这使他能够走上一条与众不同的道路，纠正错误，尝试新事物，而不是墨守成规。他支持每个人，无论男女老幼，在相互尊重、接受和认可的文化氛围中密切合作。敢于做新的事情并坚持原则。如果我们只做我们一直做的事情，我们将不会有任何发展。

这些是我们在当今快速变化的世界中迫切需要的性格特征。因此，我希望这本书的读者拥有这些品质，这将有助于促进创新和卓越，造福人类，尽管推动我们的社会需要竞争，但不要忘记人类的贡献。

斯蒂芬·克罗纳特

我们特别感谢我们的朋友和家人，在我们周末和下班后抽出宝贵的时间来完成这项工作时所给予的耐心和支持。

贝思和斯蒂芬

第 2 章　扇出晶圆级封装（FO-WLP）技术与其他技术的成本比较 ··· 44

第 3 章　集成扇出（InFO）技术在移动计算上的应用 ········· 64

第 1 章

扇出晶圆级和板级封装的市场和技术趋势

Santosh Kumar、Favier Shoo 和 Stephane Elisabeth

1.1　扇出封装简介

1.1.1　历史背景

　　所有伟大的技术革命都是由不懈的创新驱动的，并因需要而被商业化。每一个突破性进展都结合了现有和过去的技术，从而创造出比以前更好的产品。几十年来，半导体封装领域的创新是方方面面的。表面贴装技术（Surface Mount Technology，SMT）于 20 世纪 80 年代建立，球栅阵列（Ball Grid Array，BGA）于 20 世纪 90 年代被采用，这些技术使所有电子系统的尺寸大幅减小。在 21 世纪，新出现的消费电子和移动终端设备成为整个社会现代化进步和经济增长的重要支柱。智能手机是其中一大进展。多样化的应用需求加上摩尔定律的放缓，已将半导体行业的注意力转向先进封装技术，以增强系统层面的性能和功能，以及更小的外形尺寸、更低的功耗和成本。事实上，如图 1.1 所示的主要先进封装技术平台，如倒装芯片（Flip Chip，FC）、扇出（Fan-Out，FO）⊖和扇入等，在实现更高性能的同时，还具备新的功能和更小的外形尺寸。这使得当今造型精致而功能强大的智能手机成为现实。

图 1.1　倒装芯片级封装（FC-CSP）和倒装芯片 BGA（FC-BGA）、
　　　　扇出和扇入晶圆级封装（WLP）示意图

　　自 2000 年以来，晶圆级封装（Wafer-Level Packaging，WLP）得到广泛

⊖　在本书中，缩写"FO"可表示"扇出"，也可表示"扇出型封装"（Fan-Out Packaging）。

采用，其中大部分封装和测试是以全晶圆形式完成的。WLP 不需要集成电路（Integrated Circuit，IC）基板作为过渡，因此可以实现更薄的封装形式，并且可以直接安装在主板上。而扇出封装（FO）的典型特征是互连超出芯片边缘，可实现多芯片、2.5D 和 3D 封装。FO 技术可用于制造含有再布线层（Redistribution Layer，RDL）的转接板，这是 2.5D 封装的低成本替代方案。此外，FO 技术促进了垂直方向的多芯片堆叠，从而实现 3D 封装解决方案。输入 / 输出（Input/Output，I/O）接口密度的可扩展性，以及通过 2D、2.5D 和 3D 结构将无源和有源芯片集成在具有巨大小型化潜力的同一封装中，这些优势使 FO 成为半导体封装的首选之一。从那时起，集成技术的突破达到了前所未有的水平：设计、制造以及前道（Front-End，FE）和后道（Back-End，BE）之间的公司都有交集。图 1.2 展示了一个"中道（Middle-End）"的区域，以 FO 封装分解图为例，此处凸点制作和封装均可在晶圆级上实现。

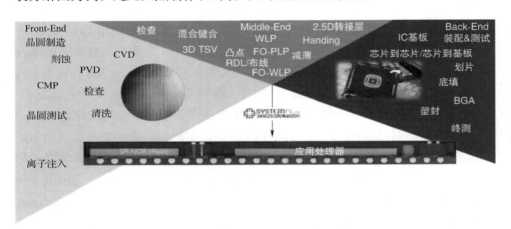

图 1.2　WLP 是 FE 和 BE 之间的"中道"

如图 1.3 所示，FO 的商业化历史可以追溯到十多年前。2006 年，飞思卡尔在美国亚利桑那州坦帕市建立了第一条 200mm 再分布芯片封装（Redistributed Chip Package，RCP）试验线[1]。当时，RCP 被视为一种颠覆性技术。它不仅不再需要倒装芯片凸点、引线键合和 IC 基板，而且不需要通过将芯片减薄来实现薄封装外形。在之后的 2010 年，为进一步提升 RCP 技术的能力，飞思卡尔和 Nepes 协作开展了一项联合开发工作，并在 Nepes 的新加坡工厂建立了一条 300mm RCP 生产线。Nepes 是飞思卡尔授权的第一个大体量的 RCP 合作伙伴。2015 年，恩智浦收购了飞思卡尔，因此恩智浦现在拥有并使用 RCP 技术。

此外，英飞凌是嵌入式晶圆级 BGA（eWLB）技术的开创者。这是一种从

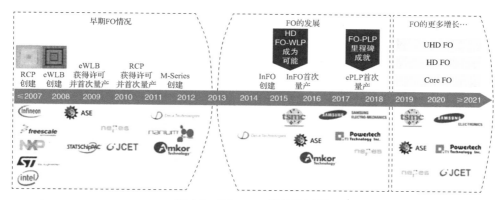

图 1.3　FO-WLP 的演进过程

2001 年至 2008 年开发的芯片先置、面朝下的解决方案[2]。2007 年，英飞凌和 ASE 以授权的模式宣布建立 eWLB 制造合作伙伴关系[3]。当认识到合法授权的合作关系可以将 eWLB 技术与外包服务商（Outsourced Assembly and Test，OSAT）的封装技术相结合，英飞凌开始更宽松地进行授权。自 2007 年以来，英飞凌已将 eWLB 解决方案授权给 ASE、Amkor Portugal（先前为 Nanium）、JCET Group（先前为 STATS ChipPAC）和意法半导体[4,5]。这些被授权方有权制造 eWLB 产品。英特尔通过收购英飞凌的无线业务，也有权使用 eWLB 技术[6]。

从 2008 年到 2009 年，ASE 建设了一条基于 eWLB 的 200mm 的扇出晶圆级封装（FO-WLP）生产线，但随后在 2012 年停产，因为当时市场规模不足以维持生产。2014 年，ASE 重新进入市场，并投资了一条 300mm 的 FO 生产线，这条生产线在 2016 年成功获得了高通的业务。ASE 还开发和投资了其他的 FO-WLP 技术，并于 2016 年获得 Deca Technologies 解决方案的授权许可。因此，ASE 拥有高度多样化的 FO-WLP 组合，包括 eWLB 许可、M-Series 许可，以及该公司内部的扇出基板上芯片封装（FO-CoS）和扇出板级封装（FO-PLP）。

2009 年，STATS ChipPAC 在其 200mm 生产线上首次认证了 eWLB 技术，成为英飞凌基带产品的 eWLB 的第二来源。长电科技于 2014 年 11 月以 7.8 亿美元的价格收购了 STATS ChipPAC，并推动该公司在 FO-WLP 市场占据重要地位。STATS ChipPAC 在当时引领了市场，自 2009 年至 2016 年 5 月，该公司已出货超过 10 亿颗 eWLB 封装，并在 2018 年超过 20 亿颗[7]。STATS ChipPAC 主要专注于核心 FO-WLP 批量应用的生产，包括基带调制解调器（Baseband modem，BB）、电源管理 IC（Power Management IC，PMIC）和射频（Radio Frequency，RF）器件等低端封装，并同时定位于系统级封装（System-in-Package，SiP）的市场。由于降成本的压力，该公司保持了 300mm 和 330mm 板级封装的生产线。330mm 的面板尺寸可实现规模经济。

2011 年，Nanium 成为第二家获得 300mm eWLB 大批量生产认证的公司，并在不到两年的时间内出货了 2 亿颗 eWLB 元件[8]。该公司基于其 300mm RDL 能力迅速开发了 eWLB。该技术最初是为堆叠式动态随机存取存储器（DRAM）市场开发的。Nanium 的 eWLB 封装生产线（两条 300mm 生产线）自 2012 年以来已全面投入运营。Nanium 的商业模式是在移动、工业、医疗和汽车市场开发更多高集成度的应用，例如多芯片封装（Multi-Chip Package，MCP）和 SiP，以创造更多的附加值，而不仅仅依赖于移动领域中的单芯片封装。这是因为在移动市场竞争只会越来越激烈。2017 年 2 月，Nanium 被 Amkor[9] 收购。

2011 年，Deca Technologies 发布了基于自适应图案（Adaptive Patterning，AP）技术的 M-Series 技术。Deca 的 M-Series 提供了一种不同类型的解决方案——它是一种芯片先置（chip-first）、面朝上（face-up）的方案，使用 AP 软件技术来解决图案错位问题[10]。Deca Technologies 在 2015 年报告称，自 2011 年以来已售出超过 1 亿单元，并在 ASE 投资 6000 万美元、高通投资 5000 万美元以授权该技术的基础上实现了更大的销量。2019 年，Nepes 收购了 Deca 的菲律宾业务，将 Deca 从制造业务中脱离出来[12]。2019 年之后，Deca 将其商业模式从制造重新定位为对外授权。

2015 年，Amkor 推出了两种芯片后置解决方案：SWIFT（硅晶圆集成扇出技术）和 SLIM（无硅集成模块）[13]。虽然 SWIFT 的最适合的目标市场是 FO-WLP（用于移动基带、RF 等）和高密度 FO-WLP（例如应用程序处理引擎），但 SLIM 更侧重于需要极高 I/O 数量或高精度互连的应用。例如具有中央处理器（CPU）或图形处理器（GPU）或片上系统（SoC）分区的内存，以及复杂的 SiP。通过 2017 年对 Nanium 的收购，Amkor 重新定义了其关于 FO-WLP 的策略。Nanium 的专有技术和 eWLB 技术将专注于核心 FO-WLP，而 SWIFT 解决方案将针对更先进的应用：高密度（HD）FO-WLP 或超高密度（UHD）FO-WLP。由于与 SWIFT 存在一些重叠且成本较高，Amkor 不再积极地提供 SLIM 技术。

直到 2016 年，当台积电（TSMC）的集成 FO-WLP（InFO）技术首次进入市场时，FO-WLP 才经历了一个重大的转折点，从而形成了一个全新的高端细分市场，定义为高密度扇出（HD FO），这是因为其嵌入了大芯片 [>（10mm×10mm）]，具有更精细的线宽/间距（L/S）RDL 和更高的 I/O（>1000）。此技术为苹果公司的 iPhone APE 而商业化[14]。正是在这个阶段，业界开始意识到 FO-WLP 在高端应用中的重要性。这一拐点对 FO-WLP 平台来说是一个巨大的推动，随后事实证明它是苹果智能手机中最重要的应用之一。而苹果是世界最大的被代工（OEM）品牌之一。

因此，伴随着 FO-WLP 新一波的创新浪潮，新玩家也进入了供应链。自 2016 年以来，InFO 仍然是台积电提供的关键 FO-WLP 产品。该技术支撑了移动智能手机、可穿戴智能手表，甚至是具有新 InFO 变体的高性能计算，例如基板上 InFO（InFO_oS）。它被定义为超高密度扇出（UHD FO）。

HD FO 的发明对 FO-WLP 市场空间非常有利。因为另一家主要参与者（三星电子）于 2017 年开始投资三星机电（SEMCO）的板级封装 HD FO 解决方案[15]。在 2018 年，SEMCO 成功开发了基于 FO-PLP 的 APE-PMIC 方案，并在三星 Galaxy Watch 上实现商业化。随着 FO-PLP 渗透到消费市场，SEMCO 的 FO-PLP 技术创立了一个前所未有的里程碑。尽管 FO-PLP 不具有 InFO 的 L/S 密度，但许多人认为这是在移动市场上与台积电 InFO 的直接竞争。2019 年，三星电子以 7.5 亿美元收购了 SEMCO 的 FO-PLP[16]。在同一公司旗下的前道工艺和封装技术之间的协同可能会带来更高的效率，就像台积电的模式（前道 + 封装）一样。

2017 年，Powertech 发布了另一种 FO-WLP 技术产品：CHIEFS（Chip Integration Embedded Fan-Out Solution，芯片集成嵌入式扇出方案）和 CLIP（Chip-Last Integration Package，芯片后置式集成封装）。PiFO（Pillars in Fan-Out，扇出内铜柱）和 BF^{2}O（Bump Free Fan-Out，无凸点扇出）完美支撑了此方案。凭借其在存储器和现场可编程门阵列（Field Programmable Gate Array，FPGA）封装方面的强势地位，Power Technology Incorporated（PTI）的 FO-PLP 将成为部分高成本 2.5D 和 3D IC 市场一个有前景的替代方案。他们还瞄准了高 I/O 数和多芯片的集成，例如 SoC 和内存、基带、无线模块和宽 I/O 内存。作为采用面板技术的首批公司之一，在工艺制造和可靠性方面面临很多挑战和风险。但如果实现了这一目标，则可以将成本降低 30% ～ 40%。2018 年，PTI 宣布了一项 16 亿美元的投资计划，在新竹科学园区建设一个新的先进封装工厂[17]。

1.1.2 关键驱动力：为什么是扇出封装

FO-WLP 是一种多功能半导体封装技术，可用于各种关键应用，例如分离式大型处理器芯片、移动 APE、汽车雷达和射频、音频编解码器、PMIC 和潜在的 5G 天线集成封装（AiP）。与传统的倒装芯片相比，它具有更薄的封装尺寸、更优的射频性能、更高的 I/O 密度和更低的热阻等优点。除了扇出电气 I/O 外，它还可用于各种 2.5D 和 3D 多芯片集成。如今，FO-WLP 已从低端封装技术发展为高性价比的集成平台，如图 1.4 所示。

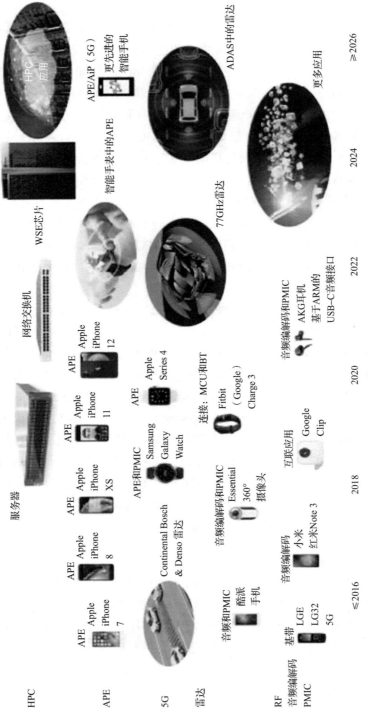

图 1.4　扇出封装市场驱动力路线图

近年来出现了对高性能计算（High Performance Compute，HPC）系统和数据中心的强烈需求。设计公司和代工厂正在提供技术方案，以驱动超大规模数据中心并加速人工智能（Artificial Intelligence，AI）和机器学习（Machine Learning，ML）的发展。众所周知，2.5D/3D 异构封装可以大大提高计算能力。由于硅晶圆厂工艺节点缩放的限制，性能提升需要更大的芯片。然而对于更大的芯片而言，良率－成本成为一个需考虑的大问题。因此，业界正在将大芯片分割成更小的部分，并利用先进的封装方案将芯片以最短、最密集的互连方式集成在一起。倒装芯片 BGA（FC-BGA）基板制造是一个成熟的工艺。然而，如果多层 FC-BGA 基板的 L/S 降至 $8\mu m/8\mu m$ 以下，则良率会降低。此外，在高温、低温和潮湿条件下进行测试时，也会出现可靠性问题。因此，联发科、海思等多家设计公司都在积极地认证 HD FO-WLP。初步数据表明，FO-WLP 可以处理带宽和高速 SERDES 信号。因此，当硅芯片尺寸通常很大并且存在低良率问题时，FO-WLP 确实可以通过在封装中组合较小的芯片来增加总芯片尺寸，作为提高晶圆良率的可选方案，先进晶圆工艺中尤其如此。

2016 年，台积电凭借其前道 10nm 逻辑工艺和后道 InFO 堆叠封装（InFO_PoP）技术（HD FO），成功获得了应用于苹果 iPhone 7 中的 A11 APE 订单。苹果 APE 今天仍继续采用 InFO_PoP 封装。2018 年，三星将 HD FO-PLP 用于其智能手表的 APE 和 PMIC，正如苹果的智能手表中的那样。这种趋势很可能会继续下去，因为 HD FO 将继续用于更高性能、更小封装尺寸的器件。

FO-WLP 的早期采用者之一是汽车雷达，尤其是在大于 76～81GHz 的较高频率下。2012 年，英飞凌凭借其 eWLB 技术将首款 77GHz 雷达单片微波集成电路（Monolithic Microware IC，MMIC）商业化。从那时起，雷达传感器的使用变得越来越广泛，相关公司一直试图在一个封装内实现雷达和其他部件，从而以更低的系统成本集成更多的芯片。封装（尤其是 FO-WLP）的进步实现了天线与射频芯片集成，从而使工作效能更上一个台阶。这为满足下一代汽车功能［例如高级驾驶员辅助系统（Advanced Driver Assistance System，ADAS）］的汽车雷达需求打开了大门。

基于 FO-WLP 的 77GHz 雷达传感器已经在汽车座舱或信息娱乐和 ADAS 安全系统中获得良好的应用。5G 毫米波在大于 60GHz 的高频范围内运行，需要更高的数据速率和更宽的带宽。随着我们进入新的十年，有一点是肯定的：5G 毫米波的采用率将继续增长，因为相关公司正在加速实现这一共同目标。为了实现宽带，需要更高的频率（即毫米波）解决方案。然而，这个波长接近 IC 封装中的互连长度。因此，预计会出现从 RF 芯片到天线的信号衰减。为了通过使用更短的互连线来减少损耗，会将天线设计到封装之中。

台积电发表了多篇技术论文，展示了与倒装芯片 IC 基板相比，InFO_AiP 如何实现毫米波系统集成的低传输损耗和高天线性能[18, 19]。然而，InFO_AiP 的应用将依赖于苹果公司所作的决定。苹果现在正在内部开发各种 5G RF 芯片组，包括调制解调器和 RFIC。目前 iPhone 中的毫米波 AiP 使用高通芯片组，苹果在开发自己的芯片组时，他们将有可能应用 FO-WLP AiP。

1.1.3　扇出晶圆级封装（FO-WLP）与扇出板级封装（FO-PLP）

与倒装芯片或引线键合等传统封装平台相比，FO-WLP 仍被认为是一个昂贵的平台。因此，FO-WLP 只在有限的应用中采用，例如音频编解码器、网络连接器件、微控制器单元（Micro controller Unit，MCU）、电源管理 IC（PMIC）和射频。对于许多低端应用来说，它仍然过于昂贵。

FO-WLP 的用户一直在努力压低制造成本。大幅度降低成本对公司实现高利润率非常有吸引力。在 FO-WLP 市场中，由于其制造过程的规模经济效益，FO-PLP 有可能降低成本。高通和联发科是两家对此有需求的知名公司。

如果成交量不高，并且资本支出（CapEx）和投资回报率（ROI）不合理，FO-PLP 就没有意义。有人将 FO-PLP 视为绕过已饱和的 FO-WLP 知识产权（IP）的方法之一。FO-PLP 是降低成本的唯一途径的观点存在很大争议。Pro-FO-WLP 公司已不再低估 FO-PLP 的渗透率。事实上，目前越来越多的公司正在转向 FO-PLP。支持 FO-WLP 的公司担心，如果 FO-PLP 真的迅速繁荣，那么 FO-WLP 的价格将不再具有竞争力。再加上终端客户对降低成本的强烈推动，我们看到越来越多的公司如 PTI、SEMCO、ESWIN、ASE、Nepes 和 Deca 涉足 FO-PLP。另一方面，部分企业选择先观望进展，在没有成交量的情况下不愿投资 FO-PLP。对他们来说，板级封装需要经历非常高的销量才能真正繁荣。

为了理解 FO-PLP 的理论优势，我们建立了一个设备生产量模型来比较 FO-WLP 与 FO-PLP 对生产所需工具数量的影响，如图 1.5 所示。

在此模型中，FO-WLP 市场所需的产量为 1941605 片晶圆（300mm 晶圆当量）。Yole Développement 报告称这是 2018 年的 FO 总产量。在产量相似的情况下，FO-PLP 在生产同样数量晶圆时需要的工具比 FO-WLP 少。FO-WLP 和 FO-PLP 所需工具数量的差异在每小时 10 个载板（相差 17 个工具）的较低吞吐量下比每小时 40 个载板（相差 4 个工具）更为显著。当工艺吞吐量较低时，工具单元数量的差异更大，因为在这种低吞吐量下将需要更多工具来满足大约 194 万片的晶圆需求。从比率的角度来看，假设良率和工具吞吐量相同，与 FO-WLP 相比，FO-PLP 需要 1/3 的工具单元数。

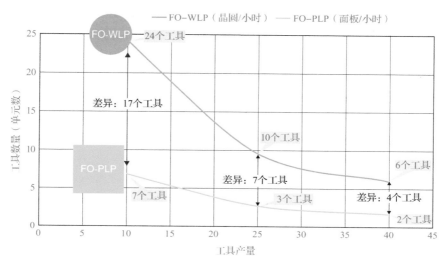

图 1.5　**FO-WLP 与 FO-PLP**：载板对工具数量的影响

1.1.4　面向异构集成的扇出封装发展趋势

目前的趋势是进行高度集成，而 FO-WLP 是未来微缩至异构集成的有潜力的备选项。这为新的 MCM（Multi-Chip Module，多芯片模块）、PoP（Package-on-Package，堆叠封装）和 SiP 开辟了道路。FO-WLP 的差异化特征是能够嵌入各种芯片（与芯片类型、尺寸或侧面形状无关），从而实现多种集成可能性：小芯片、大芯片、堆叠或并排多芯片；单芯片和多芯片构造的 2D 方案；2.5D 转接板方案；3D SiP 和 PoP 方案，可包括面对背（有源芯片面对背）或面对面（有源芯片面对面，即 F2F）选项；或与无源和有源元器件的异构集成。

FO-WLP 与 MCM 架构兼容，可在同一封装中包含不同类型和尺寸的不同芯片。FO-WLP 可以轻松地将芯片在同一平面上连接，从而实现更好的耦合。FO-WLP 方案也可以用在 PoP 架构中，这使得 3D 方法能够减少占用空间并进一步提高电性能和热性能。FO-WLP 允许灵活嵌入各种芯片：例如，底部封装的 IC 中的标准 IP 和顶部封装中具有特定 IP 的多个芯片。这有利于使用适当节点和尺寸的芯片，完成小尺寸封装。FO-WLP 也支持 SiP 架构，这意味着能够以一种灵活的方式嵌入或连接大量芯片和元件，从而得到一个单封装系统。

摩尔定律正在放缓，尽管芯片变得越来越小，但随之而来的是成本、电源管理和散热方面的挑战。在这种背景下，超越摩尔的解决方案通过创新理念来帮助改善尺寸、性能和成本。将不同的芯片封装在一起，可以用更低的成本获得空间和性能，这是一个有潜力的途径。这一趋势与 FO 解决方案一致，并且由于 FO-WLP 集成能力，这一趋势变得更加有优势。

从图 1.6 可以明显看出，FO-WLP 将为 MCM、SiP 和 PoP 制造开辟了新途径。可通过塑封料在一个封装内灵活嵌入各种类型和尺寸的元件。2016 年至 2018 年间，业界进一步提升了 FO-WLP 的技术能力，朝着更薄的互连解决方案（RDL、fab back-end of line 或 BEOL）和向 HD FO 方向发展的更多 RDL 层数（多达 4 层）。顶面上 RDL 和多个 FO 封装相结合带来了更薄的 PoP、SiP 和面对面/面对背封装能力。从 2019 年起，放置在基板上的 FO 封装可以实现类似 2.5D 方法的更大封装，并且不需要使用高端应用领域昂贵的硅通孔（TSV）转接板。此外，通过使用 FO-WLP 集成几个较小的芯片来减小大型单元芯片的尺寸有助于提高总芯片良率。未来发展中，预计将出现多种更薄的并具有更大的内存容量和带宽的 3D FO-WLP 封装体。

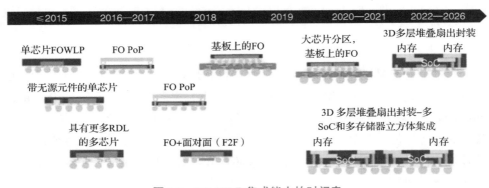

图 1.6　FO-WLP 集成能力的时间表

1.2　市场概况和应用

1.2.1　扇出封装定义

顾名思义，FO 的一个公认特征是互连结构扇出于芯片。因此，凸点的位置不受限于芯片表面。这意味着 FO 有可能在任意晶圆节点工艺以标准节距实现任意数量的互连。如果 FO 的唯一定义是连线和凸点超出芯片尺寸的封装，那么几乎所有封装都可以定义为 FO，包括 FC-BGA、FC-CSP 和嵌入式芯片。为了进行公平的比较，图 1.7 对 FO-WLP 概念做了进一步澄清。FO-WLP 技术应至少具有以下两个关键特性之一：①使用塑封料而非层压板来嵌入芯片；

②不使用 IC 基板从芯片区域扇出 I/O 接口。

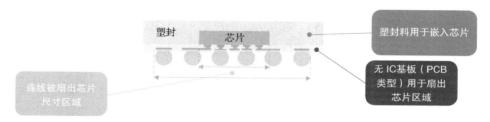

图 1.7　FO-WLP 的定义

1.2.2　市场划分：核心 FO、HD FO 和 UHD FO 的对比

FO 封装的 I/O 密度已远超过每平方毫米 18 个，更精细的 RDL，其 L/S 已远低于 5μm/5μm。随着新技术和新商业化产品的激增，行业公司难以划分市场。

图 1.8 显示了按 UHD FO、HD FO 和核心 FO 对 FO 封装市场划分的情况。其中，I/O 数 /mm² >>18 和 L/S<< 5μm/5μm 被分为 UHD FO，I/O 数 /mm² 在 6 ~ 12 之间，且 L/S 在 5μm/5μm ~ 15μm/15μm 之间为 HD FO，I/O 数 /mm²<6，且 L/S>15μm/15μm 为核心 FO。这一技术定义便于行业理解并就发展和战略做出明智的决策，并从单个市场类别和 / 或不同的单个市场类别中获得竞争优势。这有助于了解每个细分市场需要的和可提供的能力。

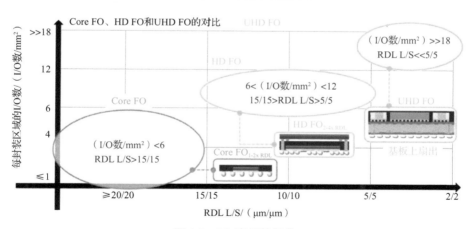

图 1.8　FO 市场的细分

1.2.3　市场价值：收入和销量预测

FO 平台逐渐被视为顶级封装的选项之一。FO 仍然是一个快速增长的

市场，从 2019 年（12.56 亿美元）到 2025 年（30.46 亿美元），收入增长了 15.9%。不同市场细分领域的收入有所不同，如图 1.9 所示。UHD FO 在 2019 年的价值为 5.04 亿美元，将以年均复合增长率（CAGR）20.2% 的速度到 2025 年达到 15.23 亿美元，。预计 HD FO 的年均复合增长率为 15.8%，将从 2019 年的 5.34 亿美元增长到 2025 年的 12.91 亿美元。另一方面，到 2025 年，核心 FO 预计达到 2.31 亿美元，复合年增长率从 2019 年的 2.18 亿美元略微停滞 1%。UHD FO 正在寻找自己的市场空间，并正经历 20.2% 的 CAGR 的最快速率增长。HD FO 已经在市场上占据主导地位，并且持续扩张表明 HD FO 正在以自己的方式推动整个 FO 市场向前发展。核心 FO 领域则增长停滞，扩张受限。

图 1.9　扇出封装的收入市场预测，按市场类别划分

当前已有 FO-WLP 生产设施足以维持现有的核心 FO 需求。现有终端产品需求没有显著增长。然而，设计公司继续推动封装公司以更低的封装成本以获得更广泛的采用。如图 1.10 所示，预计 FO 产量将从 2019 年的 1703kwspy（kilo wafer starts per year，千个晶圆每年）增长到 2025 年的 3419kwspy，年均复合增长率为 12.3%。

1.2.4　当前和未来的目标市场

移动、消费、电信和基础设施终端市场正在影响 FO 的整体趋势。这些趋势如图 1.11 所示。在 FO 中，移动和消费终端市场以 2019 年 7.41 亿美元的收入领先市场，预计到 2025 年将达到 14.98 亿美元，年均复合增长率为 12.5%。同样，电信和基础设施终端市场也在强劲增长，年均复合增长率为 20.2%，从 2019 年的 5.04 亿美元增至 2025 年的 15.23 亿美元。汽车和移动出行也在大幅

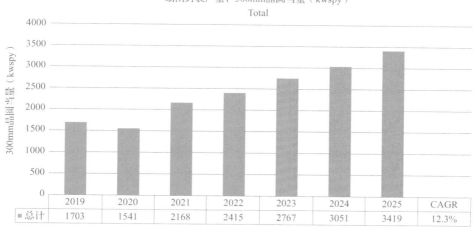

图 1.10 扇出封装产量预测

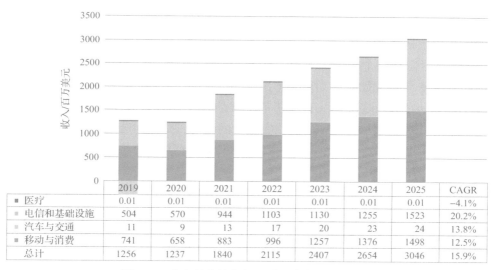

	2019	2020	2021	2022	2023	2024	2025	CAGR
■ 医疗	0.01	0.01	0.01	0.01	0.01	0.01	0.01	−4.1%
■ 电信和基础设施	504	570	944	1103	1130	1255	1523	20.2%
■ 汽车与交通	11	9	13	17	20	23	24	13.8%
■ 移动与消费	741	658	883	996	1257	1376	1498	12.5%
总计	1256	1237	1840	2115	2407	2654	3046	15.9%

图 1.11 扇出封装的收入预测，按终端市场划分

增长，年均复合增长率为 13.8%，从 2019 年的 1100 万美元增加到 2025 年的 2400 万美元。然而，作为一个规模相对较小的市场，医疗终端市场的采用预计会下降。

2020 年受到 COVID-19 的影响，全球经济活动的收缩，对半导体技术研发和生产产生了负面影响。

FO 收入严重依赖移动和消费终端市场，2019 年占 59% 的份额。因此，FO 收入在 2020 年不可避免地出现下降，这反映了 COVID-19 对移动和消费应用的影响。另一方面，到 2021 年，随着 COVID-19 的消退，数据驱动的终端系统将越来越受欢迎。相关企业公司准备提供更多的数字功能。因此，5G 主导的使用率预计将在此后迅速增长。

在 2020 年，FO 在电信和基础设施市场的收入得到了适度改善，并在 2021 年强劲反弹。事实上，电信和基础设施终端市场对 FO 的需求正在大幅上升。终端用户不仅开始认识到技术的关键作用，而且还将对其进行更多的投资和应用。因此，受到新的终端用户的行为影响，HPC 应用中的更多终端系统需求将加速增长。

总而言之，抑制的需求在 2021 年回归了。随着更多的科技相关行业的领导者越来越乐观地认为企业和消费者将稳定在新常态，隧道尽头出现了一线曙光。FO 无疑将在 2022 年和 2023 年乘势而上。

1.2.5　扇出封装的应用

图 1.12 全面概述了最为广泛应用的 FO 技术。用不同级别的分类来突出关键性质，包括终端市场、应用、设备和产品 / 型号。通过这个分类，读者可以对 FO 的用途有一个全面的了解。随着 FO 技术的发展，应用范围正在扩大。因此，该技术可以面向更广泛的应用。

自 21 世纪以来，FO 一直在扩展更多应用中的各种设备。在移动和消费终端市场中，在保证更高水平性能完整性的同时，降低封装厚度常常推进 FO-WLP 的应用例如，苹果 iPhone 7 及以后的 APE 器件采用了台积电 InFO_PoP 封装，三星 Exynos 9110 APE 和 PMIC（多芯片）采用了 FO-PLP 封装，并用于三星 Galaxy 手表中。除了 APE 外，PMIC、音频编解码器、射频收发器、BB、射频芯片和 AiP、MCU 和蓝牙（BT）、APE 和 NOR 内存以及 PMIC 等器件均采用 FO 封装，用于移动智能手机、智能手表、耳机等可穿戴设备以及物联网（IoT）应用。

对于智能手机来说，APE 封装是影响封装厚度的主要因素。因为存储器封装厚度水平并没有太大的改进，因此不同封装形式存储器的厚度并不是严格线性的。相反，FC-CSP、模芯嵌入式封装（Module Core Embedded Package，MCeP）和 HD FO 三者之间的封装选择会产生不同。从图 1.13 可以清楚地看出，FO 封装可以使 APE 和内存 PoP 的整体厚度大幅减小。由于 HD FO，封装厚度从 550 ～ 425μm 减少到 231μm。厚度并不是 APE 封装唯一感兴趣的参数，但由于良好的尺寸控制，它对于更纤薄的智能手机设计来说非常重要。近年来的趋势表明，苹果凭借台积电的 InFO_PoP（HD FO）实现了更薄的 APE

图 1.12　扇出封装的应用概览（公司和产品的非详尽清单）

封装，从而超越了其他竞争对手。其他对手也热衷于减少厚度来进行竞争。众所周知，高通偏爱 MCeP，通过 IC 基板来推动创新。然而，在 2018 年，三星在 Samsung Galaxy Watch 的 APE-PMIC 中使用了 SEMCO 新开发的 FO-PLP 方案（ePLP）。虽然这是一款智能手表（不是手机），但在 I/O 方面一直被视为核心 FO 的 APE 封装厚度现在可以与台积电的 InFO 媲美。这对于三星电子来说是一个里程碑，有可能将 FO 技术转移到移动 APE-HD FO 上。

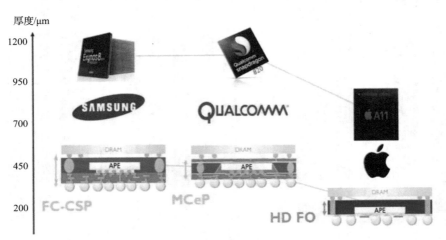

图 1.13　应用处理引擎（APE）：封装厚度很重要

近年来，FO 正在超出移动和消费市场进行扩展，并已渗透到电信和基础设施市场。目前，2.5D 硅转接板是处理高端器件集成需求的最佳解决方案之一，但 2.5D 硅转接板非常昂贵。FO 为性价比提升的中高端 HPC 应用提供了 2.5D Si 转接板的替代方案。通过将大型高级节点网络芯片（例如网络处理器和网络交换机）拆分为多个小型网络芯片并使用 UHD FO 封装来重新构建它们，从而在 IC 基板上实现高密度、高速互连，显著降低了成本。同样，UHD FO 可以将高级节点 GPU 或 ASIC 与高带宽内存（High Bandwidth Memory，HBM）集成以支持 HPC 应用，例如在计算芯片和 HBM 内存之间具有高数据速率和高内存数据带宽通信的细间距 SERDES 互连。这些产品构成了 UHD FO 的核心。图 1.14 显示了 2.5D 硅转接板与基板上 UHD FO 之间的比较。

在汽车终端市场中，雷达设备主要利用 FO 实现射频性能来发送和接收信号。车用雷达现在具有了更多功能，应用日益广泛。它可以精确定位从盲区或后方接近的车辆。汽车中需要越来越多的雷达传感器来提高安全性和辅助驾驶。到目前为止，它主要用于自适应巡航控制（远程）和碰撞 / 盲点检测（中 /

图 1.14　2.5D 硅转接板与基板上 UHD FO 之间的架构比较

短程）。随着汽车越来越智能化，这种趋势将变得更加明显。最近，在 2020 年，联发科 AiP FO Steelmate BSE151 中的 Autus R10 MT2706 中可以看到新的 AiP FO，如图 1.15 所示。带有 eWLB 的联发科 AiP 雷达的主要特点是

1）印制电路板（PCB）在天线下方有一个接地层，用于反射天线的辐射。这种简单的屏蔽方案，可最大限度地减少信号损失。

2）封装面积：39.0mm^2；25% 被芯片占据，28% 被天线占据；最小 L/S：13.6μm/11.8μm。

3）通过 AiP 将天线集成到封装中，封装面积显著减小：与 TI 封装上天线（Antenna on Package，AoP）雷达相比缩小了 83%，与 Acconeer AoP 雷达相比缩小了 7%。

4）请注意，目前 AoP 主要由具有 IC 基板的 FC 实现。

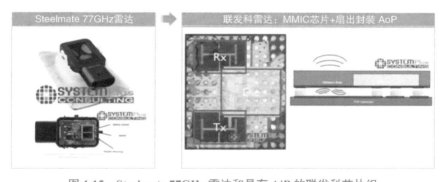

图 1.15　Steelmate 77GHz 雷达和具有 AiP 的联发科芯片组

同样，还有另一个潜在的应用在等待 FO，那就是 5G 应用中的 FO AiP。在 5G 中，在更高频率下的工作是一个挑战。所有封装都必须重新设计，以优化更高频率的信号增益。据了解，1 毫米波长的 5G iPhone 将需要三到四个 AiP 模块。FO 封装以更薄的外形将天线信号损失降至最低，为追求更精致设计的

高端手机提供理想的 AiP。目前，苹果可能会考虑在其 iPhone 中使用相控阵天线。两部分共同形成无线电信号波束。天线可以通过电子控制波束方向，而自身无需移动。调制解调芯片和天线模块紧密协作以提供此功能。我们确实注意到毫米波本身并不新鲜。例如，车用雷达工作频率为 77GHz。这些雷达芯片基本上采用 FO 封装，用于车道检测和其他安全功能，通常用于豪华汽车。据了解，台积电在这方面一直非常活跃。如图 1.16 所示，在苹果 iPhone 中采用的 FO AiP 是一条潜在的路线。

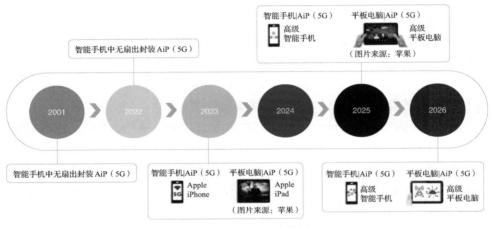

图 1.16   FO AiP 路线图

1.3   技术趋势和供应链

1.3.1   扇出封装技术路线图

FO 正在向远大于 18 个 /mm^2 的更高的 I/O 密度和 L/S 远低于 5μm/5μm 的更精细 RDL 线路发展。台积电（TSMC）和 ASE 分别拥有 InFO_oS 和 FOCoS 的片上 FO 技术，已经用于网络通信产品中。未来五年，封装尺寸将超过 25mm×25mm，L/S 将达到 2μm/2μm 及以下。RDL 的数量将增加到 4 及以上，封装厚度（不含 BGA）将达到 150μm。图 1.17 中描述的路线图是针对量产和市场上不同技术的预期平均值。

随着技术的改进（更高的 I/O 数量、RDL 数量、TMV、chip-last 等），集成度更高的 FO 架构（例如 PoP 和 SiP）将得到广泛应用。不同终端应用的 FO 技术路线图如图 1.18 所示。

参数	≤2018	2019	2020	2021	2022	2023	2024	2025
最大封装尺寸	15mm×15mm				>>25mm×25mm			
并排芯片	2~3				2~4			
最大RDL层数	3×RDL				4×RDL			
最小线宽/间距	8/8μm				5/5μm		2/2μm	
封装最小厚度（无BGA）	250μm				200μm		150μm	
最小芯片尺寸（X-Y方向）	900μm				500μm		200μm	
最大芯片尺寸（X-Y方向）	10mm				12mm		15mm	
最小球节距	400μm				350μm			
最小芯片间距离	250μm				200μm		150μm	

图 1.17　FO 技术量产路线图

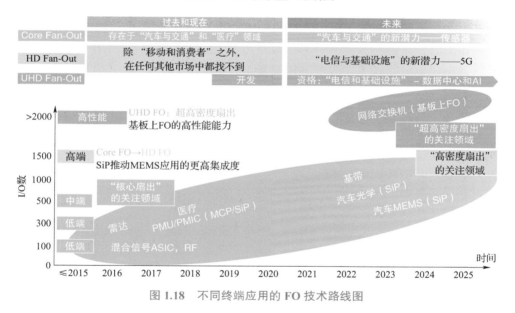

图 1.18　不同终端应用的 FO 技术路线图

1.3.2　制造商的扇出封装技术

1. 安靠（Amkor）

　　安靠葡萄牙公司（前身为 Nanium）在 FO 领域技术积累雄厚，并且是 eWLB 技术的早期采用者之一。Nanium 于 2017 年被 Amkor 收购，现在正式称为安靠科技葡萄牙公司（ATEP）。由于在 FO 市场的长期耕耘（自 2009 年以来），Nanium 已开发了基于 eWLB 技术的广泛产品组合。ATEP 不仅可以实现单芯片的多样化封装，还提供了另一个 FO 集成级别，使其能够嵌入更多芯片和无源元件并发展出更复杂的架构（MCM、SiP、PoP、F2F）。这些复杂的架构使 eWLB 能够与传统的基于基板的 PoP 和 SiP 竞争，并进入需要高 I/O 数量和复杂产品的市场。这些技术通过工艺的研发得以实现，以获得更多的 RDL（以及更多的连接）、更大尺寸的可嵌入芯片等。安靠葡萄牙公司基于英飞凌 eWLB 技术的 FO-WLP 现在品牌名称是 WLFO（Wafer-Level Fan-Out，晶圆级扇出），其产品组合中的所有产品均以"WL"开头：WLBGA、WL-land Grid Array（WLLGA）、WLSiP、WL3D、WLPoP、WLMCM。

2. 长电科技（JCET）

2015 年被 JCET 收购的星科金鹏是 eWLB 的主要供应商。该公司宣布其在 3 月份（2021 年）出货超过 15 亿颗 FO-WLP 器件。STATS ChipPAC 制定了路线图，提供 MCM、PoP 和 SiP 等封装，积极实现多元化的市场，分享 BB、PMIC、RF 单芯片封装（FO-WLP 的最优选择）等市场份额。这包括将 FO 封装装配到基板上的混合集成产品，具有高密度应用的潜力。JCET/星科金鹏正在推动利用 eWLB 技术实现更高集成度的产品开发：具有不同 L/S 的多种 RDL MCM 以及具有大芯片和高 I/O 数量的薄 SiP 和 PoP。JCET 的先进 3D eWLB 技术可实现更小的外形尺寸和性能附加值，并被证明是一种新的 3D SiP 封装平台，可以将其应用范围扩展到各种类型的新兴移动和物联网应用，包括传感器、MEMS 和汽车等应用。

3. 恩智浦（NXP）

NXP 开发了由 Nepes 授权的 RCP 技术。eWLB 和 RCP 之间的主要区别在于：RCP 使用涂胶塑封而不是压模塑封，并具有额外的铜结构。这种结构有助于抑制晶圆塑封过程中的芯片偏移，并为封装提供电磁屏蔽和更高的刚性，但会增加成本。eWLB 的优势在于工艺更简单，因为步骤更少（无铜结构）并且多家公司在载板和成型技术选择方面有着悠久的历史。RCP 似乎在芯片移位方面具有更好的性能，但在市场上取得的成功有限，仅有飞思卡尔（现为 NXP）和 Nepes 两家案例。RCP 工艺的成熟度和工艺方法类似于 eWLB，其供应商正在推广具有更复杂应用和更高集成度的第二代产品（MCM、SiP、PoP）。飞思卡尔（NXP）是 RCP 的主要供应商，其封装用于自家产品。由于恩智浦在汽车、物联网和可穿戴设备领域的高市场占有率，它拥有庞大的产品组合。在汽车上看到受益于 RCP 的高电气能力的产品，如 NXP MR2001 雷达（77GHz）。由于更高的集成度，RCP 的目标应用范围更广，包括 MEMS、RF、可穿戴和物联网。不过，RCP 可能仍将是一个小众产品，因为在某些应用中，甚至 NXP 本身也使用其他 FO 方案，例如 eWLB。

4. Deca

Deca 开发了 M-Series FO 技术。这是一种使用 AP 软件技术的芯片优先、面朝上方案。Deca 开发了这种突破性的自适应图案化 TM 方法来解决 FO-WLP 技术中的芯片移位问题。方法是为每个晶圆或面板上的每个器件创建一个特定于单元的图案，以完美匹配实际器件位置。Deca 在 AP 方面拥有 40 项已发布和正在申请的专利。Deca 与业界领先的电子设计自动化软件（EDA）供应商和设备供应商合作，拥有完整的生产解决方案。凭借这项技术，这家公司报道说它具有快速的产品验证能力，并解决了其他芯片先置 FO 技术中至关重要的图案错位问题。

AP 软件技术包括光学检测和设计功能，可测量和校正芯片移位，并在加工过程中直接重新计算器件 I/O 到焊球的互连。从芯片焊盘到 RDL 的连接是通过铜柱实现的，该铜柱可以直接放置在焊盘上也可以沿着 RDL 排布。该技术可由 Deca 授权，并已授权给一个主要制造商，ASE。

2020 年 2 月，Deca 正式成为一家独立的技术开发和授权公司。与此同时，Nepes 收购了 Deca 在菲律宾的制造业务，并获得了 M-Series 技术的授权。这样一来，M-Series 就有可能占据很大的市场份额并成为新的参照标准。得益于 ASE 和现在的 Nepes 的许可，Deca 的 M-Series 已在中国台湾地区以及韩国和菲律宾立足。使用 Deca 的 M-Series FO 技术实现了一个受保护的 WLP 技术，这是基于初始技术的一个显著进步。

5. 日月光（ASE）

ASE 有大量使用 FO 命名法的封装技术：chip-first、chip-last、face-up、face-down、PoP、SiP 和 FO on substrate。他们还授权了各种技术：英飞凌自 2009 年以来的 eWLB 和 Deca 自 2016 年以来的 M-Series。在投资 6000 万美元获得授权后，ASE 于 2018 年开始建造面板生产线。

一些技术已经被业界接受了很长时间：芯片先置（chip-first）、面朝下（face-down）的 eWLB 是所有 FO-WLP 的基准，并证明了其在大批量制造（HVM）单芯片嵌入和进一步集成产品方面的潜力。芯片先置面朝上的 M-Series 展示了其处理芯片移位问题的能力。其他平台针对不同的市场，使用不同的技术：FOCLP 是倒装在无芯载板上的芯片，在后续步骤中嵌入到模塑材料内。FO-CoS 是一种先进基板上的 FO 封装。FO SiP 是一种芯片后置（chip-last）的方案。FOCLP 解决了 I/O 数量有限的市场问题。ASE FO-CoS 技术开始被定位为应用于大型 SoC 的 2.5D 硅转接板的低成本竞争对手。因此，拥有 FO-CoS 的 ASE 集团处于顺应这一趋势的有利位置。FO-CoS 自 2018 年开始量产。RDL 的 L/S 可窄至 2μm/2μm。在放置在基板上之前，它可以调整为面朝上（face-up）或面朝下（face-down）。

ASE 还在用不同的方法开发面板 FO：他们正在建造一条 615mm×625mm 的面板生产线来生产 Deca Technologies 的 M-Series。ASE 还在构建 300mm×300mm 面板生产线，但具有更有竞争性的 L/S，瞄准比 M-Series 更先进的应用。

ASE 还定义了 FO 在高频应用上的空间，例如汽车雷达（76～81GHz）、5G 回传（>20GHz）、5G 前传（>20GHz）、WiGig（60GHz）和 AiP。

6. 台积电（TSMC）

台积电是第一家针对高端智能手机应用处理器封装方向开发 FO InFO 技术的公司。2015 年，他们以 8500 万美元在桃园购买了一座工厂。随后，台积电在设备上的投资超过了 5 亿美元，并翻新了用于 InFO 生产的工厂。2019 年投资达到 10 亿美元。第一个主要产品目标是苹果公司为其 iPhone 7 设计的 APE A10，InFO 占领了这个市场。PoP 结构之所以被苹果接受，是因为它的尺寸比标准的倒装芯片更薄。苹果在 2017 年用 APE A11、2018 年用 APE A12、2019 年再推出 APE12 的行为坚定了这一选择。InFO 使台积电的 7nm 制程技术比同行更具竞争力，台积电赢得了苹果在 2020 年和 2021 发布的所有 A14 和 A15 芯片订单。

InFO_PoP 以更薄的封装和更好的性能挑战标准 FC-PoP 市场。InFO 感兴趣的市场是用于复杂移动应用（如 APE 和 DRAM PoP）的 PoP 和 SiP，为此，客户一直在推动更薄的封装。客户现在要求低于 0.8mm 的封装厚度，这对基于当前层压基板技术的 PoP 是不可能的。A11 逆向工程显示，InFO 技术可以将 APE 封装的厚度降至 0.23mm，其中包括 3 层 RDL，最小 L/S 为 8μm/11μm。这使苹果能够获得低于 800μm 的 PoP 总厚度（不含 BGA 焊球）。台积电将继续通过更高的 L/S 分辨率、底部封装的顶部 RDL 和其他改进来降低这些 PoP 的厚度。与 FC-CSP PoP 相比，由于更短的互连，InFO_PoP 另一个附加优势是电气性能。台积电的良率及相对应的成本数据是令人怀疑的。但成本对于台积电不像对于 OSAT 那么重要，因为成本可以由晶圆加工业务来弥补。

台积电开发了各种 InFO 变体，例如 InFO_oS（在基板上实现 INFO，类似于 ASE 公司的 FOCoS）和 InFO_MS、InFO_AiP 和 InFO MUST-in MUST，其中 MUST 代表不同应用的多堆栈（InFO_MiM）。对于 5G 毫米波无线通信，InFO_AiP 利用了 HD RDL 和细间距的优势将偶极子和贴片天线毫米波前端模块（FEM）芯片集成在一起[18]。台积电的低介电常数聚合物钝化材料和均一性 RDL 可实现高增益和低损耗。据透露，台积电已通过 InFO_AiP 认证，其封装尺寸为 12mm × 12mm × 0.9mm，具有 2 个 RDL 层[19]。

台积电也在中高端 HPC 市场布局 UHD InFO 衍生品，如 InFO_oS 和 InFO_MS（基板上存储器），分别用于网络和 AI 推理应用。InFO_oS 利用 InFO 技术并具有更高密度的 2μm/2μmRDL 线宽间距，可集成多个用于 5G 网络应用的先进逻辑芯粒。它可以在片上系统（SoC）上实现混合焊盘间距，在 >65mm × 65mm 基板上具有最小 40μm I/O 节距、最小 130μm C4 Cu 凸点节距和 >2 × 光罩尺寸的 InFO。由于客户将继续推进下一代产品采用芯粒封装的方案，预计台积电将集成更多芯片。

UHD FO 封装平台，例如台积电的 InFO_MS 和 InFO_oS，向台积电 CoWoS（chip-on-wafer-on-substrate 2.5D 硅转接板技术）提供了可选方案，满足中高端 HPC 市场成本 / 性能优化的应用需求。台积电开发了下一代晶圆级 FO 技术：3D 多堆栈（MUST）系统集成技术和 3D MUST-in-MUST（3D-MiM）FO[20]。3D-MiM 技术利用了更简化的架构，消除了封装之间的 BGA，以实现系统级性能、功率和尺寸（PPA）的目的。该技术还利用模块化方法进行设计和集成流程，以提高设计灵活性和集成效率。在工具、材料、设计规则和工艺方面提升已建立集成 FO 技术平台（InFO），利用 InFO 平台制造合格的预堆叠内存块和 / 或逻辑 – 内存块以缩短开发周期并实现成本效益。近存处理具有高带宽、低延迟和节能等优点。3D-MiM 是下一代集成 FO 技术，作为移动 FC-PoP 和 HPC 应用的 3DIC 堆叠的异构集成可选的解决方案而被提出，以实现封装内近存计算。

目前，台积电 InFO 研究与开发（R&D）成果对下一代 FO-WLP 具有很高的吸引力和前景。近存处理具有高带宽、低延迟和节能方面的优点。台积电将 3D InFO_MiM 定位为先进移动和 HPC 应用的可选异构集成方案，以满足未来几年 5G/AI 驱动的应用需求。

台积电最近开发了一种新颖的晶圆级系统集成方案 InFO_SoW（晶圆上系统），将合格的芯片阵列与 HPC 的电源和散热模块集成在一起[21]。InFO_SoW 通过本身即为载板消除了基板和 PCB 的使用。在一个紧凑的系统中密集封装多个芯片阵列使该方案能够获得晶圆级的优势，例如低延迟芯片间通信、高带宽密度和低阻抗，以实现更高的计算性能和功率效率。除了异构芯片集成之外，其晶圆领域的工艺能力还支持基于芯粒的设计，从而实现更大程度上的成本节约和设计灵活性。

7. PTI

具有 FO-PLP 的 PTI 被认为是 FO 领域的新成员。PTI 的 FO-PLP 于 2018 年投入生产，并于 2018 年开始量产。PTI 提供四种技术，分别称为 CHIEFS、CLIP、PiFO 和 BF²O：芯片先置 / 面朝上、芯片后置、FO-PoP 和芯片先置 / 面朝下。由于这种多样性，PTI 可以满足众多的应用需求。PTI 制定了积极的路线图来弥补其与已经在 FO-WLP 领域拥有悠久历史的公司相比的滞后：小 L/S（2μm/2μm）和高 RDL 计数（3 RDL）。PTI 在 FO-PLP 技术上下了很大赌注。有关 PTI 的更多详细信息，请参阅 1.1.1 节的最后一段。

8. 三星电子

作为对台积电 InFO 的回应，三星电子和三星电机（SEMCO）于 2016 年 6 月宣布，他们将联手设立一个封装项目，并推出一项方案以争夺苹果的 APE 市场。2016 年，该公司投资了 2 亿美元将天安市的 LCD 组装线改为 IC 封装线。据报道，2019 年三星电子从三星电机（SEMCO）手中收购了 FO-PLP 业务部门，以增强其在 FO-WLP 市场的能力[16]。SEMCO 开发的技术是一种新型的 FO：先将芯片放置在基板的空腔中，然后嵌入基板（PCB 类型）。这带来了几个潜在的优势：更容易使用面板，因为已经有在板级别加工基板的设备，而处理由塑封料制成的重构面板仍然具有挑战性。由于有机基板可能刚性更优，因此它在控制翘曲方面也带来优势。由狭缝涂布在面板表面的电介质材料和铜沉积形成的标准 RDL 构成了互连结构。这与 FO-WLP 相比颇有竞争力。三星 FO-PLP 已经开始生产自己的智能手表，但不是 HD 或 UHDFO 的解决方案。

9. 华天

华天开发了嵌入式硅扇出（eSiFO）技术，目前正在大批量生产。其原理是在 Si 晶圆中制造空腔，并将其用作载板以嵌入减薄的芯片。这将有效地取代塑封。随后的是标准的 RDL 流程。eSiFO 技术与 PoP 架构兼容。

1.3.3　供应链概述

FO-WLP 涉及简化和整合"中道"类型基础设施中的封装、组装和测试，其中的技术基础由半导体行业中经验丰富的 OSAT 公司控制，但需要设计层面的协作。图 1.19 显示了参与 FO 活动的主要公司的全球分布图。

对于 OSAT，eWLB 的先行者们（JCET、Amkor 和 ASE）仍在稳定批量供货核心 FO 产品，主要是核心 FO-WLP。此外，一些 OSAT（Nepes、PTI 和 ASE）正在布局 FO-PLP，以通过降低封装成本来抓住现有业务。他们还专注于未来的大芯片尺寸应用。这吸引了联发科等设计客户。值得注意的是，SPIL

图 1.19　活跃于 FO 领域的公司的全球分布图

和 Amkor Korea 正在运行 FO 的认证批次。此外，3D Plus、Aurora 半导体、CEA-Leti、Fraunhofer IZM（FIZM）和微电子研究所（IME Singapore）等公司和院所都在合作评估新的 FO 能力。

关于晶圆厂，只有台积电在大批量生产提供 FO-WLP。台积电是苹果的 iPhone 和智能手表的 APE FE 和封装的唯一供应商。预计台积电会将 InFO 用于 HPC 和 5G 应用，并发掘联发科、海思和英伟达等新客户群。GlobalFoundries 在评估 FO 能力之前与研发机构合作，现在正借助 OSAT 的能力。

关于垂直整合制造商（IDM），三星电子（之前通过 SEMCO）已在 Galaxy 手表（消费电子）的 APE/PMIC 实现了 FO-PLP 与商业化。重点是为三星的内部智能手机启用 HD FO，并在可能的情况下为苹果的 APE 确保前道工艺和封装业务。该业务在 2015 年被台积电赢走。恩智浦和英飞凌将大部分生产外包给了 OSAT。他们在内部单位进行研发和小批量制造（Low Volume Manufacture，LVM），并专注于汽车市场。

Deca 改变了其商业模式，采用了对外许可模式。现在的目标是将 M-Series 和 AP 的技术转让给领先的制造商。高通、苹果、联发科、海思和赛灵思等设计公司已将 FO-WLP 用于重大趋势驱动的应用（5G、HPC、IoT）。近年来，物联网和 AiP 领域的新公司也不断涌现。例如，Sivers IMA、Synaptics 和 Synergy 自 2019 年以来都在进行小批量认证产品生产。

1.3.4　当前的供应链动态分析

本节将探讨每种商业模式、代工厂、IDM、OSAT 和许可方中主要公司的供应商 – 客户关系（见图 1.20）。这里并未列出所有供应商，因为重点是近年来在供应链中进步较大者；因此，这不是一份完整的公司名单。与纯粹的老客户、新客户和推测客户相比，客户与供应商之间的联系更为复杂。通过业务模型分析供应商 – 客户关系可以帮助我们更好地了解对业务动态的影响，因为这种关系具有多个方面。供应商 – 客户关系的结构是复杂的，反映了能力、资源、活动和技术定位。

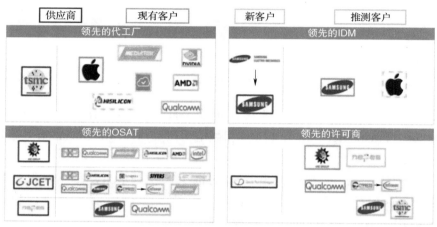

图 1.20　按业务模式划分的领先供应商 – 客户关系（非详尽的公司列表）

如图 1.20 所示，台积电是提供 FO-WLP 的主要工厂。台积电不仅将自己定位为先进的晶圆厂，而且是高端后道封装厂。这种独特的商业模式将继续引领创造更高价值和创新突破的道路。因此，FO-WLP 将以合适的成本吸引更多新应用的终端客户。

InFO_oS（on Substrate，基板上）技术现在被小批量用于在联发科、Nephos 和赛灵思的高性能计算（HPC）。英伟达、AMD 和高通据信已表达了兴趣并通过测试芯片认证。

海思曾是台积电 UHD FO 的客户。然而，美国于 2020 年 5 月颁布立法，禁止在运营中使用美国软件和技术的外国半导体制造商向华为销售产品，除非他们获得美国的许可。台积电停止向华为供应新的 HD FO 订单。这实质上切断了华为的前沿芯片供应，限制了华为的竞争力。与此同时，台积电也从主要客户之一的华为那里失去了可观的收入。

如图 1.20 所示，三星电子是内部积极制造 FO-WLP 的领先 IDM。三星电子作为全球领先的 IDM，有充分的理由和资源投资 SEMCO 以获得 FO-PLP 解决方案，并随后重新收购该解决方案，以加速产量的提高，并与内部前道芯片产生协同效应。因此，三星电子的新模式与台积电的模式相同，台积电在 2015

年赢得了苹果 APE 芯片和封装业务。

三星在设计、内存、逻辑、封装、芯片组组装和最终产品方面一直在发挥重要作用，因此它现在可以有效而果断地推动创新。目前，HD FO-PLP 仍在为三星 Galaxy Watch APE 和 PMIC 生产。接下来，它将用于智能手机中的 APE。然而，对于新的 FO-PLP 技术来说，这说起来容易做起来难，因为当涉及更大的芯片尺寸和增加移动 APE 所需的 I/O 数量时，良率和可靠性将是另一个技术挑战。三星将继续创新高性价比的 HD FO，以与台积电竞争苹果的封装和前道业务。但是，截至 2021 年，它仍将供三星内部客户使用。

如图 1.20 所示，主要的 OSAT 包括日月光集团、长电科技和 Nepes，它们在最近几年都有了更多的发展。日月光的 FOCoS 对高性能计算越来越有吸引力。长电科技开始享受 5G 的激增带来的红利。联发科是日月光小批量生产的认可客户。这些都主要用于服务器应用。海思正在向日月光寻求 FO-WLP，因为台积电的产能几乎全部为苹果订单占用。海思实行双重或多供应商政策。但是，由于美国的类似立法，预计日月光集团将停止对海思的供应。

长电科技（中国）非常注重与海思的关系。事实上，值得注意的是，长电科技在中国建造了一条 HD FO 线，以支持海思的 HD FO 需求。由于贸易摩擦，海思正试图尽可能启用国内的 OSAT。在某种程度上，这使长电科技受益。长电（新加坡）曾经享受过高通的大量交易。虽然数量没有以前那么大，但长电（新加坡）已经开始吸引许多新客户，例如用于 5G 驱动应用的 Synergy、Synaptic、Sivers IMA 和 NXP。此外，得益于 5G，AiP 和 PMIC 的现有客户也有了新的应用。总之，长电正在从现有的 PMIC 中获得良好的业务，并且随着5G 热潮的开始，长电正在认证新的应用。

2020 年，Nepes 宣布已将其 FO-PLP 业务部门拆分为一家名为 Nepes Laweh 的独立子公司。新的独立管理层将领导这家公司。这是 Nepes 重组和改造新旧业务，以实现更快的增长所做出的一项重大且相当大胆的举措，尤其是在收购了 Deca 的 FO-PLP 技术和生产线之后。除三星外，我们认为是高通推动了这一举措。展望未来，我们期待 Nepes 全力以 FO 技术发展先进的半导体工艺服务，并在核心 FO 内实现业务竞争力。

如图 1.20 所示，Deca 凭借其专有技术将自己重新定位为主导产业的许可方。在高通、日月光、Nepes 和 Cypress（被英飞凌收购）的大力支持下，Deca 在 2020 年已从制造商转型为成熟的独立技术开发和授权公司。Deca 在菲律宾的生产线已出售给 Nepes。这将 Deca 从制造业务中解放出来。目前，Deca 的重点是在移动和消费市场中实现应用。未来，它将以 HPC 和高级网络通信应用为目标。未来的目标受众可能是三星或台积电。

1.4　扇出板级封装（FO-PLP）

1.4.1　FO-PLP 的驱动力和面临的挑战

对更低成本和更高性能的需求推动了半导体行业开发创新的解决方案。同样，OSAT 及其客户一直期望更低的价格。从晶圆和载带级别转换为更大尺寸的面板形式，以利用规模带来的效率和经济优势，这是一种降低总成本的方法。如果技术成熟且良率高于 90%，则从晶圆到面板（例如 12 英寸[⊖]晶圆到 18 英寸 ×24 英寸面板）可以使成本减少 50% 以上。由于规模变化带来的效率和经济优势，从晶圆到面板的转变具有显著的成本和生产效率优势。面板载板的使用面积高于圆形的晶圆形式。由于面板面积使用率更高，板级封装工艺可以产生更多的 FO。由于边缘不完整封装的影响，8 英寸 /12 英寸晶圆的载板面积使用率小于 85%。而矩形芯片在矩形面板载板上时，FO 面板的载板面积使用率可以达到 95%。与圆形晶圆的加工相比，由于减少了拿持 / 传送时间，面板制造工艺具有更高的吞吐量。此外，由于封装尺寸的增加，每个晶圆能够获得的封装数也大幅减少，这促使人们转向更大的面板载板以提高盈利能力（见图 1.21）。

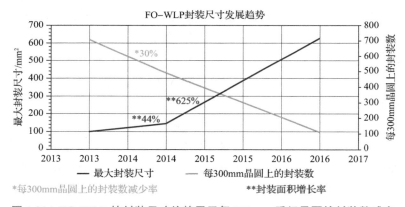

图 1.21　FO-WLP 的封装尺寸趋势显示每 300mm 重组晶圆的封装数减少

要广泛采用 FO-PLP，必须满足某些标准并克服一些挑战。这些挑战与大型资本投资、标准化、多来源可行性，以及最重要的保持面板生产线运行的市场可获得性有关。另外还有技术挑战，例如对面板翘曲的控制、芯片的位置精度以及在大型面板上制造小于 10μm/10μm 线。面板尺寸和组装工艺的标准

⊖　英寸（in）：1in=2.54cm。

化是选用 FO-PLP 的最大障碍。每家公司都在使用不同的面板尺寸和基础设施（PCB/LCD/WLP/PV/mix）开发自己的工艺，以满足特定应用和客户的需求。在这种情况下，客户很难进行多来源采购。此外，设备供应商根据不同客户的要求来设计和制造设备也无利可图。减小面板的翘曲是另一个大问题，因此可以使用标准的半导体加工工具对其进行加工。由于损失一个面板代表了损失了更高的价值，因此面板越大，翘曲度控制就越复杂。假如晶圆解决方案难以适用，所需要的新工艺的可行性和可靠性是另一个挑战。例如，对于面板而言，材料的旋涂更为复杂，可使用片材（如塑封料）或喷涂（如光刻胶）作为替代。

1.4.2　FO-PLP 的市场和应用

FO-PLP 的应用可以按照 RDL 技术的工艺指标 L/S 进行细分：2μm，用于 CPU/GPU、FPGA 等高端应用；5～8μm，适用于中端应用基带、处理器、电源管理模块和 RFIC；10～15μm，用于移动型、消费类、RF、Wi-Fi 和电源管理等低端应用。目前量产中的 FO-PLP 主要针对中低端应用。由于面板上精细 L/S 相关的技术挑战，Nepes 和 PTI 等公司进入了针对低端应用（L/S>10μm/10μm）　的 FO-PLP 生　产。Samsung/Samsung Electromechanics（SEMCO）进入了 FO-PLP 生产，目的是为 Galaxy Watch 集成 APU 的中端应用。我们认为 FO-PLP 应用的最佳场合是更大的封装尺寸（>15mm×15mm）和 L/S ≤ 5/5μm，这是 PTI、ASE 和 ESWIN 等许多公司正在努力的目标。

面板承担的产能将逐渐增加但仍然有局限性。面向大芯片应用的 FO-PLP 预计会迟一些井喷。到 2025 年，我们预计 FO-PLP 将占晶圆（300mm 当量）扇出封装总产量的 18%（见图 1.22）。主要公司对 FO-PLP 的准备情况如图 1.23 所示。

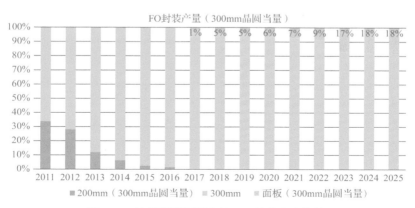

图 1.22　按载板类型划分的 FO 封装生产趋势

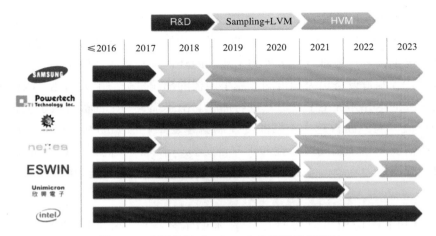

图 1.23　主要公司对 FO-PLP 生产的准备情况

1.4.3　FO-PLP 供应商概述

板级制造能够利用于 WLP 和 PCB/ 平板显示器 / 光伏行业的知识积累和基础设施的提升。PLP 的发展受多种因素推动，并吸引了来自供应链（包括设备和材料）的各种公司投资面板基础设施。一方面，顶级设计公司希望 OSAT 降低高密度 FO-WLP 的成本，而面板被视为大幅降低封装价格的关键。FO-PLP 在每个大型 OSAT 公司的路线图上。另一方面，一些公司正在投资和开发 PLP，并真正推动将其作为其战略的一部分。这些公司主要受到 FO-WLP 的成功和宣传的推动。此类公司有：

- 错过了早期的 FO-WLP（eWLB）浪潮的公司（例如 PTI）；
- 受到载板业务亏损的影响，希望在利用载板制造经验的同时建立新的商业模式的公司（例如 SEMCO、Unimicron）；
- 已具备 LCD 封装等面板封装经验，并认为可以将其经验应用于 PLP 的公司（例如 Nepes）；
- 希望开发高密度、低成本的封装来支持他们的前道芯片业务（例如三星电子、英特尔）。

有很多公司在开发 FO-PLP 技术，经过多年的开发、认证、打样，很多公司都正在进入 HVM 阶段，比如三星、Nepes、PTI。Nepes 自 2017 年以来一直处于小批量生产阶段。ASE 与 Deca Technologies 合作已进入技术开发末期，并于 2022 年进入量产阶段。每个公司都有着自己的战略，并正在研究自己的 FO-PLP 技术（面板尺寸，利用不同的设施等）。例如，Nepes 最初将注重于针对汽车、传感器和物联网应用的低密度设计（>10μm/10μm，L/S），稍后将进入高密度设计阶段。而 PTI 和 SEMCO 的长期目标是针对需要 L/S 8μm/8μm 或更低的中高端应用。ESWIN 有可能成为中国第一家到 2022 年实现 LVM 产品生产的 FO-PLP 厂商。Unimicron 正在采用一种不同的商业模式，他们将制造 HD RDL，进一步的组装将由代工厂、OSAT 合作伙伴或客户完成。另一方面，Amkor 和 JCET/STATS ChipPAC 等知名 OSAT 目前处于观望阶段，正在评估各种选择，不会在 2022 年之前量产。图 1.24 显示了主要公司参与 FO-PLP 的状态。

公司	生产情况	技术	面板制造类型	面板尺寸	最小特征尺寸（L/S）（2018）	驱动程序
ASE	• 面板生产就绪 • 目标2022年量产	• eWLB许可（芯片先置，面朝下） • M系列许可（芯片先置，面朝下）	• 基于PCB	• 300×300 • 615×625（M-series，Deca） （Yole estimation）	• 2μm L/S（300×300面板） • 10μm L/S（M-series，Deca）	BB，PMU，RF
三星	• 为低端应用做好准备（PMIC，等） • APE于2018年开始生产	• SEMCO PLP	• 基于PCB	• 510×415	8μm/14μm L/S	• RF SiP • BB，PMU，RF • APE+PMIC
PTI	• LVM于2018年启动 • 截至2020年，新晶圆厂仍在建设中	• CHIEFS（芯片先置） • CLIP（芯片后置） • PiFO • BF²O	• LCD和PCB混合	• 510×515	• 5μm/5μm L/S	• BB，PMU，RF • APE • FPGA，CPU，GPU
Nepes	• 2017年第二季度开始生产 • 2019年收购后生产M系列	• VF-FOWLP	• 基于LCD	• 第3代（约650×550）（Yole estimation）	• 10μm L/S	• BB，PMU，RF
ESWIN	• 2021年面板生产线就绪 • 2022年投产	• eMFO（嵌入式模塑FO，芯片先置） • ESWIN-FOPLP	• LCD、半导体和PCB混合	• 510×515	• 5μm/5μm L/S，2021； • 2μm/2μm L/S，2022	• BB，PMU，RF • APE • 逻辑 • SiP

图 1.24　参与 FO-PLP 的主要公司现状

PLP 的设备就绪度不是瓶颈。市场上有支持面板加工中各种工艺步骤的设备。但是，支持高密度面板封装的设备特别昂贵，因此来源不是问题，而是设备的成本。对于某些工艺步骤［例如电镀、物理气相沉积（PVD）、塑封、贴片和划片］，大多数设备在市场上都很容易买到，可以将用于 PCB、平板显示器或 LCD 行业的设备进行改造并且可能复用于生产面板。然而，先进封装固有的一些关键工艺步骤，如光刻，需要开发新的升级设备功能，以支持面板上的精细 L/S 图形。近年来，设备供应商开发了厚光刻胶、面板操作功能、曝光场尺寸和焦深等技术。他们也在采用不同的策略进入 PLP 业务：通过收购（例如 Rudolph 基于通过收购 AZORES 平板显示面板打印机获得的技术开发了适合

PLP 的设备），通过利用其他业务的设备经验并对其进行升级（例如 Evatech、Atotech、SCREEN），或者从头开始有组织地开发 PLP 工具（例如 ASM）。此外，一些设备供应商在 FO-WLP 市场中占有重要地位，但他们对 PLP 业务持怀疑态度，因此采取观望路线。这些公司包括 Ultratech、Applied Materials 和 Lam Research。在材料方面，主要材料供应商的发展趋势是对用于 LCD 和先进封装的产品进行优化，以满足面板封装要求。

1.5　系统设备拆解

1.5.1　带有扇出封装的终端系统拆解图

FO 技术有着非常广阔的应用空间。如上所述，从汽车到消费类，市场很大。在许多应用中，这种封装技术带来了许多优势，如图 1.25 所示。其中，我们可以列出：

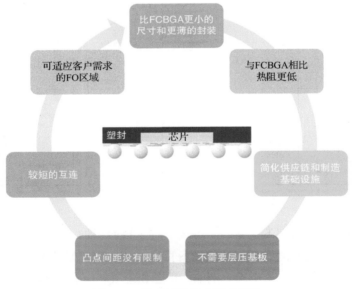

图 1.25　扇出封装的主要差异性

- 散热；
- 简化供应链和制造；
- 简化成本；
- IC 保护；
- 互连；

- 高适应性；
- 薄型封装；
- 高 BLR（板级可靠性）。

在汽车领域，雷达是唯一使用 FO 技术的系统。该系统基于一个 MMIC 芯片，可发送和接收信号以感知汽车的环境。以前，该系统是在专用射频板上以离散模式实现的。在 MMIC 实现中，在硅体衬底、CMOS 和 SiGe BiCMOS 上使用了多种技术。由于 MMIC 功率很高，扩散的热量会迅速上升。FO 的主要优点包括在传输路径中使用围绕主功率放大器的焊球进行热管理。另一个优点是接收器（Rx）和发送器（Tx）路径的互连更短。使用更短的互连可以减少寄生信号。市场上出现了两种新技术。其中之一是 NXP 与 Nepes 合作开发的 RCP。英飞凌是第一家使用这种封装技术的 MMIC 制造商。现在，随着该技术已授权给多家 OSAT，新从业者如 Calterah Semiconductor 和联发科，正在将封装技术用于雷达系统。对于联发科来说，通过在 RDL 中引入天线系统来使用 FO 技术，实现了系统的尺寸减小和成本降低。

对消费级应用，这些优势可能会发生变化。由于消费级系统使用较低的功率，因此在选择封装时无需考虑散热。这里的具体影响因素更多的与成本和尺寸有关。实际上，FO 技术能够在保持相对低成本的解决方案的同时，提供小尺寸和更薄的封装。自 2011 年以来，市场上使用 FO 技术的参考数量逐年呈指数增长（见图 1.26）。该图统计了每年的组件参考模型数量。例如，自 2018 年以来，高通公司发布了大量的 PMIC，参考模型为 PM8150。此参考出现在 2018 年、2019 年和 2020 年，每年统计一次。

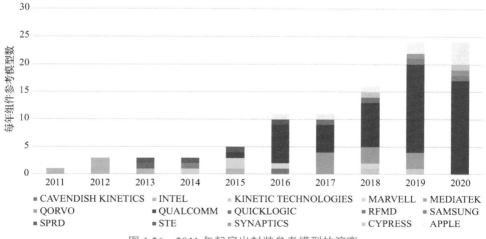

图 1.26　2011 年起扇出封装参考模型的演变

其他公司已经尝试将封装技术集成到他们的元件中，但仅有高通取得了真正成功。高通公司的第一款器件是 PMIC，它使用 eWLB 来展开芯片互连以适应 PCB 的焊球间距。当时，芯片在元件上的占比接近 70%。现在，根据最终应用场景的不同，封装中芯片的占比可以接近 90%，如图 1.27 所示。这种趋势显然是朝着封装中的芯片密集化方向发展，而不是在比芯片尺寸更大的面积上真正扇出互连。在这种情况下，FO 的目的已仅用于保护芯片。事实上，今天的 FO-WLP 技术允许在 12 英寸晶圆或面板上封装任何芯片，并为任何尺寸芯片提供侧壁保护。通过这种方式，最终的 OEM 可以在 12 英寸晶圆上提供基于 8 英寸晶圆的高工艺节点（0.18μm）塑封。与 WLP 相比，这不仅提供了保护，而且还降低了封装成本。

图 1.27　2013 年至 2021 年 FO 封装芯片占比的演变

现在，高通公司几乎所有的 PMIC 都在使用 ASE 的 FO 技术为 IC 提供 5 面侧壁保护。只有芯片的背面没有被塑封料覆盖，但它可以用背面保护膜所覆盖，并且作为 M-Series 封装工艺中的一个选项。FO 在消费领域的另一种应用是应用处理器。如图 1.28 所示，市场上的应用处理器（AP）比例很小，但由于元件比典型的 PMIC 大得多，因此成长机会很大。

最后，基于 2011 年以来的消费元件数据库，可以发现凸点密度和元件尺寸的趋势，如图 1.29 所示。

图 1.29 中体现了两个主要区域。一种集中于 RF 收发器和现在的 PMIC 等小型元器件，I/O 数量少，面积小，主要使用 FO 做侧壁保护。另一个更分散的区域专门用于 APE。在该区域中，可以定义两个更小的区域。一个适用于具

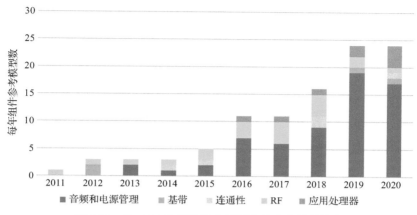

图 1.28　从 2011 年开始按应用划分的扇出封装演变

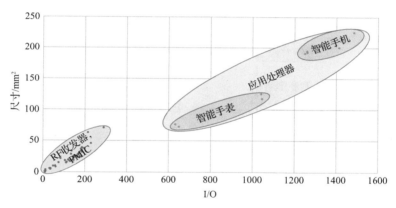

图 1.29　扇出封装凸点密度趋势

有中等 I/O 数量的智能手表元件。另一个是针对具有非常高凸点密度的智能手机的 APE，因为该元件执行多项任务并且需要非常多的 I/O。

1.5.2　技术对比

本节将对市场上从雷达到 SiP 的每种 FO 技术进行应用对比。eWLB 技术将在多个应用中进行介绍，因为它是当今最流行的 FO 封装技术。从雷达 MMIC 开始，将比较 RCP 技术与英飞凌的 eWLB 及其在联发科 STATS ChipPAC 的 AiP 系统中的应用。

1. 雷达 IC：eWLB 与 RCP

由 NXP（前身为飞思卡尔）开发的 RCP 技术的首次应用，即芯片先置的面朝下结构，芯片移位是每个 FO 制造商都面临的问题。飞思卡尔有一个有趣的解决方案，即采用铜框架来硬化结构并防止在成型过程中出现较大的芯片移

位。此外，框架在封装中接地，以增强 MMIC 的隔离性。eWLB 实施类似于
具有芯片先置面朝下配置的 RCP 技术，但需要控制成型以避免任何芯片移位。
如前所述，外形尺寸并不是此类应用的主要驱动力。热机械增强是 FO 技术的
主要关注点和选择标准。事实上，通过查看芯片与封装的尺寸对比，MMIC 仅
占据了封装的 25%。其余部分的都是用于接地、散热、BLR 以及与 PCB 基板
的短互连。如今，随着 MMIC 芯片技术的发展，基调已经不一样了。如图 1.30
所示，外形成为主要的评判标准之一。

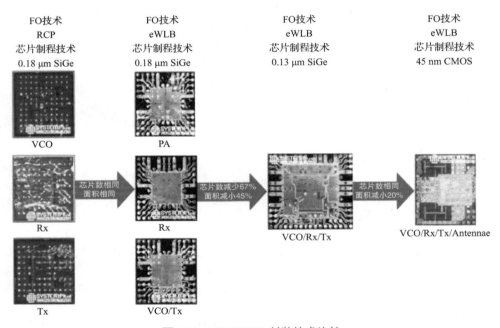

图 1.30　MMIC FO 封装技术比较

　　第一代 MMIC 由三个 6mm×6mm 具有不同的功能的芯片组成，采用 SiGe
BiCMOS 工艺集成。英飞凌最近一代的 MMIC 体积相比上一代更大，但从凸
点面的视图显示 RDL 的面积非常小。此外，英飞凌通过直接位于芯片下方的
焊料凸点获得优异的热机械性能。最后，采用 eWLB 封装的先进 RFCMOS 技
术可以提供非常小的外形尺寸，并实现在停车传感器应用中集成雷达传感器。
联发科设法将集成天线系统安装到与 MMIC 芯片相同的封装中。这样，该封装
外形尺寸接近市场上的超声波传感器。为此，STATS ChipPAC 添加了非常大面
积的铜 RDL，以提供散热和天线隔离。在此配置中，RF 传输路径中不使用互
连。天线直接连接到芯片 I/O。

2. MCM/SiP：RCP-SiP 与 eWLB 对比

上文的两种技术也可用于 SiP 设计。在市场上可以找到两种用于工业和消费级的设计。两者都使用 FO 封装技术来实现外形尺寸。对于工业应用，NXP和 Nepes 将 RCP 开发为使用 PCB 通孔框架替代用于防止芯片移位的铜框架的形式；在这种情况下，通孔框架还用于提供底部 RDL 和存储器封装之间互连，实现 PoP 配置。

在非常小的 SMD 结构的封装中，包括一个 MCU、一个 PMIC 和一个闪存以及数个无源元件。芯片工艺类似于用于雷达 MMIC 的 RCP 封装。对于eWLB，由于包含两个芯片，且良率损失较低，SiP 在市场上的应用仅限于消费领域。在需要小型封装的智能手表应用中，可以找到类似器件互连前端模块。Cypress 是第一家在大批量制造中提供此类解决方案的公司。该器件在同一封装中集成了 MCU 和蓝牙 SoC。

如今，由于晶圆上有多颗芯片时，可能会发生严重的芯片移位，因此封装内芯片数量是受限制的。对于更多的芯片，Deca 科技公司开发的 AP 技术是一种很有前景的解决方案。该技术允许通过使用激光直接成像（LDI）系统根据芯片移位来修改路线。它使 Deca Technologies 能够开发自己的 FO 封装技术，称为 M-Series。就 Cypress 的 SiP 而言，eWLB 和 M-Series 这两种技术都在争夺对其封装的机会（见图 1.31）。最后，使用 eWLB 技术制造 SiP 的是 STATS ChipPAC。STATS ChipPAC 设法控制芯片移位，并实现了 MCU 和 SoC 之间具有最小、最先进的线宽 / 间距。

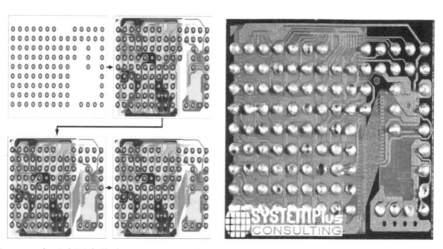

图 1.31　自适应图案化应用于 Cypress 的 SiP 项目和 Cypress CY8C68237FM-BLE 底部

3. PMIC：eWLB 与 M-Series 对比

目前，FO 市场正在向 M-Series 发展。事实上，在高通使用 FO-WLP 的任何地方，M-Series 技术都已被使用。高通于 2015 年在智能手机中引入了 FO 封装技术。这最初是基于 Nanium 和 STATS ChipPAC 的 eWLB。eWLB 实现了芯片侧壁保护（包括背面在内的 5 个面）。由于它是芯片先置 / 面朝下工艺，第五面，即芯片的背面，无需额外的工艺步骤即可获得保护。这种保护方式在 M-Series 发展之前就存在了。

M-Series 完全占领了专门用于 eWLB 的 FO 市场，因为它使用具有芯片有源一侧保护和 AP 光刻工艺的芯片先置 / 正面向上的结构。它可以通过可选的背面贴保护膜步骤提供 6 个侧面的保护。

如图 1.32 所示，该技术在 RDL 制造过程之前在芯片表面使用铜柱和塑封。通过这种方式，芯片的顶部得到了塑封层完整的保护，并为制造 RDL 提供了一个非常平坦的表面。此外，通过在工艺流程中使用 AP 技术，封装制造商无需重新设计掩模组，使用激光直接成像（LDI）补偿即可校正芯片移位。

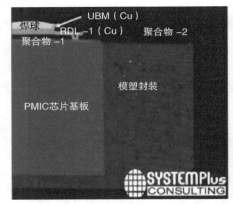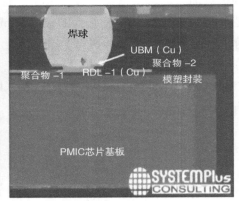

图 1.32　PMIC 组件的 FO 封装：eWLB（左）和 M-Series（右）

1.5.3　成本比较

每种封装类型都经过模拟来评估 FO 封装的成本。每个步骤都集成了描述所有设备和相关耗材的工艺流程。通过这种方式，可以识别每个过程中成本较高的步骤，并进行比较。如图 1.33 所示，可以参照 WLP 获得每种 FO 封装类型的相对成本。

对于简单的 FO 封装，例如 eWLB、RCP 或 M-Series，与 WLP 相比差异很小。与 WLP 相比，FO 的成本增加了 20%。对于所有封装来说，芯片拾取和

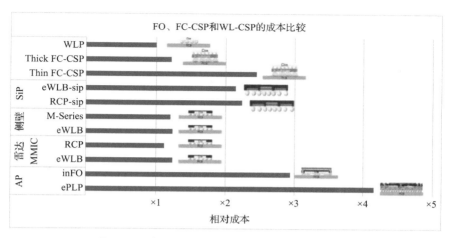

图 1.33　市场上可用的 FO 封装技术的成本比较

放置步骤都是最昂贵的。在塑封前准确放置芯片是至关重要的。只有 RCP 更昂贵，因为需要使用金属框架来解决芯片移位。

用于集成如雷达 MMIC 等器件中的 FO 技术，侧壁保护与厚 FC-CSP 的相对成本在同一区间。关键区别之一是 BLR。与 FO 封装相比，FC-CSP 的 BLR 明显更高。然而，与 eWLB 不同，M-Series 技术在芯片表面具有塑封保护和强化层，使其 BLR 与厚 FC-CSP 更为接近。

当然，对于 FO 技术的 SiP 版本，相对成本是不一样的。与 WLP 相比，FO 技术允许多芯片级别的封装，这显然会导致成本增加。但更高成本的步骤与单芯片 FO 封装不同。实际情况是，使用金属框架结构来实现 PoP 会产生一个新的工艺步骤，占封装总成本的 10%。此外，随着塑封覆盖的表面更大，步骤成本更高。综合起来，相对成本几乎是单芯片 FO 封装的两倍。

最后，与面向薄型封装 APE 的 FO 技术相比，台积电或 SEMCO 的 FO 封装成本比 WLP 多 3 ~ 4 倍。与薄型 FC-CSP 相比，这些 APE 的 FO 成本仅高出 20% ~ 70%。在台积电的 InFO 和薄型 FC-CSP 之间，成本不是主要区别。同样，BLR 也是关键指标之一。由于成本几乎相同，为了更好的 BLR，客户会选择薄型 FC-CSP。由于 InFO 可以实现更薄的封装以及在面对面结构中集成无源元件（IPD），因此选择 InFO 技术以提高性能。此外，如果考虑三星的ePLP 解决方案，预计成本将高于 InFO。这里增加成本的步骤与塑封有关，而与实现 PoP 的铜柱无关，就如 InFO 中的一样。事实上，与其他 FO 封装技术相比，此处塑封料的总量和类型有很大不同。在板级别使用时，所需的塑封料需要足够的流动性来覆盖芯片和过孔框架。此外，它需要足够可靠，才能用于背面 RDL 制造。

1.6　本章小结

　　FO 自 2007 年量产至今，已非新的技术。最近的技术进步正在推动其应用的边界，而 FO 正在深刻地改变业界对其潜力的看法。尤其是在 2016 年 iPhone 7 采用台积电的 InFO HD FO 技术封装的 APE（A10）之后。台积电的 InFO 将高端智能手机推向了一个全新的高端细分市场，即 HD FO。

　　与传统的 FC-CSP 相比，FO 具有更强的吸引力，因为它具有更薄的封装尺寸、更高的 I/O 密度和更低的热阻。此外，电子 I/O 的扇出和多芯片特性为 2D、2.5D 和 3D 集成带来了显著的微缩优势。2.5D FO 结构作为高端应用领域 2.5D Si 转接板的替代品，已经在市场上得到关注和商业化。预计 3D FO-PoP 的进一步发展将实现更薄的外形、更大的内存容量和内存带宽。从本质上讲，FO 正变得比以往任何时候都更具活力，提供从低端封装技术到高性能且具有成本效益的集成平台的解决方案。

　　2019 年，FO 全球市场估值为 12.56 亿美元，到 2025 年预计达到 30.46 亿美元，复合年增长率为 15.9%。FO 的总产量预计将从 2019 年的 17.03kwspy（千个晶圆每年）以 12.3% 的复合年增长率增长，到 2025 年达到 34.19kwspy。对于 FO，移动和消费终端市场在 2019 年以 7.41 亿美元的总收入占主导地位，而预计将以复合年增长率为 12.5% 到 2025 年达到 14.98 亿美元。电信和基础设施终端市场表现同样出色，其复合年增长率达到惊人的 20.2%，从 2019 年的 5.04 亿美元增长到 2025 年的 15.23 亿美元。汽车和移动出行预计将以 13.8% 的复合年增长率从 2019 年的 1100 万美元增长到 2025 年的 2400 万美元。最后，医疗终端市场很少采用该技术预计将出现萎缩。

　　台积电为赢得新的客户群对 FO 倾力投入。InFO_oS 和 InFO_MS 现在正在用于联发科和赛灵思的 HPC。三星电子渴望通过与 HD FO 一起重新夺回苹果的硅业务。三星电子作为领先的 IDM，显然拥有强大的资源来初始投资 SEMCO 以获得 FO-PLP 解决方案，随后又重新收购该解决方案，以加快良率提升并在内部与前道硅工艺产生协同效应。因此，三星电子的新模型与台积电在 2015 年赢得苹果 APE 芯片和封装业务交易的模型相同。三星可以在自己的智能手机设备中启用 HD FO-PLP，自称其性能、成本和可靠性对标苹果。

　　ASE 的 FOCoS 对 HPC 越来越有吸引力。海思和联发科是已确认的运行 LVM 的新客户。JCET 开始享受 5G 热潮带来的红利。由于贸易摩擦，海思正试图尽可能启用国内的 OSAT。这在某种程度上使长电（中国）受益。JCET 新加坡从现有的核心 PMIC 中获得了良好的业务，并且随着 2019 年开始的 5G 热潮认证新的应用。

Nepes 通过在 2019 年和 2020 年大力投资，致力于强大 FO 战略。2019 年，Nepes 投资近 3500 万美元收购 Deca 的 M-Series 和菲律宾业务。在 2020 年，成立了一家名为 Nepes Laweh 的新 FO-WLP 分拆公司。Nepes Laweh 开始为在韩国的新工厂奠定基础，目标是到 2020 年底投产。Nepes Laweh 预计到 2024 年收入约为 3.3 亿美元，约占 Nepes 2024 年预测总收入的 40%。

在高通、ASE 和 Nepes 的大力支持下，Deca 在 2020 年从制造商转变为成熟的独立技术开发和许可公司。Deca 的商业模式现在包括向领先的制造公司（晶圆厂、OSAT、半导体公司）转让技术和授权许可 40 多项已发布和正在申请的专利。这包括与领先的 EDA 供应商合作的 M-Series、AP 和 AP 设计系统的相关专业知识，以及经过验证的大批量实时制造设计。

入局 FO 的面板制造商正在努力实现具有精细 L/S 和高可靠性的高端产品，尽管 FO-PLP 是最佳选择。对于 FO-PLP 公司来说，很可能需要一些时间来解决技术性挑战以确保良好的产率。现有的 FO 公司有不同的看法。对他们来说，扩大到面板更多的是一个财务问题，因为需要新设备来实现与晶圆制造相同的性能。ASE 似乎很激进。它已建设了两条面板生产线（300mm × 300mm 面板为精细 L/S，600mm × 600mm 面板为 M-Series）。他们似乎正准备在核心 FO 市场进行一场大战，并计划进入 HD FO。鉴于对良率产生不利影响的技术挑战，进入 HVM 生产的 FO-PLP 将支持相对简单的设计：>10μm/10μm L/S，<10mm × 10mm 封装尺寸，最大 2 层 RDL。随着技术和经验的成熟，FO-PLP 将被用于具有 <10μm/10μm L/S、多层 RDL、>15mm × 15mm 封装尺寸和多芯片 SiP 集成的 HD 设计。

如今，使用 Deca 和 ASE 的 M-Series 的主要厂商是高通。对于 PMIC，现在的芯片尺寸占封装面积的百分比接近 90%。此处，FO 并未被用于扩展互连，而是用于侧壁保护和降低成本。在 RF 应用中，市场已向网络通信和 SiP 应用发展。

APE 已开始增长，并在未来几年内代表着非常大的市场潜力。关于密度的趋势，已观察到三种模式。一种用于 PMIC，具有低密度、小尺寸和侧壁保护。第二个用于智能手表，具有中等尺寸、中等凸点节距和低 z 向剖面厚度。第三种适用于具有高密度、大尺寸和低 z 向剖面厚度的智能手机，具有凸点节距和尺寸灵活性。

在大多数应用中使用 FO 的目标已经改变。对于 MMIC，主要因素不再是热机械行为，而是集成度和降低成本。对于 SiP，降低成本现在至关重要。对于 PMIC，侧壁保护是主要关注点。另一方面，对于 AP，厚度和高凸点密度仍然是主要问题。与所有可用于 WLP 的技术相比，FO 仍然更昂贵，因为诸如芯片拾取、放置和塑封等额外的工艺会影响成本。根据客户要求的规格，FO 技术在灵活性、设计简单性、热机械行为以及在某些情况下降低成本方面可能比 WLP 更为有利。

参考文献

1　Keser, B., Amrine, C., Fay, O. et al. (2007). The redistributed chip package: a breakthrough for advanced packaging. *Proceedings of the Electronic Components and Technology Conference,* IEEE.

2　Brunnbauer, M., Fugut, E., Beer, G., and Meyer, T. (2006). Embedded Wafer level ball grid array (eWLB). *Proceedings of the Electronic Packaging and Technology Conference*, IEEE.

3　https://www.infineon.com/cms/en/about-infineon/press/market-news/2007/INFCOM200711-013.html.

4　https://www.infineon.com/cms/en/about-infineon/press/market-news/2008/INFCOM200808-084.html.

5　https://evertiq.com/news/16928.

6　https://newsroom.intel.com/news-releases/intel-completes-acquisition-of-infineons-wireless-solutions-business/#gs.xj0vd4.

7　https://www.globenewswire.com/news-release/2017/03/15/1078919/0/en/STATS-ChipPAC-Achieves-1-5-Billion-Unit-Milestone-in-Fan-out-Wafer-Level-Packaging-Shipments.html?culture=en-us.

8　https://www.cnbc.com/2012/10/10/nanium-passes-production-milestone-200-million-ewlb-components-shipped-in-less-than-two-years.html.

9　https://ir.amkor.com/news-releases/news-release-details/amkor-technology-acquire-nanium.

10　Scanlan, C., Olson, T., Rogers, B. et al. (2012). Adaptive patterning for panelized packaging. *Proceedings of the IWLPC*, SMTA.

11　https://www.prnewswire.com/news-releases/cypress-subsidiary-deca-technologies-to-receive-60-million-investment-from-ase-300259281.html.

12　www.nepes.co.kr/en/ir/overview.php?idx=707&bgu=view.

13　Zwenger, C. and Huemoeller, R. (2015). Silicon wafer integrated fan-out technology. *IMAPS 11th International Conference on Device Packaging*.

14　Liu, C., Chen, S., Kuo, F. et al. (2012). High-performance integrated fan-out wafer level packaging (InFO-WLP): technology and system integration. *Proceeding of the International Electron Devices Meeting*, IEEE.

15 https://www.samsungsem.com/global/newsroom/news/view.do?id=5.

16 https://english.etnews.com/20190423200002.

17 www.pti.com.tw/ptiweb/Pressrelease/Powertech%20Technology%20Inc.%20Hsinchu%20Science%20Park%20Plant%20III%20Groundbreaking%20Press%20Release.pdf.

18 Wang, C., Tang, T., Lin, C. et al. (2018). InFO_AiP technology for high performance and compact 5G millimeter wave system integration. *Proceedings of the Electronic Components and Technology Conference (ECTC)*, IEEE.

19 Tsai, C., Hsieh, J., Lin, W. et al. (2015). High performance passive devices for millimeter wave system integration on integrated fan-out (InFO) wafer level packaging technology. *Proceedings of the International Electron Devices Meeting (IEDM)*, IEEE.

20 Su, A., Ku, T., Tsai, C. et al. (2019). 3D-MiM (MUST-in-MUST) technology for advanced system integration. *Proceedings of the Electronic Components and Technology Conference (ECTC)*, IEEE.

21 Chun, S., Kuo, T., Tsai, H. et al. (2020). InFO_SoW (system-on-wafer) for high performance computing. *Proceeding of the Electronic Components and Technology Conference (ECTC)*, IEEE.

第 2 章

扇出晶圆级封装（FO-WLP）技术与其他技术的成本比较

Amy Palesko Lujan

2.1 引言

当选择一种封装技术时，需要考虑许多因素。大量的因素与设计本身有关：包括热性能和电性能方面的考虑、尺寸要求以及良率问题等。成本是这些众多因素中的一个。成本并不比其他任何要求更重要，但它却是一个关键的考量因素。如果每个技术要求都能满足，但成本过高，设计流程就必须重新开始。

本章分析了扇出晶圆级封装（FO-WLP）的成本。讨论了 FO-WLP 本身的成本，包括其不同种类的工艺过程，又讨论了 FO-WLP 和其他技术之间的比较。

本章的比较范围仅是成本。在比较两种技术时，作者不会详细介绍不同工艺的技术优势。如果对两种（或更多）封装技术进行比较，会做出既定假设，即它们都能满足设计要求。关于不同技术所提供的工艺细节，请参考本书的其他章节。

2.2 基于活动的成本模型

本章中所有的成本比较都是使用基于活动的成本模型来进行的。这是一种详细的、自下而上的成本计算方法。在基于活动的成本建模中，一个工艺流程被划分为一系列活动，并计算出每个工艺活动的总成本。每项活动的成本是通过分析以下属性而确定的。

- 直接劳动：这是由执行活动所需的时间乘以该活动所需的操作人员的百分比来确定的。
- 材料：消耗性和永久性材料费用都包括在内。

- 设备：根据产品使用设备的时间分配设备折旧费用而计算得出。
- 工装费用：指那些一次性的工程费或夹具费用。
- 良率下降：对于组装步骤来说，是每百万次的缺陷数；对于加工步骤来说，是每平方厘米的缺陷数。尽管这些缺陷在后期测试时才会显现出来，但在它们产生时就会增加成本。

使用基于活动的成本建模的结果是获得对工艺中每个活动的直接成本的详细了解。图 2.1 展示了一个芯片后置工艺的 FO-WLP 过程中前几个步骤的结果。

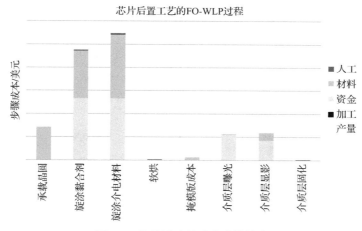

图 2.1　基于活动的成本建模输出

还有其他成本需要考虑，它们构成了直接成本和价格之间的差异。图 2.2 概述了不同类型的成本。

组成部分	说明	
直接成本	可计量的成本——可以在活动层面或者工厂层面进行	成本模型被用来直接估计这两部分
间接成本	与某项活动没有直接关系的工厂成本。技术支持、质量、制造工程、水电、工厂等	虽然这四类在较宽范围内变动，但它们的总和是由市场驱动的，达到了一定程度上的一致。它们通常按照 $a\%$ 被添加在每个制造对象的直接成本之上
管理费用	需要支付的公司成本。通常是G&A、营销、工程等	
利润率	通常是总成本的一个百分比	
风险因素	分配给新技术的利润率高于通常水平	

图 2.2　成本的类型

当涉及产品的最终价格时，必须将间接成本、管理费用、利润率和风险因素纳入考虑，但它们不属于本章的范围。

2.3 FO-WLP 变化的成本分析

在与其他技术进行比较之前，了解 FO-WLP 本身的工艺过程和成本驱动是至关重要的。FO-WLP 中包含三种主要工艺。图 2.3 展示了面朝下芯片先置的 FO-WLP 工艺流程。三个浅灰色的方框展示了在要被放置的芯片上进行的处理；深色的方框代表 FO-WLP 的步骤。

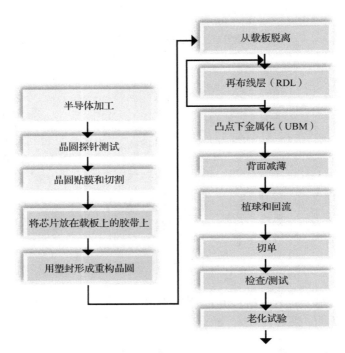

图 2.3 典型的面朝下芯片先置的 **FO-WLP** 工艺流程

在图 2.3 展示的过程中，可能存在一些变化。一些扇出型封装工艺可能不需要凸点下金属化（UBM）；其他可能需要背面贴膜工艺。此外，不同的方法可用于创建再布线层（RDL）。本章中所有的成本比较都是基于一种使用感光介质的铜 – 聚合物 RDL，但也有其他选择，如双大马士革工艺（更昂贵），或使用无掩模工艺的 RDL[1]。

2.3.1 工艺段的成本

如图 2.4 所示，面朝下的芯片先置封装工艺的成本被分解成不同的工艺段。

对每个工艺段进行了简单的讨论，以进一步确定封装成本的来源。需要注意的是，各种计量步骤都是作为每个工艺流程段中的一部分，被汇总起来，而非从自己的类别中获取。例如，翘曲测量和芯片移位测量叠加起来作为模塑步骤类别中的一部分。

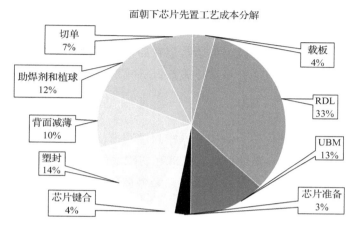

图 2.4　按工艺环节划分的面朝下芯片先置的成本明细

1. 芯片准备

这指的是加工将被放入封装中的晶圆来料成本。如果使用面朝下的芯片先置工艺，这就是对晶圆进行背面研磨和分割的费用。如果选用需要制备凸点的扇出型封装类型，如面朝上芯片先置的 FO-WLP 工艺，则这一类别还包括对晶圆来料进行凸点制备的成本。

2. 载板

在面朝下的芯片先置工艺中，载板工艺段的作业活动很简单。载板本身很便宜，而且可以重复使用，第一项工艺活动是在载板上贴胶带，然后将芯片放在上面。这个工艺段累积的第二项工艺活动是移除重组晶圆的成本（芯片被塑封模具包围），因为模具的厚度足以在持续进行的工艺过程中对芯片起到支撑作用。

载板工艺的主要成本类型是在载板上贴胶带的设备成本，以及后来对重组晶圆的解键合成本。相比之下，简单的载板和胶带的材料成本是可以忽略不计的。

3. 芯片键合

这个过程中的芯片键合部分并不是真正的键合。它只是简单地将芯片面朝下放在载板的胶带上。由于芯片是面朝下的，所以在键合过程中不需要实现互连。

主要的成本驱动因素是产量，而主要的成本类型是设备成本。每个芯片放置的时间越长，设备使用的时间就越长，从而推动了与此工艺活动相关的设备资金成本的上升。

4. 塑封

这一部分代表了晶圆级压缩模塑工艺。塑封被涂成厚厚一层，并作为载板向前推进，直到塑封层被磨成所需的最终厚度，该工艺过程结束。

与该工艺段相关的主要成本类型是塑封的材料成本。虽然晶圆级压缩模塑成型设备并不便宜，但与这一步骤相关的设备成本还不到塑封材料本身成本的1/4。

5. 背面减薄

这项工艺活动是指将作为载板的厚塑封层减薄的步骤。这发生在所有的互连工艺完成后，紧接在涂覆助焊剂、植球和切割之前。

与这一部分有关的成本是设备成本。必须被磨掉的塑封材料越多，设备的使用时间就越长。

6. RDL（再布线层）

与其他工艺段不同，这个工艺段包括更多的步骤。在一些扇出工艺中，RDL 在整个工艺流程中占了一半以上的步骤。对于此处成本模型的 RDL 类型，应用了光敏电介质，进行图形制作，然后沉积种子层。接下来，在剥离光刻胶和蚀刻种子层之前，使用光刻胶以定位镀铜区域。最后，做出最终的光敏电介质层，并进行图案制作，以完成单层 RDL 的制作。

材料和设备是 RDL 工艺的主要成本贡献者。需要一台旋涂机以应用电介质和光刻胶；需要一台溅射工具以制备种子层；需要一条金属化用的电镀线；可能会用到一台步进曝光机，尽管如果在满足设计要求的同时，也能够使用对准曝光机，其成本会略有下降。这些都是昂贵的设备。

最高的材料成本是电介质、光刻胶和金属的消耗。总的材料成本被考虑在内，即使有些材料并没有留在最终产品上。例如，成本模型考虑到了为了将晶圆涂覆到目标厚度而必须使用的光刻胶总量，即使该材料的 90% 最终都会被甩飞了[2]。

7. UBM（凸点下金属化）

通过一系列的图形制备和电镀步骤形成 UBM 层，其类似于 RDL，但 RDL 可以有很多层，但只有一层厚铜 UBM 层。成本是由材料和设备两方面驱动的。

8. 助焊剂和植球

这是在切割前植球的工艺活动，其目的是为最终将封装放在衬底上做准备。

主要的成本驱动因素是焊球本身的材料成本，尽管共计约占材料成本一半的设备成本也实际存在。

9. 切单

这指的是切割单片的过程，其中有许多种类。本书中的模式是在激光划线后使用机械切割，这是一种具有成本效益的方法。这一步骤的成本将直接取决于封装尺寸的大小；封装尺寸越小，切割的时间就越长。

虽然有一些与切割有关的材料成本，但这一类的成本主要是由于设备使用时间有关的设备成本决定的。

2.3.2 FO-WLP 的不同工艺种类

上一节讨论的是面朝下芯片先置的工艺过程。

面朝上的芯片先置工艺是 FO-WLP 中的第二种工艺。由于本章的重点是 FO-WLP 的成本，本节将只讨论影响成本的工艺流程的差异。本书中的其他章节将更详细地讨论工艺流程的变化，因为它与实际加工和技术考虑有关。

从成本的角度来看，将面朝上的芯片先置工艺与面朝下的芯片先置工艺区别开来的两项要素是

1）裸芯片来料在放置前必须已经含有凸点、铜柱或铜钉（这些凸点、铜柱或铜钉正面朝上）。在塑封过程后，RDL 加工流程开始前，需要立即将塑封层磨薄以露出这些凸点、铜柱或铜钉。

2）假设自适应图形技术被用来解决塑封过程产生的芯片移位[3]。自适应图形技术增加成本，但也会对良率带来有利的影响。

芯片后置工艺是 FO-WLP 中的第三种工艺。从成本的角度来看，将其与其他种类的 FO-WLP 工艺区分开来的几项要素是

1）芯片上必须有凸点或者铜柱，以便放置在 RDL 上。

2）必须使用坚固的载板和解键合工艺。

3）芯片被放置在一个完全成型的 RDL 上，而不是放置后在其周围建立 RDL。这意味着芯片可以被放置在合格的 RDL 位置上，这有益于提升工艺的良率。

4）芯片后置工艺使用与芯片先置工艺相同的塑封材料，但仅此还不够。还必须使用毛细底部填充胶（Capillary Underfill，CUF）来保护凸点或铜柱的互连。

这里将一个封装设计实例放到针对这三种 FO-WLP 工艺变体所建立的成本模型上。该设计是将一个面积 3mm×3mm 的芯片，装在一个含有单层 RDL 的

6mm × 6mm 面积的封装体内。芯片成本类别中包括晶圆本身的成本（300mm，成熟制程节点）和将芯片放入封装的加工成本。该设计的结果见表 2.1，展示了与面朝下芯片先置封装工艺有关的数据。

表 2.1　三种 FO-WLP 工艺的比较

	面朝下芯片先置工艺	面朝上芯片先置工艺	芯片后置工艺
载板	1.00	1.00	2.86
RDL	1.00	1.00	1.00
UBM	1.00	1.00	1.00
芯片成本和准备	1.00	1.06	1.06
芯片键合	1.00	1.00	1.82
模塑 / 模塑 + 底部填充	1.00	0.96	1.04
背面减薄 / 塑封后减薄	1.00	0.76	0.76
助焊剂和植球	1.00	1.00	1.00
封装切单	1.00	1.00	1.00
废料	1.00	0.61	0.14
共计	1.00	1.06	1.06

总的直接成本很接近，面朝下芯片先置封装工艺比其余两种工艺的成本效益略高一些。下面将讨论此三种技术之间具有不同直接成本的步骤所对应的类别。

1. 载板

芯片后置工艺的封装过程需要最坚固和昂贵的载板工艺。在芯片先置工艺的封装工艺中，主要是将塑封和芯片一起制作在载板上；在芯片后置工艺中，RDL 本身是构建在载板上的。将几乎完全加工好的芯片解键合，与 RDL 直接放在临时载板上，此种方式使得芯片后置制程中载体工艺的成本最为高昂。

2. 芯片成本和准备

这是来料硅片晶圆本身的成本，以及加工该晶圆的成本。对于所有的 FO-WLP 方案来说，都包括将晶圆切割成小块以便放入封装体的成本。对于面朝上的芯片先置工艺和芯片后置工艺来说，这还包括增加凸点或铜柱的费用。在晶圆上制备凸点的成本使得此两类工艺比面朝下的芯片先置处理工艺在芯片准备方面的费用更高。

3. 芯片键合

在芯片先置工艺中，芯片放置时不需要做任何互连。这是一个相对低成本的工艺，因为不需要任何材料作为芯片放置的一部分，虽然此时 RDL 已形成，但其产量很高。相比之下，当带有凸点的芯片被放置在芯片后置工艺中，必须进行全片键合。芯片后置工艺的成本模型包括助焊剂的材料成本，而且由于此时 RDL 已经形成，带有凸点的芯片必须被准确放置，所以芯片放置时间变得更长。

4. 塑封成型 / 塑封成型 +CUF（毛细底部填充胶）

面朝下的芯片先置的封装工艺在此类别中成本最高，因为塑封材料必须足够厚，以便在整个加工过程中对芯片起到支撑作用。面朝上的芯片先置工艺需要较少的塑封材料，但这一种工艺中包含自适应图形制备的成本，这意味着该种工艺的成本与面朝下的芯片先置工艺的成本几乎相同，尽管前者需要较少的塑封材料。对于芯片后置工艺，可以再次做出假设，即需要更少的塑封材料，因为此工艺中塑封材料不需要起到支撑的作用。另一方面，此类工艺包括需要额外应用在芯片后置工艺过程中的 CUF。由于增加了 CUF 的费用并减少了塑封材料的所需用量，其总成本略高于面朝下的芯片先置工艺方案。

5. 背面减薄 / 塑封后减薄

这种工艺活动发生在工艺流程的不同部分，取决于使用哪一种 FO-WLP 工艺，这就是它有两个名称的原因。厚厚的塑封材料在芯片先置工艺过程最后被磨掉；由于塑封材料位于芯片的背面，所以此过程被称为背面减薄。在面朝上的芯片先置工艺中，塑封材料将在成型后被迅速磨掉，以露出铜凸点。在芯片后置工艺中，塑封是在工艺过程接近尾声时进行的（在 RDL 成型和芯片键合之后），成型后模具材料很快被研磨掉。由于在面朝上芯片先置和芯片后置工艺中，研磨都发生在塑封完成后不久，所以其被称为塑封后减薄。

如上一节所述，假设面朝下的芯片先置工艺需要应用最厚的塑封材料，那么对这种厚塑封材料的研磨时间也会比其他两种工艺中的塑封后研磨时间更长。这就是面朝下的芯片先置工艺在这一类别中成本最高的原因。

6. 废料

对于这三种 FO-WLP 的工艺来说，废料成本是不同的。面朝下的芯片先置工艺的废料成本最高。这是因为在进行任何 RDL 加工之前，芯片已经嵌入到模具中，而且没有进行自适应的图形加工。这意味着芯片的位移可能会导致芯片和 RDL 之间的一些良率损失。此外，由 RDL 工艺引入的所有缺陷，包括许多光刻步骤，将导致这些芯片的损失。在面朝上的芯片先置工艺中，自适应图形的额外成本意味着更高的良率，因为 RDL 图案已被调整以匹配芯片的位移，但 RDL 加工过程中引入的任何缺陷仍将导致一些芯片的损失。芯片后置工艺的选项具有最高的良率，因为其假设芯片只被放置在合格的 RDL 位置上，这意味着 RDL 过程中引入的缺陷不会导致任何芯片的损失。

随着 RDL 数量的增加，芯片后置和面朝下的芯片先置工艺之间的相对关系保持稳定。多个 RDL 会导致更多的缺陷，但由于在芯片后置的工艺过程中，芯片被假定放置在合格的 RDL 位置上，只有载板和 RDL 加工成本会因 RDL 缺陷而损失。

另一方面，面朝上的芯片先置和面朝下的先置工艺之间的相对关系确实随着 RDL 数量的变化而变化。如前所述，这两种技术之间的主要良率差异是，在面朝上的芯片先置工艺过程中，芯片移位不会导致芯片的损失。与塑封移位有关的废品成本是稳定的；它只影响面朝下处理工艺，而不会影响面朝上处理工艺。随着 RDL 的增加，两种技术中与 RDL 数量相关的废品成本也在增加，这使得面朝上的芯片先置工艺中的芯片位移量的良率提升变得没那么明显了。如图所示，面朝上的芯片先置工艺中的相对废品成本是面朝下的芯片先置工艺中废品成本的 61%。如果有两层 RDL，这个数字会增加到 73%。如果有三层 RDL，则为 79%。

2.4　FO-WLP 与引线键合和倒装芯片的成本比较

本章的前几节分解了 FO-WLP 过程中不同部分的成本贡献，并讨论了这些成本是如何根据所使用的扇出类型而变化的。本节比较了用 FO-WLP 技术制造的不同封装与用更成熟的技术制造相同封装的成本。

在所评估的三种技术中，引线键合是最成熟的。对于引线键合和倒装芯片的封装，有两个截然不同的过程：基板的制作和组装。这些都是工艺中不连续的部分，可能发生在两个完全独立的地方。这与 FO-WLP 形成鲜明对比，后者基本上是在一个过程中完成基板制造和装配。

倒装芯片和引线键合基板是用印制电路板（PCB）技术制作的。加工这些基板有许多工艺选择。根据线宽和间距（L/S）的要求，积层工艺可以是加成法、半加成法（SAP）或改良的半加成法（mSAP）[4]。有不同的芯板和积层材料可供选择，并且可以根据需要增加层数以增加基板的复杂性。基板上可能有机械通孔或激光通孔，而且有许多表面处理选项。在面板上实现了面向倒装芯片或引线键合封装用的基板后，它通常被分割成条状，进入倒装芯片规模封装（FC-CSP）的组装加工。为倒装芯片球栅阵列（FC-BGA）而将基板切单是另一种工艺类型，但本章的模型假设中，所有倒装芯片和引线键合装配都以条状形式进行 FC-CSP 和引线键合 CSP。

装配过程是简单明了的。对于引线键合封装来说，芯片被放置在基板上，然后用金属丝在芯片和基板之间建立连接。在使用引线键合工艺的类型以及金属丝的类型方面有许多选择。对于倒装芯片封装，带凸点或铜柱的芯片被放置在基板上，连接通常通过标准的批量回流工艺或热压键合工艺来完成。

一旦芯片通过金属丝或凸点与基板连接，可能会发生几件事情：可能会应用模塑，可能会贴盖，可能会放置无源元件，等等。最后，焊球与基板底部连接，封装体被切割成单个。

本章重点对比每种技术的直接成本，尽管倒装芯片和引线键合装配、基板制造和扇出型封装的工厂会有不同的管理费和间接成本考虑。此外，其他的差异，如更新的扇出型生产线与完全折旧的引线键合生产线的相关资本支出，也没有纳入考虑。我们的目标是使对比项尽可能地相似。

在第一项分析中，我们将面朝上的芯片先置的扇出型封装工艺与使用简单的、带芯的两层基板的引线键合封装进行了比较。在第一种方案中，引线键合装配使用铜（Cu）线；在第二种方案中，使用镀钯铜（PdCu）线。对一定范围尺寸的芯片进行测试。芯片的尺寸范围在 3mm×3mm 到 13mm×13mm 之间。对于扇出方案，相关的封装尺寸每边比芯片尺寸大 1mm（3mm×3mm 的芯片放在 4mm×4mm 的扇出封装中）。对于引线键合方案，封装体的每一边都要比芯片尺寸大 2mm（3mm×3mm 的芯片放在 5mm×5mm 的引线键合封装中）。

结果如图 2.5 所示。图中有两个交叉点。第一个交叉点是在芯片先置处理的扇出设计和使用铜线的引线键合设计之间。在芯片尺寸超过 5mm×5mm，FO-WLP 是具有成本效益的。引线键合是传统上具有成本效益的技术，如果引线键合的封装尺寸与 FO-WLP 的封装尺寸相同，引线键合将是每个被测试设计的成本效益之选。然而，考虑到必须在芯片和封装之间为引线键合留出额外的空间，面积 6mm×6mm 的引线键合封装很难与面积 5mm×5mm 的扇出型封装相提并论；在如此小的尺寸下，每一毫米都会产生差异。

第二个交叉点是当扇出型封装变得比使用 PdCu 线的引线键合更具成本效益时。PdCu 线的材料成本略高于 Cu，在超过 8mm×8mm 的芯片尺寸之前，与同等的扇出型封装相比，引线键合设计不具有更优的成本效益。

从这一分析中得到的启示是，如果封装尺寸必须缩小到超过引线键合工艺的极限能力，那么 FO-WLP 可能比引线键合技术更具成本效益。一般来说，如果成熟的引线键合工艺能够支持一项设计，就几乎没有成本理由而转用 FO-WLP。

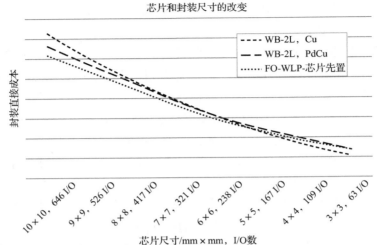

芯片和封装尺寸的改变

图 2.5　引线键合与 FO-WLP

　　图 2.5 评估了将单个芯片置于仅略大于芯片尺寸的封装中的成本。表 2.2 和表 2.3 评估了假设设计双芯片在不同的引线键合和 FO-WLP 封装下的成本变化。

表 2.2　两个面积 11mm × 11mm 芯片的封装设计（n/a 表示不适用）

封装尺寸 /mm × mm	4L 引线键合封装	1-2-1 引线键合封装	2 RDL 芯片先置工艺的 FO-WLP
16 × 16	1.03		
15 × 15	1.00	1.17	1.40
14 × 14	n/a	n/a	1.17
13 × 13	n/a	n/a	1.01

表 2.3　两个面积 3mm × 3mm 芯片的封装设计

封装尺寸 /mm × mm	4L 引线键合封装	2 RDL 芯片先置工艺的 FO-WLP
5 × 10	1.00	1.25
4 × 9	n/a	0.94

　　第一种设计是一个较大的封装，其中放置了两颗 11mm × 6mm 的芯片。测试了两种不同复杂度引线键合基板，并假设 FO-WLP 方案为两层 RDL。两种

引线键合基板都有相同的层数——一对内层和一对外层，但外层使用的材料和工艺是不同的。4L 方案有一个芯板，在顶部和底部各覆一层半固化片和铜箔，只包含通孔。1-2-1 方案有一个芯板，在顶部和底部各有一层 ABF 材料，并通过支持激光孔和通孔来实现更复杂的布线。

　　两种引线键合方案都假定为铜线。对于两种较大的封装尺寸，两种技术的焊球尺寸都是 0.4mm；对于两种较小的扇出型封装，焊球尺寸被假定为 0.35mm，以便实现与较大封装等量的 I/O。采用 4L 基板的面积 15mm × 15mm 封装方案是进行相对成本比较的基础。

　　最小的引线键合封装被认为是面积 15mm × 15mm 的封装，以便为导线留出空间。FO-WLP 不存在这种限制，它允许封装尺寸缩小。这种封装尺寸的缩小使 FO-WLP 在成本上具有竞争力，即使有 2 个 RDL。最小的扇出型封装与面积 16mm × 16mm 的 4L 引线键合封装相比，前者在成本上具有竞争力。如果需要更复杂的 1-2-1 基板来支持连接，面积 14mm × 14mm 的扇出型封装比 15mm × 15mm 的引线键合方案在成本上更具竞争力。

　　下一个设计是将两个面积为 3mm × 3mm 的芯片放入引线键合和扇出型封装中。所需的 RDL 数量是任何 FO-WLP 设计的关键成本驱动因素之一。表 2.3 显示，即使有 2 个 RDL，将封装尺寸每边缩小 1mm，也足以使这种双芯片设计在 FO-WLP 下具有成本效益。

　　这些例子强调了封装尺寸是两种技术的主要成本驱动因素。将封装尺寸缩小 1mm 或 2mm 的能力可以使 FO-WLP 这一较新的技术比传统的引线键合工艺更具成本效益。

　　接下来，我们以几种不同的方式将 FO-WLP 与倒装芯片封装技术进行比较，以了解驱动每种技术成本的设计特点。在第一组对比中，如图 2.6 所示，一个 5mm × 5mm 的芯片被放置在不同的封装尺寸中，封装尺寸范围从 6mm × 6mm 到 14mm × 14mm。倒装芯片封装的成本考虑了在芯片上增加凸点的成本（芯片先置处理的 FO-WLP 设计不需要这种成本）。

　　对于倒装芯片的封装，有三种不同的基板选择。最简单的是 2L 基板，它使用一个单层芯板；下一个方案是利用无芯工艺，形成一个有两层的无芯板基板；最复杂的基板是 1-2-1，它有一对芯板层和一对积层。三种倒装芯片封装方案与扇出型封装的交叉点出现在不同的地方。这个交叉点是与 FO-WLP 相比，倒装芯片选项变得具有成本效益的地方。

　　需要注意，扇出型曲线是平滑的，而倒装芯片曲线则显出波浪形。这是因为对于倒装芯片封装来说，封装尺寸和直接成本之间的关系不完全是线性的。

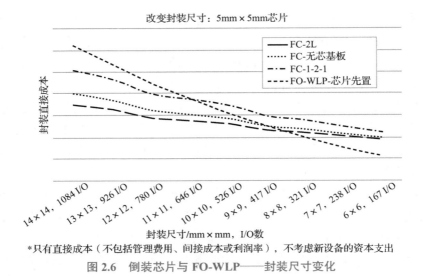

*只有直接成本（不包括管理费用、间接成本或利润率），不考虑新设备的资本支出

图 2.6　倒装芯片与 FO-WLP——封装尺寸变化

这是因为倒装芯片封装需要考虑面板尺寸、条带尺寸和封装尺寸。在计算每块面板的封装数量时，不能只损失封装和晶圆边缘的空间，而是必须考虑封装之间的空间、条带的边缘以及条带之间的间距。与条带有关的间距的增加是倒装芯片封装不具备线性平滑关系的原因。

当面积为 5mm×5mm 的芯片被封装在尺寸大约为 8mm×8mm 或更大的封装体中时，采用最简单基板的倒装芯片封装方式就变得具有成本效益。当 5mm×5mm 的芯片被封装在尺寸为 9mm×9mm 的封装体中时，无芯板工艺方案具有成本效益，而更复杂的基板方案只有在封装尺寸约为 11mm×11mm 或更大时才具有成本效益。

从图 2.6 可以看出，在处理较小的封装时，FO-WLP 比倒装芯片技术更具成本效益。对较小的封装尺寸，与从单个基板面板上获得的封装体数量相比，在单个尺寸 300mm 的晶圆上可以加工更多的封装体，并从晶圆级工艺作业中受益。封装尺寸是两种技术的一个关键成本驱动因素。

图 2.7 所示的图表展示了封装尺寸不变，改变了芯片的尺寸的封装成本。扇出型封装的价格几乎是固定的，甚至随着芯片尺寸的增大而变得略低。这是因为当芯片越来越接近封装尺寸时，所需的塑封材料数量就会减少。相反，随着芯片尺寸的增大，倒装芯片的成本稳步增加。这是因为在将芯片放入封装之前，需要对其进行凸点制备而产生的成本。对晶圆进行凸点制备的成本是稳定的。芯片越大，该成本就越多地被摊销到该芯片上。随着更大的芯片被放入面积 14mm×14mm 的倒装芯片封装体中，与 FO-WLP 相比，芯片凸点成本成为

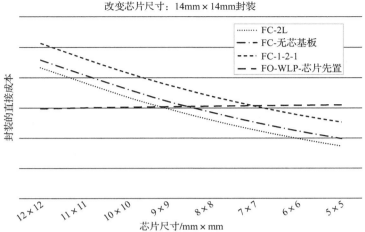

图 2.7　倒装芯片与 FO-WLP——芯片尺寸变化

了成本效益中的一个障碍。芯片先置处理的扇出工艺不需要凸点，这意味着芯片尺寸不是这种类型 FO-WLP 的主要成本驱动因素。

　　总之，当把 FO-WLP 与更成熟的引线键合和倒装芯片封装方案相比较时，有三个关于成本的关键信息。

　　1）在较小的封装尺寸下，FO-WLP 更可能具有成本效益。

　　2）在被置于倒装芯片封装中的芯片上增加凸点的成本不容忽视，这使芯片尺寸成为倒装芯片工艺的关键成本驱动因素。另一方面，芯片尺寸对采用面朝下芯片先置处理工艺的 FO-WLP 封装成本影响很小。

　　3）封装尺寸是所有这三种技术中的主要成本驱动因素。如果 FO-WLP 可以减少哪怕是很小的封装尺寸，那么即使与成熟的、低成本的引线键合方法相比，采用 FO-WLP 的设计也可能具有成本效益。

2.5　堆叠式封装（PoP）的成本分析

　　前几节集中讨论了在一个封装体中放置一个芯片，或两个芯片并排放置的封装类型。随着复杂性的增加，要评估的下一种封装类型是芯片堆叠的类型。当封装体尺寸的长度或宽度不能进一步缩小时，就必须使用垂直空间。

　　有许多方法能用于堆叠芯片。最成熟的方法是 PoP 堆叠。还有其他的堆叠工艺，包括在芯片上设置通孔并直接堆叠在一起（3D），或者将芯片放在转接板上，然后将转接板放在基板上（通常称为 2.5D）[5]。

PoP 工艺与最近的芯片堆叠趋势不同，因为它名符其实——两个封装体堆叠，而不是简单的两个芯片堆叠。最初的 PoP 封装通常涉及顶部和底部封装用的引线键合芯片[6]。底部的芯片和键合线用塑封材料覆盖保护，而基板边缘的焊盘则暴露出来，以便将第二个封装体的焊球放置在其顶部。

这里介绍一下 PoP 工艺。芯片被放置在倒装芯片封装的底部封装体中，整个封装体被塑封，然后在塑封料上钻过孔并填入焊料。这些被称为塑封穿孔（Through-Mold Via，TMV），这些孔使得另一个基板底部带有焊球的封装体能够被放在第一个封装体的顶部。

成本分析的范围包括倒装芯片的凸点制备，底层基板的制作，倒装芯片的组装过程（包括 TMV），以及制作一个带有焊球的顶层基板。将芯片装配到顶层基板上的成本不在分析范围之内。在成本分析中包含了两种不同的 FO-WLP工艺：芯片后置和面朝上的芯片先置。

表 2.4 比较了一种使用 TMV 的 PoP 倒装芯片封装与一种同样使用 TMV的后芯片处理工艺的扇出型封装。这是可以被建立起的最相近的比较——它们都使用 CUF，用标准的塑封材料进行包覆，有 TMV，并且需要有凸点的芯片。一种 3-2-3 mSAP 基板被选作倒装芯片的方案；这指的是用 mSAP 技术制造的具有一个芯板和三个积层的基板。一个 2 层的 RDL 被用于扇出方案的成本建模。

表 2.4　带有 TMV 的倒装芯片和后芯片处理的 FO-WLP 工艺——顶层成本

	带有 TMV 的倒装 芯片工艺	带有 TMV 的后芯片 处理扇出型工艺
2L 顶层衬底成本	1.00	1.00
底层衬底 + 组装成本	1.00	0.93
裸芯片准备成本	1.00	1.00
总成本	**1.00**	**0.96**

封装面积是 14mm×14mm，I/O 数为 900；芯片面积 10mm×10mm，有300 个 TMV。在每个底层封装体的顶部放置一个面积为 14mm×14mm 的 2L基板。顶部基板的成本包括 2 层基板本身的制作、底部基板的植球以及 2 层基板的切单。

请注意，所有的成本都是直接成本；没有计入运营费用、利润率或间接成本。所有的数据都是对于带 TMV 的倒装芯片方案而言的。在这三个类别中，这些方案中唯一不同的是底层基板和组装方式。对于倒装芯片方案，这指的是制造一个 3-2-3 基板，然后用 TMV 进行倒装芯片组装的两个独立过程。对于芯片后置的 FO-WLP 方案，只有一个包含了基板和组装的封装过。对于所选择的设计来说，两种技术的基板和组装成本是相似的。

表 2.5 细分了基板和组装过程中存在的工艺活动。

表 2.5　带有 TMV 的倒装芯片和芯片后置的 FO-WLP 工艺——详细成本

	带有 TMV 的倒装芯片工艺	带有 TMV 的后芯片处理扇出型工艺
FC：3-2-3 基板成本； FO-WLP：载板 +2 RDL 成本	1.00	0.79
芯片键合成本	1.00	0.97
CUF 和塑封成本	1.00	1.07
植球成本	1.00	1.10
切单成本	1.00	0.89
TMV 成本	1.00	0.98
总成本	**1.00**	**0.93**

比较来自相似空间中的两种技术的工艺活动，它们都略有不同，尽管很多都很接近。下面将逐一讨论，并讨论成本上的差异。

1. 基板衬底 /RDL

这里比较了两个工艺过程之间最大的步骤数。这个类别包含了倒装芯片封装的整个 3-2-3 mSAP 基板加工过程，以及扇出封装的两层 RDL 的制造，包括载板的成本（以及随后从载板上解键合的成本）。FO-WLP 在这里具有优势的一个原因是，只需要两层 RDL。由于相比基于 PCB 的基板工艺，FO-WLP RDL 工艺能够实现更精细的 L/S，所以推测两层布线对扇出式封装来说是足够的[7]。这里模拟的 mSAP 工艺比减成法工艺实现了更精细的 L/S，但还不足以将基板减少到只有两层。这并不是说一层 PCB 布线的成本等同于 FO-WLP 中一层 RDL 的成本；二者的成本是不一样的。但是，不管成本是否相等，拥有减少 FO-WLP RDL 层数的能力都是有益的。

2. 芯片键合

在已完成的 RDL 或基板上放置芯片的成本几乎是相同的。在这两种技术中，每个芯片的放置时间相当，所需的焊剂量也相当。但是，FO-WLP 的工艺活动是在晶圆级完成的，而倒装芯片的工艺活动是在条带（strip）级完成的，因此需要考虑不同的设备成本和晶圆与条带模式的吞吐量。这些不同的假设给这一类别的成本总额带来微小的差异。

3. CUF 和塑封成本

这个类别涵盖了多种工艺活动。第一项工艺活动是在芯片放置后立即进行毛细底部填充工艺。第二项工艺活动是将塑封材料减薄到所需厚度。CUF 和塑封材料工艺活动的成本主要由芯片尺寸、封装尺寸和模具高度的设计特征所驱动。这意味着它们对两种封装类型来说是大致相同的。成本略有不同的主要原因是由于采用晶圆和条状模式的产量和设备成本相关的不同假设。

4. 植球

与芯片键合种类的情况相似，这里的成本差异取决于生产方式是晶圆级还是条带级。焊球的实际成本在这一类别的总成本中占主导地位，且它是相同的——相同数量的焊球被放置在面积 14mm×14mm 的封装体上，无论它是倒装芯片工艺还是 FO-WLP 工艺。对整个晶圆进行落球的成本和吞吐量是 FO-WLP 的植球成本略高的原因。

5. 切单

切单的用时由封装的尺寸而定，这对两种封装技术来说都是一样的。在 FO-WLP 方案中，对面积 14mm×14mm 的封装进行切单的成本较低，因为在整个晶圆被切割之前，只需要进行一次晶圆键合。这与在倒装芯片工艺中必须对每根条带进行键合和切割形成鲜明对比。切单只占这两种封装方式的总成本的一小部分，这一类的差异对倒装芯片或 FO-WLP 的总成本来说不是主要因素。

6. TMV（塑封通孔）

与芯片键合和植球类似，两种技术在这一类别中的成本也很接近。在塑封上钻孔的时间和植球的材料成本在两种技术中大致相同。本节中的下一组对比将介绍使用高铜柱来代替 TMV 的方案。

这个例子中假设对总封装高度的限制是，在第一个封装体的顶部放置第二个封装体是可行的，而且用焊料作为贯穿封装体的通孔材料就可以满足电性能要求。在必须满足更严格的设计特点的情况下，可以用大铜柱[8]来代替焊球通孔，并且可以在底层封装的顶部直接构建 RDL，而不需要第二个基板。有了位于顶部的 RDL 以处理布线，第二个芯片就可以直接被放置在第一个封装体的顶部。

对于这种类型的扇出型 PoP 结构，假定采用面朝上的芯片先置方式。引入的芯片上有铜柱，以铜柱朝上的方式放在载板上，然后构建大铜柱。进行塑封后，将塑封层减薄，露出大铜柱和芯片上的铜柱，然后继续进行底部封装扇出型工艺制程，即创建 RDL，植球，解键合，切单。

在表 2.6 中，在对比中加入了这种带有铜柱和顶部 RDL 的面朝上芯片先置方案。表中所有的数据仍然是相对于带 TMV 的倒装芯片方案而言的，所有的成本仍然只是直接成本。

表 2.6　带有 TMV 的倒装芯片、芯片后置 FO-WLP 工艺，
和带有铜柱的 FO-WLP 工艺——顶层成本

	带有 TMV 的倒装芯片工艺	带有 TMV 的芯片后置扇出型工艺	带有大铜柱的面朝上的芯片先置扇出型工艺
2L 顶层基板 + 顶层 RDL 成本	1.00	1.00	1.16
底层基板 + 组装成本	1.00	0.93	1.03
裸芯片准备成本	1.00	1.00	1.00
总成本	**1.00**	**0.96**	**1.04**

由于增加了大铜柱，在基板和装配维度中，面朝上的先芯片处理工艺的扇出型封装方案成本高于其他方案。此外，制作一个 1 层 RDL 的成本比制作一个 2L 顶层基板的成本要高。

表 2.7 在比较基板和装配过程中的类似工艺活动时，增加了带铜柱的面朝上的芯片先置的扇出型封装工艺方案。相对于带 TMV 的倒装芯片，两个 FO-WLP 方案选项中有几个类别是相同的，但也有几个是不同的。下文将讨论带 TMV 的芯片后置的扇出型工艺和带大铜柱的面朝上芯片先置的扇出型工艺之间的变化类别。

表 2.7　带有 TMV 的倒装芯片、芯片后置 FO-WLP 工艺，
和带有铜柱的 FO-WLP 工艺——详细成本

	带有 TMV 的倒装芯片工艺	带有 TMV 的芯片后置扇出型工艺	带有大铜柱的面朝上的芯片先置扇出型工艺
FC：3-2-3 基板成本；FO-WLP：载板 +2 RDL 成本	1.00	0.79	0.79
芯片键合成本	1.00	0.97	0.40
CUF 和模塑成本	1.00	1.07	1.37
植球成本	1.00	1.10	1.10
切割成本	1.00	0.89	0.89

（续）

	带有 TMV 的倒装芯片工艺	带有 TMV 的芯片后置扇出型工艺	带有大铜柱的面朝上的芯片先置扇出型工艺
TMV 成本	1.00	0.98	1.67
总成本	**1.00**	**0.93**	**1.03**

7. 芯片键合

这种情况在面朝上的芯片先置工艺中较少，因为芯片被正面朝上放置在载板上，没有进行连接；放置速度快，而且不需要助焊剂。

8. CUF 和塑封成本

面朝上的芯片先置工艺过程不需要 CUF，这表示节约了材料成本。然而，还需要进行一项额外的工作——必须将塑封材料磨掉以露出铜柱。这项额外的工作就使得这个类别的成本在面朝上芯片先置工艺中要高一些。

9. TMV/ 大铜柱

制作大尺寸铜柱用以实现顶层芯片和底层互连之间的连接，这比制作 TMV 更昂贵。TMV 工艺需要在塑封模具中钻孔，而在有大尺寸铜柱的面朝上芯片先置工艺中不需要钻孔。然而，电镀生产线很昂贵，用这种昂贵的设备电镀大铜柱所需的时间也很长。此外，这一类工艺需利用光刻工艺确定铜柱所在的部位，而在 TMV 方案中不需要光刻。在电镀生产线和光刻步骤之间，制作大铜柱比在塑封模具上钻通孔和放入焊料的成本更高。

PoP 设计中的关键信息是：

1）引线键合、倒装芯片和 FO-WLP 技术都支持不同版本的 PoP。

2）如果能够减少必要的布线层数量，即使与使用更成熟技术的 PoP 设计相比，FO-WLP 等较新版本的 PoP 可能更具有更佳的成本效益。

3）随着尺寸限制和设计要求的增加，PoP 封装成本将趋于增加。

2.6 本章小结

在本章中，FO-WLP 的成本被分解成不同的工艺段，分析了过程中的各种变化因素，并将 FO-WLP 与其他技术进行了比较。

在 FO-WLP 过程中，RDL 代表了成本支出中最大的贡献。无论使用 FO-WLP 中的哪种工艺都是如此。在面朝上的芯片先置、面朝下的芯片先置和芯片后置这三种工艺中，面朝下的芯片先置的加工成本最低，但良率损失最高。

从设计角度来看，封装尺寸是扇出封装的主要成本驱动因素。在 FO-WLP

和引线键合之间的比较中，成熟的引线键合工艺几乎总是能实现成本最低的封装，但如果 FO-WLP 可使封装尺寸减小，在某些情况下，FO-WLP 可能比引线键合更具成本效益。

在较小的封装尺寸上，FO-WLP 与倒装芯片封装相比，前者更有可能具有成本效益。与倒装芯片封装相比，面朝下的芯片先置的封装成本效益特别高，因为倒装芯片封装必须考虑来料芯片的凸点成本，而面朝下的芯片先置的封装成本中则不含此项。

PoP 是一种更复杂的结构，由多种技术支持，包括 FO-WLP。关于是否使用引线键合、倒装芯片或某种类型扇出的决定取决于设计要求。分析表明，采用 TMV 的芯片后置 PoP 设计与采用 TMV 的更成熟的倒装芯片 PoP 设计相比，前者在成本上是有竞争力的，特别是如果可以减少布线层的数量。转向使用铜柱的面朝上芯片先置的扇出型设计会增加成本，但能实现 TMV 结构无法支持的设计。

参考文献

1 Lapedus, M. (2019). Lithography challenges for fan-out. *Semiconductor Engineering*.

2 US Army Research Laboratory (2015). Optimization of thick negative photoresist for fabrication of interdigitated capacitor structures. Report ARL-TR-7258.

3 Scanlan, C., Olson, T., Robers, B. et al. (2012). Adaptive patterning for panelized packaging. Proceedings of SMTA's *International Wafer-Level Packaging Conference*, San Jose, CA, USA (November 6–7, 2013).

4 Dunn, T. (2018). Additive electronics: PCB scale to IC scale. *PCB007 Magazine* (September), pp. 12–16.

5 Waidhas, B. and Keser, B. (2020). 2.xD and 3D package architectures and challenges. *3D & Systems Summit*, Dresden, Germany (January 27–29, 2020).

6 Eslampour, H., Lee, S., Park, S.S. et al. (2010). Comparison of advanced PoP package configurations. *Electronic Components and Technology Conference*, Las Vegas, NV, USA (June 1–3. 2010).

7 Lin, E. and Kao, K. (2019). Fine-line patterning for SLPs calls for high-resolution photoresist. *DuPont Featured Solutions* (August 11, 2019).

8 Tao, M., Prabhu, A., Agrawal, Akash et al. (2016). Package-on-package interconnect for fan-out wafer level packages. Proceedings of SMTA's *International Wafer-Level Packaging Conference*, San Jose, CA, USA (October 18–20, 2016).

第 3 章

集成扇出（InFO）技术在移动计算上的应用

Doug C.H. Yu、John Yeh、Kuo-Chung Yee 和 Chih Hang Tung

3.1　引言

　　封装技术在微电子行业中发挥着独特而重要的作用。微电子封装在物理上保护封装内的芯片，同时提供与外界的连接，包含电气、光学、有线或无线。从个人和家庭计算机到移动计算、高性能计算（HPC）和人工智能／机器学习（AI/ML）的市场驱动，微电子封装从内到外都面临着革命性的挑战。在封装内部，在有限的系统空间内片上系统（SoC）推动晶体管数量和内存容量呈指数级增长。移动计算和新型 HPC 系统具有极高的性能、功率、散热和外形要求。这些革命性的挑战一直在推动微电子行业寻找新的封装和系统集成解决方案。

　　晶圆级封装（WLP）和晶圆级系统集成（Wafer-Level System Integration, WLSI）已成为移动计算和 HPC 应用中极具吸引力的系统集成解决方案，因为它们具有成本低廉、外形尺寸最小且结构简单的优势。借助于晶圆级工艺，成功建立了新型的 WLSI 平台，并已大规模生产多年，现在又反过来推动计算硬件超越仅使用传统封装的 SoC 的可能。创新的系统集成是一种模式转变和规则改变。现在，系统封装级微缩趋势势不可挡，不仅将逻辑芯片提升到深度摩尔定律（More Moore，MM）的晶体管密度／数量微缩，而且为实现超越摩尔定律（More than Moore，MtM）异构功能将非 CMOS 芯片集成到单个功能强大的元件中。

　　本章讨论用于移动计算的集成扇出（Integrated Fan-Out，InFO）。在随后的章节中，将介绍用于 HPC 的 InFO。WLSI 是一个创新的系统集成平台。WLSI旗下的新集成方案正在迅速发展。因此，建议读者随时查看最新文献以获取最新信息。

3.2　晶圆级扇入封装

　　通常，WLP 有两种不同的变体。一种是扇入型（Fan-In）WLP，其中球栅阵列（BGA）焊球直接放置在硅芯片上。另一种是 BGA 焊球数量超过硅芯片面积容量的扇出型（Fan-Out）晶圆级封装（FO-WLP），芯片面积的扩展是用环氧树脂模塑料（Epoxy Mold Compound，EMC）制成的，为额外的 BGA 焊球提供空间。图 3.1 显示了扇入和扇出型 WLP。由于没有额外的转接板或基板，所以封装尺寸最小、工艺相对简单、成本较低。对于 FO-WLP，有两种不同的技术方法：一种是基于晶圆技术的晶圆级工艺；另一种是使用从有机基板和 PCB 行业继承的大尺寸矩形面板的板级工艺。本章随后将重点介绍晶圆级扇出工艺。

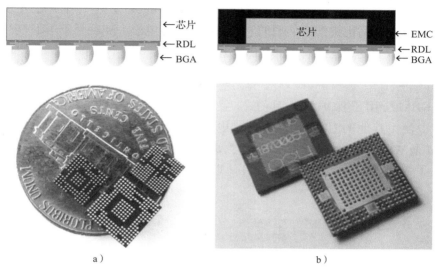

图 3.1 两种晶圆级封装技术平台，涵盖了从低引脚数、小芯片尺寸、单芯片到多芯片元件、大元件尺寸、高引脚数系统集成解决方案的各种系统集成需求

a）扇入型　b）扇出型

　　WLP 是最简化的封装技术之一。从技术上讲，它是晶圆级工艺的延伸，因为所有工艺步骤都是以晶圆形式完成的。晶圆经过表面钝化保护后，再在晶圆上电镀一层再布线层（RDL，通常为铜），涂上光敏聚合物介电材料，镀上 UBM，最后在晶圆上植 BGA 焊球以完成 WLP 封装。如果所有 BGA 球都放置在硅芯片内，则使用扇入 WLP 技术。然后将晶圆切割为单芯片，为表面贴装到 PCB 上做准备。在 WLP 中，硅芯片没有背面和侧壁的保护。WLP 的一些升级变体使用 FO-WLP 工艺在背面和侧壁上增加了保护，从而增加了工艺成本。显然，这种简单封装方案的优势在于成本、外形尺寸和工艺周期。

3.2.1　介电层和再布线层（RDL）

　　根据设计复杂性和要求，一个 RDL 就可满足大多数 WLP。需要时，可以使用带有铜（Cu）UBM 的第二个 RDL，但会增加成本。增加 RDL 层可提供额外的机械缓冲并提高元件的机械可靠性，这反过来又可促使应用 WLP 制造更大尺寸的芯片。如聚双苯并恶唑（PBO）或聚酰亚胺（PI）等典型的介电材料用作介电层。利用光刻对它们进行成像以形成过孔和线条结构。较厚的介电层可以带来更好的机械缓冲，以保护焊球和硅芯片免受 PCB 和硅（Si）芯片之间的热膨胀系数（Coefficient of Thermal Expansion，CTE）不匹配引起的机械应力。然而，较厚的电介质更难形成小通孔，并且还会引起更高的残余应力。Cu RDL 是通过物理气相沉积（Physical Vapor Deposition，PVD）种子金属（通常是钛和铜），然后电镀铜来实现的。沉积第二个介电层，随后制备用于 UBM 和 BGA 焊球放置的过孔开窗。详见图 3.2。

3.2.2　凸点下金属化（UBM）

UBM 层用于保护 RDL 和硅芯片。Cu 用作 UBM 层以降低整体工艺成本。也使用其他的 UBM 金属，例如电镀镍或化镀多层合金，例如 ENEPIG。UBM 是 WLP 的主要成本构成之一，需要谨慎选择。构建 WLP 的总掩模可以从 4～6 个一直降到 2 个，这具体取决于芯片设计要求和成本，如图 3.2 所示。

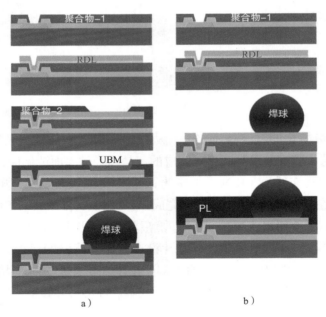

图 3.2　a）传统的带有 RDL 和 UBM 的四掩模 WLP　b）双掩膜 WLP 有效地降低了 WLP 成本，同时提高了可靠性能，保护层（PL）涂层也有助于提高可靠性

3.2.3　可靠性与挑战

由于硅和 PCB 之间的 CTE 失配，在温度循环或热冲击试验期间会引起机械剪切应力，板级可靠性是 WLP 面临的主要挑战。剪切应力取决于芯片尺寸，因此 WLP 芯片尺寸通常受到此可靠性的限制。通常，WLP 芯片尺寸小于 7mm×7mm 或 8mm×8mm。较大芯片的 BGA 焊球疲劳失效增加。

3.2.4　大芯片 WLP

有不同的方法可以实现大尺寸芯片 WLP[1]。降低剪切应力的常用方法是增加缓冲或调整焊接点中性点距离（Distance-from-Neutral-Point，DNP）。增加介电层厚度、增加 Cu RDL 或 UBM 厚度、减小 UBM 焊盘尺寸或增加 BGA球高度都可以增加安装在 PCB 上时整个芯片与 PCB 的间距，并提高大芯片 WLP 热循环寿命。使用更灵活的结构，例如可延展的焊接材料、柔性的介电层，或重新设计 Cu RDL 和 UBM 焊盘形状也可以提高剪切可靠性。在 BGA形成后，使用额外的聚合物涂层对 BGA 焊球颈部进行直接机械支撑同样有效。大至为 1in×1in（1in ≈ 25.4mm）的大尺寸芯片 WLP 是可行的，如图 3.3 所示，具体取决于工艺复杂性、可靠性要求和工艺成本考虑。然而，如前所述，8mm×8mm 是 WLP 设计中认为标准的最大值尺寸，并且通常在大批量制造中的 WLP 尺寸小于 6mm×6mm，以保证板级可靠性的裕量。

图 3.3　一个超大型的扇入式 WLP 元件[1]

3.3　晶圆级扇出系统集成

早期的 FO-WLP 技术与扇入基本相似，主要区别在于其硅体使用环氧树脂模塑料扩展以容纳额外的 I/O 和 BGA 球。然而，这种差异带来了许多技术挑战，使得采用扇出 WLP 比扇入更加困难和缓慢。在典型的扇出工艺中，硅晶圆被切割成单颗芯片，拾取合格的芯片（Known Good Die，KGD）以晶圆或面板形式放置在模板或载板上，然后用 EMC 包覆成型，随后在硅芯片和模塑料上制造 RDL、UBM 和 BGA，最后将成品元件分割成单独的封装。由于通过模塑料扩大了元件尺寸，硅芯片与最终元件面积的比例称为扇出比，因此该技术被称为扇出。显而易见，RDL 必须跨越硅芯片和模塑料之间的界面，以实现 BGA 焊球互连。由于 RDL 取代了倒装芯片封装中的有机基板，与传统的倒装芯片封装相比，FO-WLP 具有成本竞争力。同时由于没有基板，FO-WLP 也比倒装芯片封装更薄。首次引入 FO-WLP 时，它是一种简单、低密度、单 RDL、单芯片、尺寸受限的封装解决方案，例如 eWLB[2]。这可以称为第一代（Gen 1）扇出封装，只是为了容纳过多的 BGA 球。有关 Gen 1 芯片先置 FO-WLP 的工艺流程图，请参见第 2 章图 2.3。在近期移动计算系统封装和扩展需求的推动下，FO-WLP 发生了巨大转变，变得功能更多，具有高密度、多 RDL、多芯片、大尺寸和 3D 可堆叠系统集成解决方案。由于这是一个完全不同的平台，它可以称为第二代（Gen 2）FO-WLP。第二代提出的第一个扇出技术是 InFO[3]。InFO 被证明在性能、散热、功率和外形尺寸方面具有优势，并且在移动应用中具有成本竞争力[4]。扇出现在很容易与其他系统封装和系统集成技术竞争，例如多芯片模块（MCM）、堆叠封装（PoP）、硅转接板或 3DIC。

3.3.1　芯片先置与芯片后置

目前 FO-WLP 有两种集成方案：芯片先置和芯片后置。芯片先置方案通过首先将所有 KGD 置于载片上（面朝下或面朝上）来重构晶圆，具体步骤取决于工艺设计。随后是晶圆级或板级塑封工艺，将所有 KGD 嵌入到 EMC 中，然后在封装内形成 RDL 层和 UBM 以与外部系统互连的。典型的例子是 eWLB[2] 和 InFO[4]，SESUB 略有不同，因为载板是带有用于放置裸片的空腔的基板，它是封装的一部分，不像 eWLB 和 InFO 载板一样可拆卸、可重复使用。由于铜 RDL 金属层直接沉积在硅芯片连接焊盘上，因此不会像倒装芯片封装那样通过回流焊实现芯片与 RDL 的连接。由于不存在互连凸点和底部填充带来的额外高度，芯片先置往往会拥有更薄的封装外形。芯片先置的一个关键工艺挑战是塑封过程中的芯片偏移。目前已进行了广泛的研究，以确保在塑封过程中最大限度地减少芯片偏移，并使用光刻和对准来补偿塑封后 RDL 工艺中的偏移。也可以通过精心设计的贴片补偿系数来补偿芯片的偏移，即将芯片放置在比其目标位置更远的地方，然后塑封固化收缩将它们移动到最终位置。图 3.4 显示了在 300mm 晶圆上测量芯片偏移的示例。

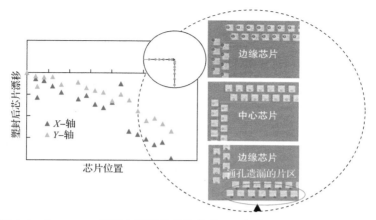

图 3.4　在 300mm 晶圆上测得的芯片偏移：一般来说，中心芯片比边缘
芯片的偏移要小，这取决于塑封料、芯片分布和固化条件

作为另一种选择，芯片后置方案通过首先在载板上形成 RDL 层，然后通过倒装芯片键合和底部填充将所有 KGD 键合到 RDL 层上来构建重组晶圆。然后对晶圆进行塑封以将所有 KGD 嵌入 EMC 中。最后形成 UBM 用于 BGA 焊球连接。可以找到的案例，如无硅集成模块（SLIM）、硅晶圆集成扇出技术（Silicon Wafer Integrated Fan-out Technology，SWIFT）[5] 和 FOCLP[6]。由于芯片安装到预制的 RDL 上需要高精度放置和永久性冶金连接，因此后置芯片需要焊接连接结构，这会限制连接间距密度并导致更高的封装高度。芯片先置和芯片后置类似，为了使制造技术具备可行性，高良率必不可少，因为嵌入在扇出封装中的硅芯片通常是工艺中成本较高的部分。任何微小良率损失都代表着成本大量增加和利润率损失。

3.3.2　塑封与平坦化

模塑料为硅芯片和 RDL 提供结构完整性和保护，确保元件的机械和环境可靠性，并提供与 PCB 上其他元件的电气互连。对于晶圆形式的扇出，模塑是在晶圆级完成的，其中使用了晶圆形式的模腔。已经开发了注射传递模塑和压缩模塑。传统的注射传递模塑在此处存在困难，因为塑封料的流动模式受到流动路径、芯片布局模式、芯片到芯片间距、芯片高度变化和边缘芯片的极大影响。由于物理障碍较少，沿晶圆边缘的模具流动比晶圆中心更快，并且在流动末端附近出现空洞。此外，需要选择塑封料中填料的尺寸和形状，以避免填料陷入芯片之间的缝隙，从而导致空洞和其他缺陷。然而，由于其技术成熟并且成本较低，注射传递模塑仍然是晶圆级塑封的选项。另一种晶圆塑封技术是压缩模塑。在这种情况下，液态塑封料以预定量分配在晶圆上，然后机械头压缩以将化合物推入模腔。这种情况下使用的液态塑封料需要具有出色的流动性和间隙填充能力。在芯片先置面朝上的情况下，需要增加塑封料的平坦化工艺，以确保 RDL 沉积和互连的焊盘正确的暴露。模塑和模塑后的平面化在翘曲控制以及精细的线宽 / 间距（L/S）RDL 形成中极为关键。在晶圆级模塑中，CTE、杨氏模量、固化引起的收缩和翘曲以及玻璃化转变温度（T_g）等 EMC 材料特性对于扇出封装的机械稳定性和可靠性至关重要。另一方面，黏度、填料材料和填料尺寸不仅与 CTE、杨氏模量和 T_g 密切相关，而且决定了可加工性和模塑质量。

为了实现精细的 L/S RDL，晶圆翘曲度和平面度是关键。在芯片先置的方案中，晶圆的平面度取决于芯片是朝下还是朝上放置。对于芯片朝下的方案，晶圆平面度由载板表面控制，而对于朝上的方案，晶圆平面度通常由晶圆级 EMC 研磨过程控制。在"倒装"方案中，由于芯片被倒装在预制的 RDL 上，为了创建垂直的通孔互连和背面的 RDL，塑封晶圆的磨平是在背面进行的。表面平面度有两个潜在的缺陷会影响精细 L/S RDL 的质量。对于芯片先置面朝下的 FO-WLP，一种缺陷是使用芯片先置面朝下方案时由载板释放层引起的芯片 / EMC 边缘凹缩，例如 eWLB 中的情况。另一个缺陷是在 EMC 研磨过程中由大尺寸的填料破碎引起的 EMC 空洞。

对于面板级成型来说，由于在处理大面积成型和长流距的复杂分配模型设计方面的行业经验有限，该工艺变得更具挑战性[7]。为了克服这些问题，人们开发了不同的分配技术。通过筛子或震动控制塑封料颗粒分配的一致性，可以有效消除塑封后的流痕或纹路。片材层压成型是另一种技术，在这种技术中，预先成型的片状塑封料熔化，并在芯片周围流动实现包封。不同的成型技术有不同的挑战，需要从工艺集成的角度仔细评估。图 3.5 展示了一个非常大的面板塑封。当面板尺寸变大时，温度、应力和固化化学反应的均匀性是一个挑战。

3.3.3   再布线层（RDL）

对于给定的芯片尺寸和 I/O 引脚数，RDL 的 L/S 决定了布线密度和 RDL 层数，而且 RDL 的 L/S 对最终的封装良率和成本至关重要。在芯片先置方案中，利用典型的晶圆级工艺手段在 EMC 上构建 RDL，通常用于互连凸点和 WLP。L/S 能力由光刻设备的类型（掩模对准光刻机、步进光刻机）、光阻（PR）材料、模塑晶圆的翘曲以及模塑晶圆内芯片间的共面性所决定。在芯片后

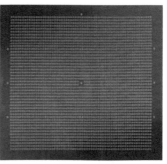

图 3.5　板级模塑需要大型面板的处理能力，并精确控制
整个面板的模塑厚度均匀性和翘曲度[7]

置方案中，根据 L/S 的要求，目前有两种形成 RDL 层的方案在主流封装厂采用。第一种 RDL 方案采用晶圆凸点工艺和电介质层，提供 L/S=2 ～ 5μm 的 RDL 能力，因此命名为 SWIFT[5]；第二种 RDL 方案采用硅 BEOL 设备和电介质层，提供亚微米尺度的 L/S RDL 能力，类似用于硅转接板的 RDL 能力。硅在后期阶段被移除，因此该方案称为 SLIM[5]。

　　RDL 是 FO-WLP 中决定成本的重要工艺之一（详见第 2 章）。这是晶圆级和类似基板的面板级工艺相互区别的地方。在晶圆级工艺中，RDL 是用电介质层沉积和光刻图案制作的，然后是溅射种子层、掩膜和光刻图案，以及电化学镀铜（ECP）。重复这些工艺可制作更多的 RDL。这些工艺与晶圆工艺完全兼容，与铜后道工艺（BEOL）相比，其 L/S 尺寸相对宽松。受限于电介质材料、厚度和接触层 / 孔深径比，从 10μm/10μm L/S 到亚微米范围不等。RDL 的节距密度接近于 Cu BEOL 顶部金属层的节距密度，这使得 FO-WLP 能够扩展到高性能的移动应用领域，如逻辑和存储器的横向集成和高性 SoC 逻辑芯片的分割。（详细的讨论见第 4 章：集成扇出（InFO）在高性能计算中的应用）。电源、地层和集成无源元件（Integrated Passive Device，IPD）通常需要厚铜，如天线、电感和电容。总之，当需要随着时间的推移进行节距缩小和密度增加时，晶圆级 Cu RDL 的尺寸可以用最小的代价进行扩展。图 3.6 显示了细间距扇出 RDL 的例子，其均匀性和性能与晶圆 BEOL 铜金属化相当。

　　然而，板级 RDL 用另一种不同的技术制造。从有机基板和 PCB 工艺发展而来，面板铜 RDL 是使用半加成工艺（Semi-Additive Process，SAP）形成的。SAP 使用一个薄的化学镀铜种子层，它在图案电镀后被蚀刻去除。横向的钻蚀是不可避免的。抗蚀剂的高度需要比电镀的铜图案略高。这些条件，加上线宽和间距，定义了蚀刻因子。在化学镀铜 / 电镀铜界面的钻蚀更糟糕，因为这个

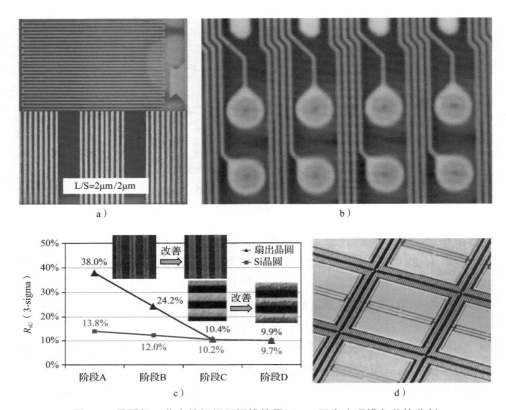

图 3.6　晶圆级工艺中的细间距铜线使用 InFO 平台实现横向芯片分割
a) 2μm/2μm L/S 高密度 RDL　b) 通过互连过孔（TIV）之间的细间距 RDL 布线
c) InFO 晶圆尺寸的 RDL 电阻（R_{sU}）均匀性与硅晶圆 BEOL 工艺相当，已在规模生产上得到验证
d) 使用 InFO 细间距 RDL 可以实现逻辑芯片的分割和横向集成

界面的蚀刻速度更快。正是这种不理想的效果将 SAP 线宽限制在 8 ～ 10μm[8]。由于这个原因，板级铜 RDL L/S 被限制在 15 ～ 10μm。然而，一种新的嵌入式铜布线工艺正在开发中，它有望获得更精细的线条。与传统的铜线孤立并突出在平坦的电介质膜表面相反，嵌入式铜布线被埋入电介质膜中，其侧壁和底部被膜所覆盖。如图 3.7a 所示，通过激光烧蚀或机械压印，在电介质中形成铜线的沟槽。然后在整个表面涂上金属种子层，并通过电镀工艺将沟槽填满铜。然后通过蚀刻、化学 - 机械抛光（CMP）或化学 / 机械平坦化步骤的组合来去除不需要的表面铜。其结果如图 3.7b 所示。当面板尺寸变大时，板级 RDL 也需要克服设备尺寸的限制。在 FO-WLP 过程中，大面板的拿持和翘曲是一个挑战，特别是细间距 RDL 在整个面板上的均匀性控制。

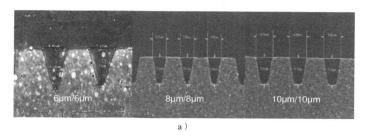

a）

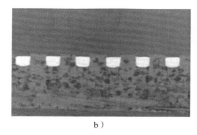

b）

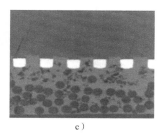

c）

图 3.7　使用嵌入式铜线技术的细间距铜线[11]

a）不同尺寸和间距的电介质凹槽　b）8μm/8μm L/S 铜嵌入电介质中　c）7μm/7μm L/S

3.3.4　通孔与垂直互连

与传统的倒装芯片封装一样，FO-WLP 可以使用垂直通孔进行堆叠，以提供顶部和底部封装之间的电气路径。根据垂直通孔形成的方案和方法，这种垂直通孔互连被称为 TIV（穿互连通孔）、TPV（穿封装通孔）或 TMV（穿模具通孔）。在芯片先置方案中，垂直通孔互连是在 EMC 之后通过激光烧蚀工艺形成的，然后再进行金属填充。对于金属填充，一种选择是使用焊料回流。另一方面，在芯片后置方案中，垂直通孔互连是在 RDL 形成后通过光刻工艺形成的，然后再进行电化学镀（ECP）。典型的 FO-WLP 通孔间距 150μm ～ 350μm，这与 BGA 的尺寸接近。150μm 间距的 TIV 接近于硅转接板 TSV 的间距密度，通常在 100μm 左右。细间距 TIV 可以实现并扩展 FO-WLP 垂直 PoP 堆叠，用于高性能系统集成，如高带宽逻辑和存储器堆叠[9]。图 3.8 显示了使用高密度 TIV 的这种高性能 FO_PoP 堆叠的例子。为了充分利用细间距 TIV 的优势，可以增加背面 RDL 层，在 FO 封装的背面恢复 BGA 面阵，而不是仅限于外围，这是传统 FC_PoP 在不添加额外基板层的情况下无法实现的优势。

图 3.8 使用间距密度高于 BGA 的 TIV 的高密度 InFO_PoP 逻辑存储器堆叠，细间距 TIV 和背面 RDL 都能使 InFO_PoP 用于高性能系统集成

3.4 集成无源元件（IPD）

3.4.1 高 Q 值的三维螺线圈电感

对于射频系统的设计，优选高 Q 值的电感，因为它有助于提高系统性能。这推动了将有源芯片和无源元件集成在一个封装中的需求。采用 RDL 和 InFO 封装的穿塑封料通孔，研制出高 Q 值（品质因数）的螺旋电感器。该三维螺旋电感器有三圈，在 3GHz 时达到了 59 的 Q 值，与相同电感量的二维螺旋电感器相比，电阻低 68%，Q 值高 1.6 倍。还研究了两个紧密放置的电感器之间的耦合，发现正交放置的耦合比平行放置的耦合低 12dB。如图 3.9 所示，与使用薄金属的二维螺旋电感器相比，在低损耗塑封料中使用厚金属三维电感器可以获得更高的 Q 值。

结构	二维螺旋电感器	三维螺旋电感器
结构		
电感	3.87nH（1×）	3.9nH（1×）
电阻	1.98Ω（1×）	1.35Ω（0.68×）
Q值	36.8（1×）	59（1.6×）

a）

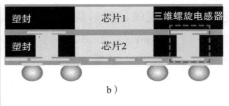

b）

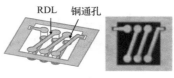

c）

图 3.9 a）二维螺旋电感器和三维螺旋电感器在 InFO 封装上的性能比较　b）用于射频系统集成的 InFO 结构　c）在 InFO 芯片上制作的三维螺旋电感器

3.4.2　天线集成封装（AiP）和 5G 通信

随着 IEEE 802.11ad 60GHz Wi-Fi 和 5G 移动通信的兴起，高性能、低功耗的毫米波射频系统集成技术发展引起了广泛关注。从系统集成的角度来看，在毫米波应用中，要想获得较高的系统性能，要求从射频芯片到天线的低传输损耗和低集成工艺容差。

InFO_AiP 技术具有芯片到天线的低损耗互连和宽带槽形耦合贴片天线的特点，被证明可用于低功率、高性能和高集成的 5G 毫米波（mmW）系统集成。芯片到天线的低损耗互连与 RDL 的低金属表面粗糙度，以及 InFO 技术中芯片和封装之间的平滑互连过渡有关。具有低金属粗糙度的 InFO RDL 传输损耗为 0.3dB/mm，低于有机基板中的铜导线损耗，而具有低不连续结构的平滑互连过渡在 60GHz 时互连损耗降低了 0.78dB。如图 3.10 所示，一个宽带槽形耦合贴片天线已经成功地表现出 22.8% 的分数带宽（FBW）（56.6 ～ 71.2GHz）和在工作频段内超过 3dB 的天线增益[10]。

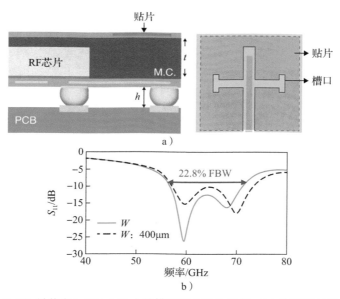

图 3.10　a）InFO 封装中 InFO_AiP 上的槽形耦合贴片天线　b）宽带贴片天线的 S_{11}[10]

3.4.3　用于毫米波系统集成的无源元件

采用 InFO WLP 技术实现了毫米波系统的高性能无源元件，包括电感器、环形谐振器、功率合成器、耦合器、巴伦、传输线和天线。电感的 Q 值超过40 ；功率合成器、耦合器和巴伦的传输损耗低于片上无源元件；天线的效率超过 60%。这些 InFO 上的器件实现了低噪声和低功率毫米波系统在移动通信和物联网的应用[11]。

图 3.11 为基于 InFO 技术的毫米波系统架构。它由一个 65nm CMOS 射频集成电路（RFIC）、电介质、模塑料、RDL 和无源元件组成。65nm CMOS RFIC 被模塑料包封着；电介质覆盖着模塑料和 CMOS RFIC；RDL 分布在电介质上并与 RFIC 的 I/O 焊盘相连；设计在 RFIC 或模塑料上面的无源元件通过 RDL

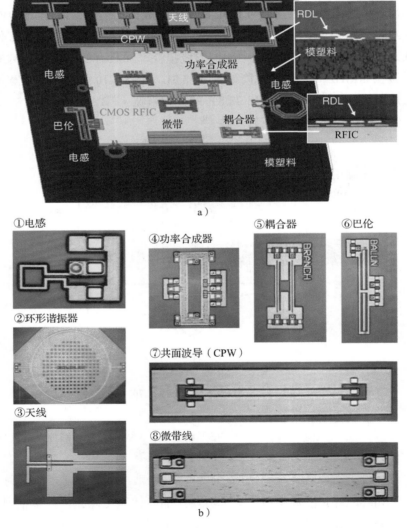

图 3.11　a）毫米波系统电路的原理图和截面图，包括 InFO 结构上的 RFIC、无源元件、传输线和天线　b）实现的无源元件的光学照片[11]

和无凸点互连与 RFIC 互连在一起。图 3.11b 所示为在 RDL 上实现无源元件的光学图像，包括①电感、②环形谐振器、③天线、④功率合成器、⑤耦合器、⑥巴伦、⑦共面波导（CPW）和⑧微带线，以下称为 InFO 无源元件。

图 3.12 所示为一个集成了所有无源元件的 300mm InFO 晶圆。分别设计和测量 InFO 电感、环形谐振器、功率合成器、耦合器和巴伦的性能。对于电感，使用 RDL 设计了 3 个具有不同开口尺寸的矩形单圈线圈。如图 3.12b 所示，其中一个开口为 100μm 的电感在 5 ～ 49GHz 时的 Q 值超过 20，这 3 个电感分别为 300pH、460pH 和 600pH，Q 峰值分别为 45、40 和 36。对于用环型微带线实现的谐振器，测量显示在 32GHz 和 64GHz 发生谐振，三维电磁模拟正确预测了该结果，如图 3.12c 所示。

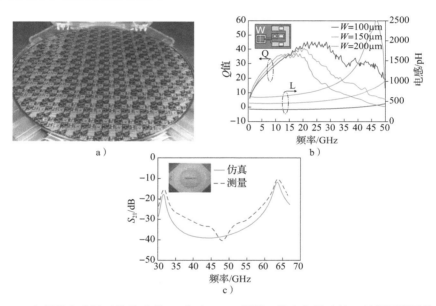

图 3.12　a）用于毫米波系统集成的 12 英寸 InFO 晶圆，其中包括硅片、射频无源元件、传输线和天线　b）通过 InFO RDLs 实现 $W=100μm$、$150μm$ 和 $200μm$ 的电感 L 和 Q 值的测量　c）环形谐振器传输损耗的模拟和测量[11]

功率合成器损耗测量值为 3.5dB，比片上的功率合成器损耗低 1.8dB，提高了 34%；耦合器损耗测量值为 4.1dB，比片上耦合器损耗低 1dB，提高了 20%；巴伦损耗仿真值为 4.1dB，比片上的巴伦损耗低 2.3dB，提高了 36%。在 50 ～ 80GHz 范围内计算了功率合成器、耦合器和巴伦的频率响应，如图 3.13 所示。InFO 无源元件可以提供比片上无源器件更好的性能，旨在实现低功率和低噪声的毫米波系统。

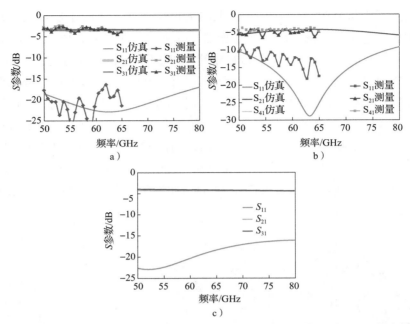

图 3.13　a）InFO 功率合成器的传输损耗和回波损耗的仿真和测量　b）InFO 耦合器的传输
损耗和回波损耗的仿真和测量　c）InFO 巴伦传输损耗和回波损耗的模拟[11]

　　共面波导（CPW）和微带线是两种常见的射频传输线结构。一个 CPW 传输线被设计成 50Ω，长度为 4mm，传输损耗低于 1.8dB，回波损耗在 67GHz 以下高于 10dB。此外，微带线被设计为 50Ω，并测量了其传输损耗和回波损耗。在 60GHz 时，CPW 线和微带线的传输损耗分别为 0.35dB/mm 和 0.34dB/mm。与 CMOS 的 BEOL 上的那些线相比，InFO 上的 CPW 和微带线在降低损耗方面有 30% 和 32% 的改进[12,13]。

3.5　功率、性能、外形尺寸和成本

　　为了论证扇出式 WLSI 封装的全部优势，对 InFO_PoP 和目前可见的移动计算系统集成解决方案，如倒装芯片 PoP（FC_PoP）和最先进的带 TSV 的 3D IC 进行了评估。对主要性能指标进行比较，包括信号和功率完整性、厚度外形、散热、漏电流、SoC 功率上限、内存带宽和成本。InFO 是专门为移动设备和 HPC 芯片系统集成而开发的，它被用作扇出的代表性示例。InFO 很容易适应使用传统的叠层封装（PoP）架构的 3D 堆叠。将新的 InFO_PoP 与其他 3D 堆叠技术进行比较，包括现有的倒装芯片 PoP（FC_PoP）、倒装芯片高存储宽带 PoP（FC-HMB_PoP）和使用 TSV 的 3D 芯片堆叠（3D IC）。图 3.14 显示了

本研究中四种不同的逻辑和存储器堆叠结构的截面示意图[9]。

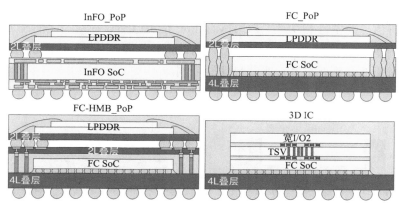

图 3.14　封装横截面结构示意图：为了公平比较，所使用的封装体尺寸是相同的，14mm ×
14mm，BGA 间距 0.4mm（未按比例绘制）[9]

3.5.1　信号和电源完整性

通过路径优化，InFO_PoP 中的 SoC 信号完整性可以达到比 FC_PoP 好
20%，因为它具有超细 RDL 能力。如图 3.15 所示，在使用具有固定节距的商
用 LPDDR DRAM 时，可以增加额外的地线来加强屏蔽。

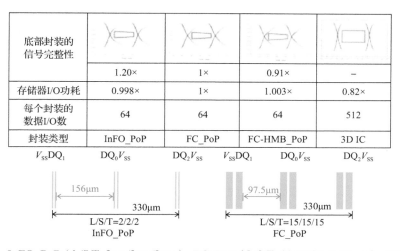

底部封装的信号完整性			
1.20×	1×	0.91×	—
存储器I/O功耗	0.998×	1×	1.003×	0.82×
每个封装的数据I/O数	64	64	64	512
封装类型	InFO_PoP	FC_PoP	FC-HMB_PoP	3D IC

图 3.15　InFO_PoP（L/S/T=2μm/2μm/2μm）、FC_PoP（L/S/T=15μm/15μm/15μm）、FC-HMB_
PoP（L/S/T=15μm/15μm/15μm）和 3D IC 的封装信号完整性比较：InFO_PoP 比倒装
芯片 PoP（DQ_0）好 20%。对于使用 LPDDR3 的所有 3 种 PoP，I/O 速度为 1.6GB/s，
带宽为 12.8GB/s；对于宽 I/O2 3D IC，I/O 速度为 0.8GB/s，带宽为 51.2GB/s；封装
信号完整性是根据从 SoC 铝焊盘到 LPDDR BGA 的单层互连计算[9]

　　FC_PoP 只能支持有限的外围 BGA 球，用于顶层引线键合存储器封装。InFO_PoP 通过提供背面 RDL 和将外围转化为部分 BGA 阵列来解决这个问题，同时改善信号完整性和功耗。FC-HMB_PoP 也可以通过在封装之间添加另一个基板来提供 BGA 阵列，但要付出增加封装高度和额外材料清单（BoM）的代价，同时仍然受到有机基板布线尺寸的限制。

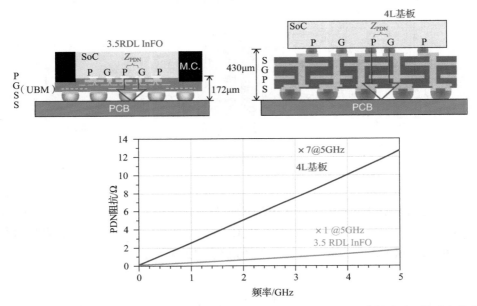

图 3.16　与使用基板的传统 FC_PoP 和 3D IC 相比，InFO 到 PCB 的直接电源 / 接地布线在 5GHz 下显著改善了 PDN（电源分配网络）7 倍阻抗[9]

3.5.2　散热和热性能

　　图 3.17 比较了稳态热性能和结温。InFO_PoP 具有最低的结温，$T_{j,\,max}$ 和热阻 θ_{JA}。它将逻辑芯片直接安装在 PCB 上，没有有机载板，大大降低了结 - 环境的热阻。由于在相同功率水平下实现了低结温，InFO_PoP 器件的结漏电流大大低于其他 3 种方案。

　　如图 3.18 所示，在相同的工作功率水平下，InFO_PoP 的结漏只有传统 FC_PoP 的 66%，是 4 个三维集成方案中最低的。低结漏使移动计算具有更高的效率和更长的电池寿命。低 θ_{JA} 和 $T_{j,\,max}$ 以及低结漏使设计师能够推动更高的计算能力。图 3.19 为所考虑的 4 种封装的最大允许功率。与 FC_PoP 相比，使用 InFO_PoP 时允许的 SoC 功率平均高出 20% ~ 23%。这允许在 SoC 或 SiP（系统级封装）中实现更好的设计灵活性和功能集成。

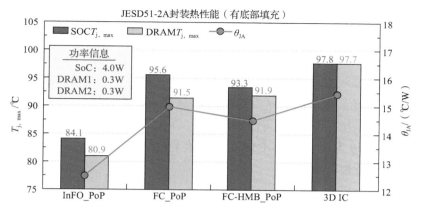

图 3.17　InFO_PoP、FC_PoP、FC-HMB_PoP 和 3D IC 在相同系统功率水平下的封装稳态热性能比较：InFO_PoP 的结温最低，散热性能最好[9]

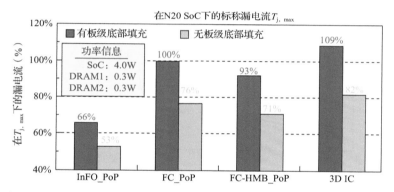

图 3.18　在 4 种不同的方案中，使用先进的节点工艺，即 **20nm** 的 **HKMG**，在 $T_{j,\,max}$ 的结漏电流：由于结温低，**InFO_PoP** 的结漏电流比 **FC_PoP** 低 **33%**[9]

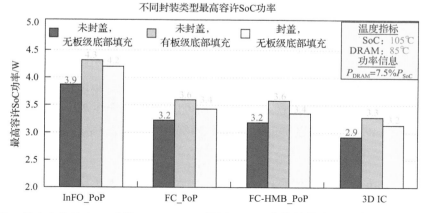

图 3.19　最大允许的 **SoC** 功率。**InFO_PoP** 显示了 **SoC** 芯片的最大允许功率，在不同的底部填充物和热扩散器配置下，比 **FC_PoP** 多出 **20%**～**23%**[9]

在瞬态热行为中，时间常数 τ 被定义为 $(T_\tau - T_0) / (T_{steady} - T_0) = 1 - 1/e$（其中 e 是欧拉数）。图 3.20 比较了 4 种封装方案（有 PCB 和无 PCB）的相对时间常数。安装在 PCB 上时，InFO_PoP 比 FC_PoP 的性能高出 10% 以上。然而，FC-HMB_PoP 显示出最佳的瞬态热行为，因为其具有多个基板并加上模塑，可作为蓄热体并延迟系统加热 / 冷却所需的时间。然而，这种解决方案产生了 BoM 和厚度方面的损失。值得注意的是，3D IC（TSV）的热性能最差，参见图 3.17 ～图 3.20 所示。InFO_PoP 由于其薄型封装结构和最小热质量，具有更灵敏的热瞬态特性。

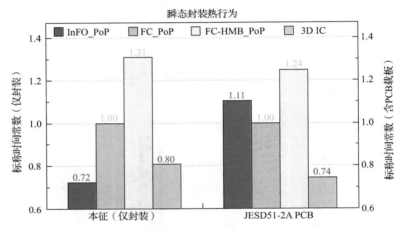

图 3.20　时间常数 τ 被定义为在阶梯式加热或冷却的影响下，温度变化达到其初始状态和最终稳定状态之间整体温差的 $1 - 1/e$（约 63.2%）的时间（带和不带 PCB 的不同封装方案的相对时间常数）；时间常数越高，封装的瞬态散热就越好；由于 FC-HMB_PoP 的有效热质量最大，因此其 τ 最高[9]

3.5.3　外形和厚度

对于总封装厚度，InFO_PoP 达到 ≤ 0.8mm，因为缺少基板和互连凸点。FC_PoP 总厚度目前约为 1.0mm。因多使用了一个基板，FC-HMB_PoP 预计将比 FC_PoP 更厚。根据使用的基板，3D IC 的总厚度预计在 0.8 ～ 1.0mm 之间。相比之下，InFO_PoP 可以实现进一步减少移动智能手机或平板电脑总厚度。

3.5.4　市场周期和成本

InFO_PoP 利用 WLSI 工具、材料、工艺控制、工艺专有技术、良率知识和 DRAM 封装堆栈中独特的晶圆上封装（PoW），全面缩短客户市场周期，以提高市场竞争力。图 3.21 所示为 FC_PoP 和 InFO_PoP 之间的成本比较。FC_

PoP 为满足 DRAM 带宽的增长，其成本呈上升趋势，但 InFO_PoP 由于其高度可扩展的 RDL 和 TIV 结构其成本而保持相对稳定。InFO_PoP 是 4 种封装结构中最小、最轻、最简洁、最具成本效益的一种。

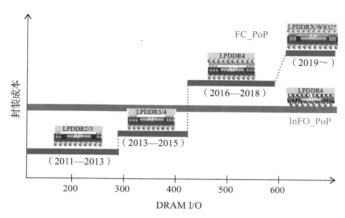

图 3.21　**FC_PoP** 封装成本随着 **DRAM I/O** 数量的增加而增加，移动计算的带宽需求越来越大。随着 I/O 数量的增加，**InFO_PoP** 的成本保持不变，因为它具有创新的超薄封装结构、细间距 **RDL** 和细间距 **TIV**。两者都是晶圆级工艺[9]

3.6　本章小结

由于采用了利用前道晶圆工艺的 **WLSI** 平台，**WLP** 已经从传统的尺寸有限的大间距元件封装技术向用于移动和高性能计算的高成本效益系统集成平台[14]转变。通过采用细节距 RDL 和 TIV，集成无源器件（IPD）以及横向和纵向的异构集成，使 WLP 从单芯片封装扩展到多芯片系统集成领域。在物联网（IoT）、可穿戴设备、移动计算和高性能数据中心等具有成本竞争激烈的市场中，扇入式 WLP 和扇出式 FO-WLP 目前都在逐步取代传统基于倒装芯片的封装技术。

参考文献

1 Chatinho, V., Cardoso, A., Campos, J., and Geraldes, J. (2015). Development of very large fan-in WLP/ WLCSP for volume production. *IEEE Electronic Components & Technology Conference*: 1096–1101.

2 Brunnbauer, M., Fürgut, E., Beer, G., and Meyer, T. (2006). Embedded wafer level ball grid array (eWLB). *IEEE Electronics Packaging Technology Conference*: 1–5.

3 Yu, Doug C.H. (2013). Innovative wafer-based interconnect enabling system integration and semiconductor paradigm shift. *IITC Plenary presentation*, Kyoto, Japan.

4 Yu, Doug C.H. (2014). Wafer level system integration for SiP. *IEEE IEDM*, 27.1.1–27.1.4, pp. 626–629.

5 Huemoeller, R. and Zwenger, C. (2015). Silicon wafer integrated fan-out technology. *Chip Scale Review*, March/April.

6 Chen, S., Wang, S., Lee, C., and Hunt, J. (2015). Low cost chip last fanout package using coreless substrate. *11th International Conference and Exhibition on Device Packaging*, Fountain Hills, AZ, USA, March.

7 Braun, T., Raatz, S., Voges, S. et al. (2015). Compression molding for large area fan-out wafer/panel level packaging. *SEMI Packaging Technology Seminar*, June.

8 Dietz, K.H. (2008). Challenges and limitations of subtractive processing in PWB and substrate fabrication. *Microsystems, Packaging, Assembly & Circuits Technology Conference, 2008. IMPACT 2008. 3rd International*, 231–234.

9 Yu, D.C.H. (2015). A new integration technology platform: integrated fan-out wafer-level-packaging for Mobile applications. *IEEE VLSI-T*: T46–T47.

10 Wang, C.-T., Tang, T.-C., Lin, C.-W. (2018). InFO_AiP technology for high performance and compact 5G millimeter wave system integration. *IEEE 68th Electronic Components and Technology Conference*, pp. 202–207.

11 Tsai, Chung-Hao, Hsieh, Jeng-Shien, Lin, Wei-Heng et al. (2015). High performance passive devices for millimeter wave system integration on integrated fan-out (InFO) wafer level packaging technology. *IEEE IEDM*, pp. 632–635.

12 Hsu, Che-Wei, Tsai, Chung-Hao, Hsieh, Jeng-Shien et al. (2017). High performance chip-partitioned millimeter wave passive devices on smooth and fine pitch InFO RDL. *IEEE 67th Electronic Components and Technology Conference*, pp. 254–259.

13 Chen, S.M., Huang, L.H., Yeh, J.H. et al. (2013). *IEEE VLSI-T*, pp. T46–T47.

14 Yu, Doug C.H. (2014). invited paper, New system-in-package (SiP) integration technologies. *IEEE Custom Integrated Circuits Conference, IEEE CICC*, pp. 1–6.

第 4 章

集成扇出（InFO）在高性能计算中的应用

Doug C.H. Yu、John Yeh、Kuo-Chung Yee 和 Chih Hang Tung

4.1 引言

　　戈登·摩尔在 1965 年发表的一篇文章中提出，集成芯片上的晶体管计数每 18 ～ 24 个月翻一番，这个预测后来被称作摩尔定律。该定律在接下来的 50 年里指导了高性能计算（HPC）系统，包括中央处理器（CPU）、图形处理器（GPU）、现场可编程门阵列（FPGA）、移动处理器和一些专门构建的特殊加速器领域的半导体技术的进步[1]。尽管持续存在技术挑战和成本上升，摩尔定律在代工厂的晶圆级系统集成（WLSI）平台下始终保持健康和强大[2]。如今，两年一度的系统级晶体管计数翻倍趋势不仅持续，而且在某些情况下比摩尔定律预测的加速更激进，如图 4.1 所示。由于晶体管计数升级，这种基于 WLSI 平台的新系统级缩小有助于提高系统性能、功耗、封装外形尺寸（面积）和成本（PPAC），与摩尔定律在过去 50 年中的作用类似。

　　随着摩尔定律从单独的晶体管缩小（摩尔定律 1.0）演变为晶体管 + 系统级缩小（摩尔定律 2.0），弄清楚如此庞大的系统如何实现性能和成本效益的可持续增长至关重要。有一些创新，值得关注。首先，新的晶圆级系统扩展在很大程度上依赖已建立的晶圆技术能力和产能。除了一些新制程，例如硅通孔（TSV）和芯片堆叠，许多设计公司和晶圆厂都有共享和可复用的技术，包括知识产权（IP）和电子设计自动化（EDA）工具。其次，随着晶体管数量的增加，为了实现指数级增长，日益多样化的 IP 电路模块需要电路和晶体管级别的优化，以获得最佳的扩展优势。

　　尽管设计公司和晶圆厂付出巨大努力，但是如果可能，基于一个特定晶体管节点技术协同优化具有不同功能的模组将取得令人惊叹的效果。一个新兴的选择是将一个大的 SoC 芯片分割为独立的 IP 功能单元，每个功能单元可使用适合的节点技术独立制造，通过类似 SoC 或单片集成工艺重新组装，并采用 2D、2.5D 或 3D 的封装结构。切分为更小的芯片还具有良率和晶圆利用率的优

势，因此不仅优化了性能同时利于成本控制[3]。

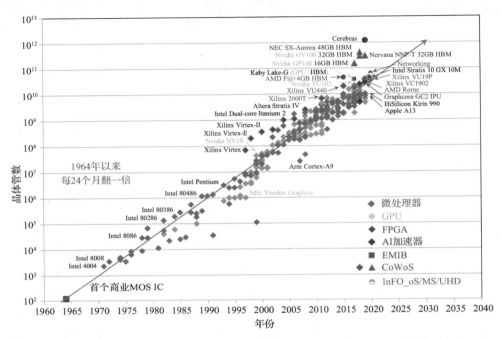

图 4.1   摩尔定律描述了晶体管数量每 24 个月翻一番，仍然适用于 HPC 片上系统（SoC），包括微处理器、GPU、FPGA 和其他特定应用的加速器：50 年来，随着计算能力呈指数级增长，SoC 芯片尺寸超越了光刻标线尺寸（26mm×32mm），并且系统级封装（SoP）成为维持摩尔定律（2.0）的有效方法，而不受 SoC 限制，如红点所示[3]

接触栅极节距常作为摩尔定律 SoC 扩展的指标，以实现性能、功率、面积和价格。一种新的指标——3DID（3D 互连密度）已提出作为衡量摩尔定律 2.0 系统级封装（SoP）规模的指标[2]。3DID 定义为：在同一封装或系统内，水平方向上芯片到芯片最高互连密度（布线数量/mm）乘以垂直方向上的最高互连密度（接口数量/mm²）。其中，芯片尺寸已通过接触栅极节距尺寸进行综合衡量。同样，3DID 规模可用于评估 SoP 系统的性能、功耗和外形尺寸。图 4.2 示意了近年来行业内如何通过新的封装技术有效提升 3DID，例如采用 CoWoS 技术，或是先进的芯片后置的硅转接板技术，或采用集成扇出技术（InFO），或是新型的芯片先置的再布线技术。

通过引入片上集成系统（SoIC），3D WLSI 将进一步提升，这是一种颠覆性的前端 3D 集成电路（3DIC）[4]。综合集成前道 3D SoIC 加后道的 3D（CoWoS，InFO）可以支撑 3DID 在未来几十年实现每两年翻 1 倍的增长速度。

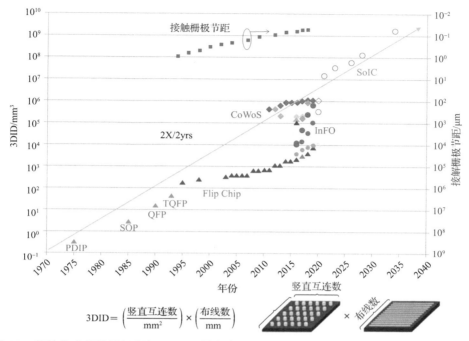

$$3DID = \left(\frac{竖直互连数}{mm^2}\right) \times \left(\frac{布线数}{mm}\right)$$

图 4.2　新的集成规模指示指标。3DID 是竖直互连密度和水平布线间距的产物。随着封装技术进步，3DID 预计以每两年翻 1 倍的速度增长。

4.2　3D 封装和片上集成系统（SoIC）

随着系统集成技术的快速发展，不同的平台技术相互协同并匹配日益复杂的应用场景需求，有必要重新审视现有的技术，如扇出、转接板、硅互连桥、芯片嵌入及其相关工艺流程。作为晶圆级平台驱动的技术，这几项技术都属于 3D/2.5D/2D 晶圆级集成的范畴，因此命名为 3D Fabric，它整合了现有流程、工具和工艺平台能力并实现了细节距的交错芯片互连。在 3D Fabric 概念下，所有在互连之前首先嵌入芯片的流程都称为 InFO，是一种最基础的 3D 封装技术，它首先从嵌入芯片开始，然后创建扇出型的互连线。所有先进行再布线层的制作再进行芯片放置的流程称为 CoWoS，再布线层是在芯片放置前沉积形成的，封装结构中有无硅转接板都可以。尽管与普遍接受的命名法略有不同，但这种新的命名系统真实地反映了制程的本质，并能够指明技术的未来发展路径。InFO、CoWoS、晶圆上系统（SoW）和集成载板上系统（SoIS）形成了一个通用的 WLSI 技术系列，将推动封装行业发展以满足日益增长的高难度和多样化的计算应用对系统规模的未来需求。图 4.3 给出了简要的晶圆厂 3D

Fabric 技术图谱[4]。

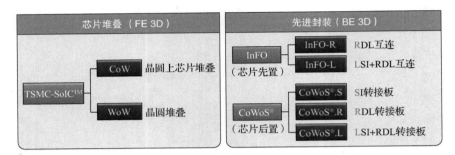

图 4.3　台积电 3D 晶圆级系统集成平台：前端 3D 集成（FE 3D）称为 SoIC，它包括晶圆上
　　　　芯片堆叠（CoW）和晶圆堆叠（WoW）；后道 3D 集成包括重新定义的 InFO（芯片先
　　　　置）和 CoWoS（芯片后置）；InFO 具有 R（含 RDL）和 L（局部硅互连或 LSI）两种
　　　　分类；CoWoS 有 R（含 RDL）、L（含 LSI）和 S（含硅转接板）3 种分类

在 3D Fabric 技术中，芯片先置被命名为 InFO，芯片后置被命名为 CoWoS。然而，在生产中两者并不是完全孤立的。在某些情况下，可能需要首先嵌入某些芯片，然后再通过芯片后置的方式集成其余芯片。将两者结合起来的可行性，使系统架构师能够在局部互连密度、芯片形状和尺寸（包括高度）、单颗芯片不同工艺的散热估算下，对最终功耗 / 能源解决方案进行设计和实施优化，当然，在良率以及供应链和生态系统管理方面的成本考虑上，也都具有更多选择。本章的随后内容中，我们将讨论更复杂的集成应用场景，这种灵活性显得至关重要。

SoIC，顾名思义，采用晶圆上芯片或晶圆堆叠实现各种有源和无源芯片的堆叠。在 SoIC 堆叠和集成之前，通过对使用不同技术、不同材料和键合节距制造的芯片进行测试，而筛选出合格芯片（KGD）。SoIC 采用前道晶圆工艺，其节距密度与铜（Cu）后道生产线（BEOL）相当，可实现极高的芯片到芯片的互连密度，具有等效 SoC 或单片的集成密度和性能。SoIC 集成芯片不仅在外观上，并且在电气性能、机械性能等各个方面都像 SoC 芯片一样，其组装可以使用传统封装平台，或通过如 CoWoS 或 InFO 的新型 WLSI 封装平台进行。

4.3 CoWoS-R、CoWoS-S 和 CoWoS-L

CoWoS 代表了一种芯片后置制程，在这套制程中互连布线是在芯片放置之前完成的。根据设计和系统要求考虑，互连密度、带宽和延迟根据应用场景不同而有不同要求，因此产生了不同的互连方式可供选择，如图 4.4 所示。CoWoS-S 是最常见的 CoWoS 封装，通过硅转接板（由最后的字母" S "表示）实现芯片到芯片的互连。超高互连密度和成熟的设计制造技术是 CoWoS-S 封装的主要优点。为了进一步增强系统性能，硅（Si）转接板还可以预制无源器件和有源电路，从而成为有源转接板。这些附加功能不能通过使用分立器件实现，否则会带来性能或成本损失。CoWoS-R，其中 R 表示 RDL，是用预制的 RDL 布线代替硅转接板的封装平台。尽管布线节距密度和带宽密度可能会受到轻微影响，但其成本、外形尺寸以及电源和信号完整性仍具备优势。在大多数系统中，互连密度因芯片和位置而异，因此产生了 CoWoS 的第三种变体——CoWoS-L 封装，其中 L 表示局部硅互连（LSI）。这些局部的小型硅互连片被嵌入 RDL 布线层中，以达到在仅通过 RDL 布线难以实现局部高密度互连的区域实现互连的目的。CoWoS-L 封装无需大型硅转接板即可实现局部高密度互连，从而在设计复杂性、高速性能和制造成本上找到了平衡。局部硅互连（LSI）具有扁平外形，是一种低寄生分立元件。通过在 LSI 芯片内埋深沟槽电容器（DTC），CoWoS-L 封装可通过多层陶瓷电容（MLCC）消除传统 FC 基板的压降问题，从而提高 SoC 芯片的速率（等同为功率）或降低功耗（等同为速度）。有关这方面的更多讨论将在 InFO-3DMS/CoWoS-L 章节进行介绍。

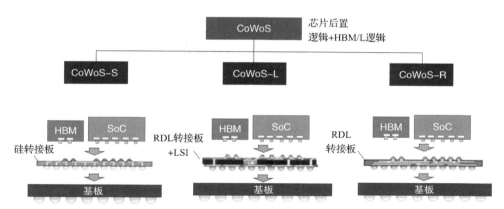

图 4.4　CoWoS 芯片后置晶圆级系统集成平台的各种技术路径：S 表示通过硅转接板作为主要互连方式；R 表示通过 RDL 作为主要的互连转接功能；L 代表局部硅互连（LSI）；通过小尺寸的硅芯片提高局部互连密度

4.4　InFO-L 和 InFO-R

InFO 是一种芯片先置的集成技术，在 RDL 布线前先进行芯片的埋置。由于互连使用了晶圆级工艺，InFO 封装不需要大体积的芯片堆叠焊接，以及相应的底部填充。这不仅缩小了外形尺寸，还改善了电源和热完整性。与芯片后置的 CoWoS 封装一样，InFO-L 使用了局部硅互连芯片（LSI），而 InFO-R 则使用了再布线层（RDL）。InFO-R 是最常见的 InFO 技术，通过先嵌入芯片然后在芯片表面制作 RDL 以进行互连。InFO-L 则是通过在 RDL 层中添加 LSI 进行互连。

4.5 超高密度互连的 InFO 封装（InFO-UHD）

晶圆级封装（WLP）工艺和板级封装（PLP）工艺之间最重要的区别之一是互连 RDL 图形和节距密度。从定义上来说，它们之所以不同，是因为它们是通过不同技术、使用不同设备和材料制备，并且面向不同市场和应用。WLP 和 PLP 的购置成本（CoO）是不同的。通过使用实现 WLP 的类似设备，可以改善 PLP 的 RDL 节距密度和外形尺寸，但会减少两者之间的 CoO 差距。许多成熟的 WLP 工艺由于其基本的几何形状和工艺理念差异，并不容易适用于 PLP。即便使用了相同的设备，也并非所有 WLP 制程都可以复制到 PLP 中。

为了进一步提高 InFO-R 封装的节距密度，提出了一种细间距、多层嵌入式铜（Cu）双大马士革 RDL，该封装通过在 300mm 晶圆上使用单层光敏介质膜制备堆叠过孔实现再布线。每层 RDL 通过 Cu 双大马士革工艺制备 5μm 以内的微孔和 2μm/1μm 线宽 / 间距（L/S）的逃逸布线，微孔和 RDL 布线沟槽通过使用液态光敏介质胶膜制备。为了使这种薄的介质膜具有良好的片内厚度一致性（TTV），采用了化学机械抛光（CMP）工艺从介质膜表面去除多余的电镀 Cu 覆盖层和种子层，同时使表面保持光滑平坦，以最大限度地减少系统芯片在高频运行时的传输损耗[5]。

表 4.1 显示了 InFO-UHD 晶圆级制程中的几项细间距、高密度、铜线互连技术，分别是 BEOL、嵌入式铜布线和半加成工艺（SAP）。由于技术成熟度以及批量生产中的设备和材料可获取性的差异，使用了晶圆级平台而不是板级平台，去实现非常精细的布线节距和多层 RDL 互连。长期以来，SAP 一直是 IC 封装应用中形成封装铜布线的主流技术。然而，铜布线和介质膜之间的结合强度降低，以及由于金属种子层蚀刻而引起的铜布线钻蚀问题，导致一系列可靠性问题，特别是在布线密度（L/S）缩小到 3μm/3μm 及以上时[6]。最近，紫外激光被用来在有机基板和板级扇出封装技术中制备细节距铜布线，并成功制备了低成本的嵌入式 Cu 线路图形[7-10]。与 SAP 技术相比，嵌入式 Cu 布线技术不仅在 Cu 导体和介质层之间提供了更好的附着力，而且还消除了钻蚀和侧蚀

问题，这些问题会导致高频下的传输损耗。有报道在 150mm Si 晶圆上可实现 2μm/2μm 的精细嵌入式 Cu 布线[12]。首先在固化的 ABF 聚合物层上通过光刻工艺形成 Cu 布线沟槽，10μm 的微孔则通过准分子激光钻孔形成。在这个工艺中，细间距 RDL 布线能力取决于沟槽、金属焊盘和微孔的精细特征尺寸。在我们的案例中，使用了液态光敏介质膜，通过 UV 光刻工艺制备了微孔和 RDL 沟槽。

表 4.1　各种细节距 RDL 技术[5]

属性	硅转接板	嵌入式铜布线技术	SAP 铜布线技术
技术	BEOL	介质膜上金属种子层图形技术	光刻胶掩模 + 介质膜上金属种子层图形技术
工艺平台	晶圆级	晶圆级	wafer
最大尺寸（L/S：μm）	约 1300（0.4/0.4）	约 330（2/1）	约 500（1/1）
成本	高	底	低
高频的 RF 插入损耗	较高	底	较高

采用铜（Cu）双大马士革工艺制备两层 RDL 布线通常包含两个工艺步骤。首先进行两步光刻工艺以形成微孔，随后在微孔和 RDL 沟槽内溅射沉积 Ti/Cu 种子层，接下来通过电镀铜工艺填充微孔和 RDL 沟槽。最后，采用 Cu CMP 工艺去除介质层表面多余的 Cu 覆盖层和种子层，来获得平坦化的表面。这样，精细布线的嵌入 Cu 双大马士革 RDL 单层布线制备完成。通过 Cu CMP 工艺进行平坦化，以确保铜焊盘表面光滑度满足第二层布线的细间距、嵌入铜双大马士革工艺要求。这套工艺制程有两项主要挑战，第一个挑战是光刻能力，需要在第二步光刻工艺中完全暴露金属焊盘和微孔，同时满足线条和间距要求。另一个挑战是通过 300mm 晶圆的 Cu CMP 平坦化工艺，为下一层 RDL 堆叠布线提供干净均匀的表面。在整个制程中，精确控制晶圆翘曲和介质层厚度均匀性对于解决上述两个挑战至关重要。基于以上制程，为了进一步提高 RDL 布线密度，提出一种堆叠过孔结构。通过对金属焊盘进行 Cu CMP 平坦化工艺，可实现 Cu 通孔 - 种子层 -Cu 通孔结构在界面处的强结合，也有助于抵抗由于热膨胀系数（CTE）不匹配产生的热应力。此外，Cu CMP 平坦化工艺可以消除传统 SAP 制程中金属焊盘上图形凹陷和光刻胶残留而可能引发的空洞。

可靠性考核试验包括多次回流焊（MR）10 次 + 温度循环条件 C（TCC）（−65 ～ 150℃）500 次循环，以及 MR 3 次 +96h 的无偏压温湿度应力加速试验

（HAST）（130℃ /85% RH @33.3psia）。图 4.5 给出了 MR 10 次 +TCC 500 次循环后测试样品的 SEM 图像，结果显示，Cu- 介质层界面处无分层，且 Cu 微孔和金属焊盘内部无裂纹。

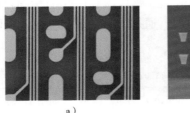 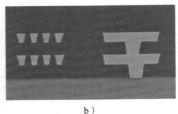

a）　　　　　　　　　　　　　　　b）

图 4.5 a）带有 Cu 沟槽、金属焊盘和微孔的布线顶视图　b）MR 10 次 +TCC 500 次测试之后的双层嵌入的 Cu 双大马士革结构的横截面图像[5]

在封装中，阻容（RC）延迟是表征高速系统中数字信号完整性的指标。RC 延迟一般不超出仿真结果的 7%；RC 延迟差异一般是由测量误差和工艺过程引入的。众所周知，RDL 的表面粗糙度影响高频工作时的传输线损耗，对于电气性能至关重要，特别是在 5G 和毫米波应用中的高性能 FPGA 和 RF 无线通信器件。[13] 为了便于分析，归一化传输损耗（NTL）被定义为 SAP RDL 的传输损耗与嵌入式 Cu 布线 RDL 的传输损耗之比，SAP RDL 是由 SAP 制程制备的 RDL，而嵌入式 Cu 布线是由铜双大马士革制程制备的 RDL。图 4.6a 给出了 SAP RDL 和嵌入式 Cu 布线 RDL 的图形横截面视图。原子力显微镜（AFM）测量结果表明，对于带有种子层的 RDL 铜侧壁表面粗糙度约为 0.5nm；对于使用 Cu CMP 工艺处理的 RDL 表面，铜表面粗糙度约为几个纳米。

信号完整性对于 GHz 频段的数字信号、二次谐波频段（60GHz）和三次谐波频率（90GHz）的全频带都很重要。根据共面传输线理论，采用差分对设计的地 – 信号 – 信号 – 地（GSSG）链路可具有更好的数字信号质量，同时也需要优化串行链路的线宽 / 间距 / 高度（或厚度）（L/S/H）尺寸，以最大限度地减少电容效应对阻抗匹配的影响。为了了解 L/S/H 和高速串行链路 RDL 表面粗糙度对高频传输线损耗的影响，搭建了全波仿真模型。为了便于比较，选择了 L/S/H 值分别为 2/1/2.5 和 5/5/3μm 的两种 Cu 双大马士革 RDL 进行分析。图 4.6b 显示了这两种表面粗糙度不同的 Cu 双大马士革 RDL 在 50GHz 下的归一化传输线损耗。在高频下，表面粗糙度越大，趋肤效应越明显。仿真结果显示，当表面粗糙度小于 0.1μm 时，没有发现趋肤效应对 NTL 的影响。

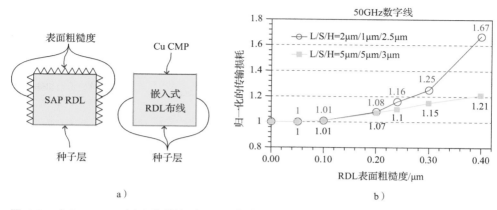

图 4.6　a）SAP RDL（左）和嵌入式 RDL 布线（右）的剖视图示意　b）表面粗糙度对两种
　　　不同 L/S/H 值的铜双大马士革 RDL 封装，在 50GHz 下的归一化传输损耗的影响[5]

在 300mm 晶圆上使用单层光敏介质膜，已经成功地实现了含有堆叠过孔的多层嵌入 Cu 双大马士革 RDL，每个 RDL 层由 5μm 以内的微孔和 2μm/1μm 线宽 / 间距的布线组成，两者都通过 Cu 双大马士革工艺制备。对嵌入式 Cu 双大马士革 RDL 制程的一些要素进行了考核，考核项目有结构、制造工序、集成挑战、测试样件（TV）设计和制造产出比、可靠性、R、C 和高频下的传输损耗。

未来，对于逻辑 - 逻辑和逻辑 - 存储器的集成，正在开发具有亚微米 RDL 结构的新型超高密度 InFO（InFO_UHD）技术，为逻辑 - 逻辑集成系统提供高互连密度和传输带宽。对于使用简化的 I/O 驱动器的逻辑 - 逻辑系统，带宽密度在 0.8μm/0.8μm 的线宽 / 间距（L/S）和 500μm 的长度下可以达到创纪录的 10Tbit/s/mm[13]。在逻辑 - 存储系统中使用该技术，发现 RDL 厚度、L/S 和介质层厚度的改变可以减轻有机基板眼图中的振铃问题。根据 HBM2 规范，通过显著提高信号完整性，带宽密度可以达到 0.4Tbit/s/mm 以上[13]。InFO_UHD 结构及其工艺和计量工具可以利用现有的 InFO 制造基础设施，而不是半导体晶圆厂使用的 Cu/ 低 k BEOL 基础设施。因此，该技术增强了多芯片配置中的芯片间通信能力，并在商业市场上展示出具有竞争力的成本优势。图 4.7a 给出了具备 L/S=0.8μm/0.8μm InFO_UHD 封装 RDL 结构的普通视图显微照片和俯视图。

对于逻辑 - 逻辑接口，总带宽密度是决定系统性能的一项指标。影响带宽密度的两个重要因素是最大数据传输速率和布线密度。在 I/O 接口设计中，最大数据传输速率受线宽 / 间距和布线长度的影响，而布线密度则由互连工艺制程中线宽 / 间距的特征尺寸决定。实际应用中，较窄的线条可能会降低最大数

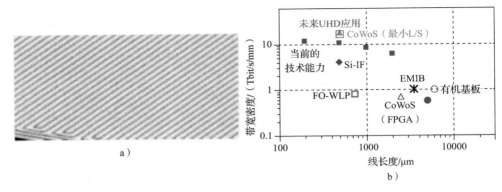

图 4.7　a）线宽 0.8μm/ 间距 0.8μm 的 RDL 布线　b）InFO_UHD
技术与各种其他互连技术的带宽密度对比[13]

据传输速率，但由于线路布线密度要高得多，最终仍可能具有较高的带宽密度。如图 4.7b 所示，在 InFO_UHD 技术中，当有两层 RDL 关键布线层时，带宽密度可以达到创纪录的 10Tbit/s/mm。然而，对于其他技术，如 CoWoS（FPGA），带宽密度范围为 1～4Tbit/s/mm。就每比特能量而言，能量效率是 HPC 系统性能的另一个重要指标。据报道，在逻辑到逻辑应用中，对于 500μm 长、2.5 倍宽的布线线宽，在硅互连结构（Si-IF）技术[14]的能量效率为 0.06pJ/bit。

在 InFO_UHD 技术中，使用具有伪随机二进制序列输入的简化发射和接收模型来模拟能量效率。在发射和接收模型均制定 0.1pF 电容条件下，在 500μm 线长和 1.0 倍线宽时，能量效率为 0.061pJ/bit。尽管两种互连技术的能量效率相似，但 InFO_UHD 的线宽是 Si-IF 技术的 2/5，即 InFO_UHD 细线不会消耗更多能量。对于逻辑到 HBM2 的存储界面，基于 2Gbit/s 数据传输速率的存储驱动模型，对于典型线条长度和 2.5 倍线宽的 InFO_UHD RDL 互连，具有 0.62pJ/bit 的能量效率。为了进行比较，研究了典型尺寸下硅转接板互连的能量效率，能量效率为 0.83pJ/bit，如图 4.8 所示。由于互连中的电容较低，InFO_UHD 技术的能量效率比逻辑到 HBM2 存储系统中的硅转接板技术高出 25%[15]。

评估金属化可靠性的标准是研究芯片上的 BEOL Cu 与封装之间的相互作用：对于低 k 值铜布线的晶圆级可靠性测试，如电迁移（EM）、应力迁移（SM）、瞬态介质击穿（TDDB）和击穿电压（V_{bd}），以及对于元件和封装级可靠性测试，如 MR、温度循环（TC）和热冲击（TS），这些测试项目已用于评估晶圆级 RDL 的可靠性，并且需要在出厂前确认已通过测试[15]。

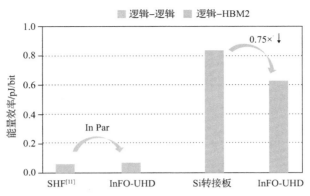

图 4.8　逻辑 – 逻辑和逻辑 – 存储界面的能量效率[14]（Si-IF 为硅互连结构）

4.6　多堆叠系统集成（MUST）和 Must-in-Must（MiM）

先进的 3D 多堆叠系统集成（Multi-stack System Integration，MUST）技术，即 3D MUST-in-MUST（3D-MiM）扇出封装，已发展为新一代晶圆级扇出封装技术。3D-MiM 技术采用简化的架构，消除了封装之间的 BGA，从而实现系统级的性能、功耗和外形尺寸（PPA）优化。该技术还利用模块化方法进行设计和集成工艺制程，以提高设计灵活性和集成效率。为了缩短周期时间并节省成本，合格的的预堆叠内存单元和 / 或逻辑到内存单元是通过在工具、材料、设计规则和流程中利用已建立的 InFO 技术平台来制造的。本章节将讨论两款 3D-MiM 扇出封装示例：第一款 3D-MiM 封装集成了一个 SoC 芯片和 16 个存储芯片，封装尺寸为 15mm×15mm，封装高度为 0.5mm（包括终端的 BGA），适用于移动应用。第二款 3D-MiM 封装在 43mm×28mm 的平面中集成了 8 个 SoC 芯片和 32 个存储芯片，以模拟 HPC 应用中多个逻辑内核和多个存储芯片的系统集成[16]。

像对积木进行堆叠一样，模块化的存储单元通过 InFO WLSI 技术集成了多个垂直堆叠的存储器芯片，这些芯片的一侧制作有存储 I/O 焊盘。嵌入式存储器芯片如图 4.9a 所示。存储模块适用于通用内存商品，包括 LPDDR4/5、SRAM、移动电源中的宽 I/O、NB（笔记本电脑）/PC 中的 DDR 和服务器。这种存储模块在平面占用空间方面具有很大的灵活性，在垂直堆叠方面具有可扩展性，可以满足不同设计需求。在结构方面，根据不同系统需求，存储模块可以分为 2 层、3 层或更多层。在每一层中，可以有一个或多个内存芯片。存储模块可以独立测试并作为合格的模块嵌入系统中。

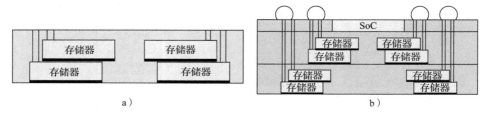

图 4.9　a）一款 MUST 存储模块（积木），该集成积木是一款模块化的存储单元，将侧面留有记忆 I/O 端口的存储芯片，使用 InFO 圆片级系统集成技术进行垂直堆叠　b）应用于边缘计算的 3D-MiM 扇出封装[16]

　　3D-MiM 封装是通过 InFO 技术实现的。首先，在前两个扇出层中集成 16 个存储芯片，然后在第三个扇出层中串联一个 SoC，如图 4.9b 所示。该 3DMiM 被设计为当前 FC-PoP 和扇出 PoP 的替代解决方案，用于需要更薄的外形、具有高内存容量和内存带宽的移动或计算设备。同样，第二个超大型 3D-MiM 扇出封装是通过将 32 个内存芯片集成到第一层扇出中，然后在第二层扇出中集成 8 个 SoC 来实现的，如图 4.10 所示。这种 3D-MiM 扇出被设计为当前 2.5D IC 的低成本替代品，用于 5G/AI 驱动的 HPC 和服务器 / 数据中心，这些 HPC 需要高计算性能、高内存带宽，而机器学习和 AI 训练等应用中则需要低功耗和低延迟。在移动应用中，与 FC-PoP 相比，3D-MiM 扇出提供更薄的封装外形（约 0.5mm z 高度）、更高的数据带宽（2×～4×）、更低的延迟（0.2×）和热阻，以满足未来 5G/AI 驱动的边缘计算需求。在 HPC 应用中，与 3D IC HBM 相比，3D-MiM 扇出提供了一种成本更低的替代方案，具有新的

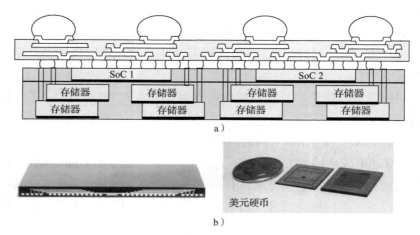

图 4.10　a）用于 5G/AI 驱动的 HPC 和服务器应用的 3D-MiM 扇出封装，用于移动应用的 3D-MiM 扇出　b）美币、3D-MiM 扇出和 FO-PoP 外形比较[16]

存储到存储，以及 SoC 到存储的集成架构，具有可观的电气和散热性能优势。在制造方面，3D-MiM 扇出技术利用 WLSI 在制造能力和材料、工具、工艺、设计规则方面完善的基础设施，满足良率和具有竞争力的成本的需求。3D-MiM 扇出是未来 5G/AI 驱动应用中 WLSI 技术系列的一部分[16]。

4.7　板载 InFO 技术（InFO-oS）和局部硅互连 InFO 技术（InFO-L）

如图 4.11 所示，将 InFO 置于有机基板上（板载 InFO 或 InFO-oS），将扇出简单性的优势与传统 FCBGA 相结合，适用于大型系统封装。InFO_oS 技术可提供细节距 RDL，可在基板上集成带有铜柱凸点的逻辑和存储芯片。由于高密度 RDL 与低成本，低端有机基板的组合，可以制作大于光罩尺寸的 HPC 系统。从 1× 到 1.7× 的光罩尺寸已实现量产，大于 2.5× 的光罩尺寸正在研制中。

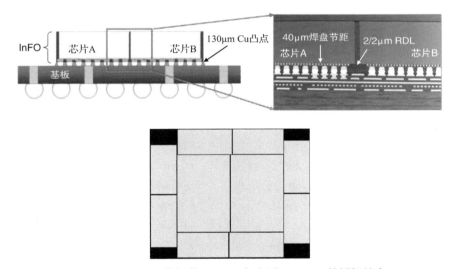

图 4.11　InFO-oS 将细节距 RDL 与大型 FCBGA 基板相结合，可满足尺寸大于光罩尺寸的高性能系统需求

除了 InFO-oS 之外，当需要局部超高密度互连时，可以在 InFO 中添加 LSI，从而形成 InFO-L。InFO-L 可以与 InFO-oS 结合使用，形成具有局部超高互连密度的超大型 HPC 系统，如图 4.12 所示。

InFO-oS 经过多年发展，已经得到大量验证[7, 16, 17]。随着数据中心数据交换容量的数倍增长，例如从 6.4Tbit/s 增加到 25.6Tbit/s，InFO-oS 平台可以适应高速交换机应用，并将 InFO-oS 封装扩展到 1.7 倍的光罩尺寸。因此，可以满足数据中心的需求，如图 4.13 所示。

图 4.12　两种提供超大型计算系统集成的工艺，同时可选择进行局部超高密度互连
a）InFO-oS　b）InFO-L

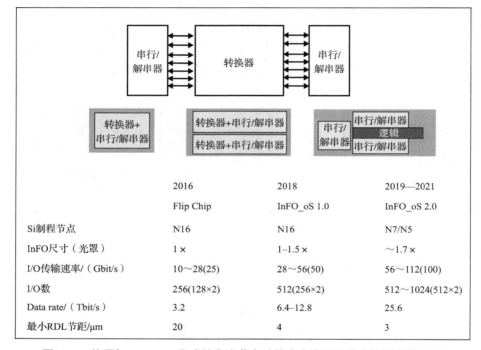

	2016	2018	2019—2021
	Flip Chip	InFO_oS 1.0	InFO_oS 2.0
Si制程节点	N16	N16	N7/N5
InFO尺寸（光罩）	1×	1–1.5×	～1.7×
I/O传输速率/（Gbit/s）	10～28(25)	28～56(50)	56～112(100)
I/O数	256(128×2)	512(256×2)	512～1024(512×2)
Data rate/（Tbit/s）	3.2	6.4–12.8	25.6
最小RDL节距/μm	20	4	3

图 4.13　使用与 InFO-oS 集成的先进节点硅技术来满足网络交换需求的案例

4.8　板载存储芯片的 InFO 技术（InFO-MS）

设计和构建 HPC 系统的最大挑战之一是将高带宽存储器（HBM）集成在与其尺寸接近的封装内。这通常使用 CoWoS 完成，其中多个 HBM 位于 SoC 旁边的硅转接板上。然而，随着 InFO RDL 线宽和间距的提高，使用 InFO 平台构建相同的逻辑到存储器集成变得越来越可行和有吸引力。在板载存储器 InFO，InFO-MS，已经在这样的系统中开发和演示。图 4.14 比较了同一系统的 InFO-MS 和 CoWoS-R。值得注意的是，InFO-MS 存在独特的挑战，因为芯片

（包括 HBM）在 RDL 之前嵌入到塑封料中。在使用不同供应商的第三方 HBM 时，几何形状公差和制造挑战要与 InFO 结构相兼容。所有技术挑战都要是可控的并考虑周转时间和成本的不利后果。在生产计划中，需要对此类不利后果进行管理并仔细考虑。

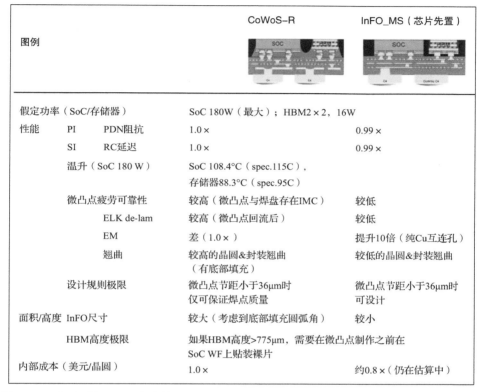

		CoWoS–R	InFO_MS（芯片先置）
图例			
假定功率（SoC/存储器）		SoC 180W（最大）；HBM2×2，16W	
性能	PI　PDN阻抗	1.0×	0.99×
	SI　RC延迟	1.0×	0.99×
	温升（SoC 180 W）	SoC 108.4℃（spec.115C），存储器88.3℃（spec.95C）	
	微凸点疲劳可靠性	较高（微凸点与焊盘存在IMC）	较低
	ELK de-lam	较高（微凸点回流后）	较低
	EM	差（1.0×）	提升10倍（纯Cu互连孔）
	翘曲	较高的晶圆&封装翘曲（有底部填充）	较低的晶圆&封装翘曲
	设计规则极限	微凸点节距小于36μm时仅可保证焊点质量	微凸点节距小于36μm时可设计
面积/高度	InFO尺寸	较大（考虑到底部填充圆弧角）	较小
	HBM高度极限	如果HBM高度>775μm，需要在微凸点制作之前在SoC WF上贴装裸片	
内部成本（美元/晶圆）		1.0×	约0.8×（仍在估算中）

图 4.14　用于逻辑 -HBM 集成的 InFO-MS 与 CoWoS-R 对比测试，主要区别在于芯片后置的 CoWoS-R 需要焊料微凸点和底部填充，而 InFO-MS 没有这样的连接

4.9　3D 多硅 InFO（InFO-3DMS）和 CoWoS-L

如前文所述，将芯片先置和芯片后置组合到一个生产流程中可达到令人满意的效果。同样，将 RDL 和多个硅芯片（包括有源芯片、无源芯片和局部硅桥芯片）组合在一起也很有益。这本质上是一个 CoWoS-L 或 InFO 3D 多硅片（3DMS）。图 4.15 显示了使用 3DMS 的大型系统集成原理图，其中集成无源器件（IPD）、硅桥和 RDL 桥是分开制作的，然后使用 InFO 进行集成。

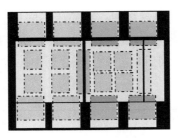

图 4.15　在 RDL 区域中，70mm×75mm、3 个芯粒、8 个 HBM2e、用于 HBM 和高速 I/O 的 RDL 桥、用于芯粒的硅桥和 IPD+TSV 组合成一个计算平台

这种集成的 InFO 现在充当转接板。多个芯粒和 HBM 使用 CoWoS 工艺组装到 InFO 上。在整个过程中，在测试部件的最后步骤完成合格的的芯片、合格的的 InFO 和合格的的芯粒与更高价值的元件集成，以最大限度地减少良率损失。在此过程中，通过认真选择局部互连方案、材料和密度来优化系统性能。

图 4.16 显示了市场上最知名的集成平台之间的定性比较。工艺流程也根据现有的和已经通过验证的工艺样件和步骤进行了仔细的考虑。

4.10　晶圆上 InFO 系统（InFO_SoW）

随着近年来计算系统的巨大和持续增长，InFO 技术提供了将整个 300mm 晶圆区域用作一个系统的可能性。业界首款采用 InFO 技术的晶圆级系统集成封装被称为 InFO_SoW。由于晶圆级 RDL 的表面粗糙度较低，因此长度为 30mm 互连的功耗降低了 15%。

在紧凑的系统中高功率热管理已通过可扩展的概念验证（Proof-of-Concept，POC）散热方案得到解决。POC 散热解决方案是利用具有耗散 7000W 能力的 2×5 阵列加热器测试结构进行验证，加热器的最大温度保持在 90℃以下。此外，InFO_SoW 结构坚固性已通过 InFO 晶圆级考核和系统级可靠性测试验证。尽管其封装尺寸超大，但一项热机械芯片 – 封装 – 相互作用（Chip-Package-Interaction，CPI）研究表明，与利用先进 Si 节点工艺的传统倒装芯片封装相比，InFO_SoW 的风险相对较低[18]。

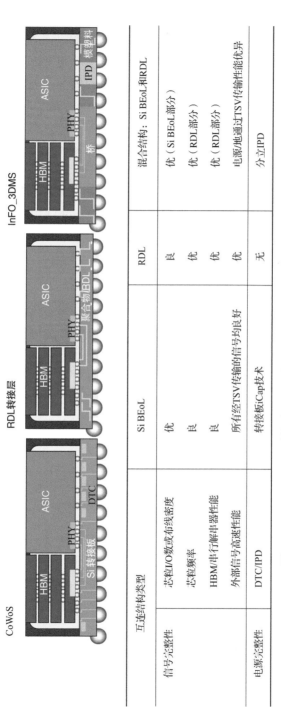

互连结构类型		Si BEoL	RDL	混合结构：Si BEoL和RDL
信号完整性	芯粒I/O数或或布线密度	优	良	优（Si BEoL部分）
	芯粒频率	良	优	优（RDL部分）
	HBM/串行解串器件性能	良	优	优（RDL部分）
	外部信号高速性能	所有经TSV传输的信号均良好	优	电源/地通过TSV传输性能优异
电源完整性	DTC/IPD	转接板iCap技术	无	分立IPD

图 4.16　CoWoS、RDL 转接板和混合搭配的 InFO-3DMS 平台之间的基准测试

InFO_SoW 技术涉及一个集成了 InFO 以及电源和散热模块的晶圆级系统，如图 4.17 所示。连接器和电源模块焊接到 InFO 晶圆上，然后组装散热模块。通过电气仿真将传统系统（如倒装芯片多芯片模块）与 InFO_SoW 技术之间的电气性能比较，如图 4.17 所示。本研究中使用的倒装芯片基板和 InFO_SoW 的线宽 / 间距（L/S）分别为 10μm/10μm 和 5μm/5μm。基于此配置，InFO_SoW 提供两倍的布线密度，这意味着线路密度高出两倍，因此在给定相似的数据速率时，带宽密度是两倍。插入损耗是高速差分线路信号完整性的一个关键方面，在有机基板上的长度通常超过 10mm，在 PCB 上甚至更长。众所周知，插入损耗会随着频率的增加而恶化。这主要是由于趋肤效应和粗糙度效应。较长的线条将累积粗糙度的影响。使用线宽为 15μm 的 InFO RDL 模拟 100Ω 阻抗的差分对。一般来说，基板中线条的粗糙度（R_q）高于 InFO_SoW RDL 线。

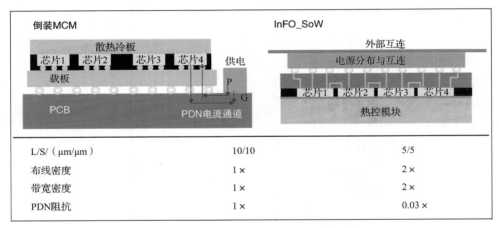

L/S/（μm/μm）	10/10	5/5
布线密度	1×	2×
带宽密度	1×	2×
PDN阻抗	1×	0.03×

图 4.17　InFO_SoW 结构的横截面以及传统倒装芯片 MCM 的原理图以及
倒装芯片 MCM 与 InFO_SoW 之间的性能比较[18]

图 4.18 显示了基板和 InFO_SoW 在 28GHz 频率下 5 ～ 30mm 各种长度的线路损耗。研究发现，InFO_SoW RDL 在 20mm 长度下的表现优于 0.4dB 的线路损耗，相当于互连的功耗降低了 10%。还观察到 RDL 越长，影响越大。由于粗糙度效应，长度为 30mm 的 RDL 对应于 0.7dB 的线路损耗变化，这相当于节省 15% 的能耗。

与传统的基于主板的 HPC 系统配置相比，从体积的角度来看，InFO_SoW 一定散出更高的热量。在相同的总热设计功率（TDP）下，前者将计算单元水平分布在机架中的稀疏位置，并垂直分配到不同的机架中，而后者则将其压缩到晶圆级空间上。为此，使用了一种基于微通道液冷方案的新型冷却结构。2

行概念验证（POC）散热解决方案是一种基于铜的微通道冷板。为了更好地利用热解决方案的冷却能力，必须将冷板和虚拟加热器之间的接触电阻降至最低。在将加热器连接到 POC 热解决方案之前，导热油脂已经涂抹在虚拟加热单元的暴露表面上，以降低热接触电阻。将 7000W 或功率密度 $1.2W/mm^2$ 的 TDP 施加到 2×5 阵列加热器上，使用入口温度为 16℃ 且最小流速为 4l/min（LPM）的水，可以将虚拟加热器的最高温度保持在 90℃ 以下。图 4.19a 展示了已构建的系统，并已证明通过工程认证，如图 4.19b 所示。

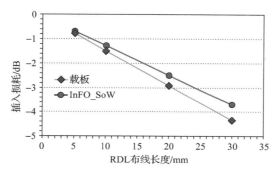

图 4.18　28GHz 时线损的线长相关粗糙度效应[18]

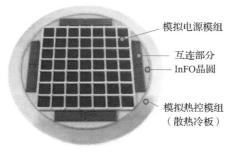

a）

可靠性测试	测试条件	测试模式	结果
晶圆级 快速筛选	MR3X（260°C回流）+TCC 200循环（-65～150°C）	离线测试	合格
	MR3X（260°C回流）+uHAST 96h（130°C/85% RH）		合格
	HTS 1000h（125°C）		合格
	振动（级别：0.001g）	离线测试	合格
	THB 1000h（85°C/85% RH）		合格
系统级测试	温度循环：J1000循环（0～100°C）	原位测试	合格
	机械冲击（条件C）		

b）

图 4.19　a）InFO_SoW 系统组装演示　b）InFO-SoW 测试晶圆的可靠性测试结果[18]

与传统系统（如倒装芯片 MCM）相比，细间距（L/S 5μm/5μm），InFO RDL 提供高密度芯片间互连，带宽密度高出两倍。由于没有基板和 PCB，InFO_SoW 的电源分配网络（PDN）阻抗比传统系统低 97%。此外，在整个超大型封装中 InFO_SoW 的电气特性证明了良好的工艺一致性。

4.11　集成板上系统（SoIS）

更大尺寸的有机基板，例如 >80mm×80mm，近年来已成为包括网络在内的 HPC 应用必需品。然而，封装尺寸越大，传统高多层有机基板的制造良率、成本和交付周期时间就越差。与此同时，电气性能变得越来越具有挑战性。例如，SerDes（串行/解串器）接口的较高数据速率（112Gbit/s）将导致封装互连中奈奎斯特（Nyquist）频率下的插入损耗和串扰恶化。因此提出了一种创新的 SoIS 技术来缓解性能和成本困境。SoIS 技术利用了晶圆工艺和新材料。这种创新的集成基板在大于 8000mm² 的基板尺寸上具有比传统基板解决方案更高的良率。结果表明，在 112Gbit/s SerDes 应用中，在 28GHz 频率下，插入损耗比最新的 GL102 有机基板低 25%。此外，通过利用晶圆厂的工艺，SoIS 还可以在互连和电介质层方面提供强大而灵活的组合，其设计规则比传统的有机基板更为激进。特别是对于高带宽布线密度应用，与传统有机基板相比，SoIS 可以将布线能力提高两到五倍，从而减少基板层数，并在不增加额外成本的情况下保持相同的阻抗匹配性能。图 4.20 显示了有机基板和 SoIS 之间的比较[19]。

结构		有机SBT结构	SoIS
		18层金属布线	14层金属布线
设计规则	线宽/间距	1.0×	0.3×
	互连孔尺寸	1.0×	0.4×
电性能	信号完整性 插入损耗（dB@112Gbit/s）	1.0×（实测数据）	0.75×（实测数据）
	插入损耗（dB@200Gbit/s）	1.0×（实测数据）	0.69×（实测数据）
	X参数	1.0×（仿真数据）	约0.3×（仿真数据）
	电源完整性 抑制频率范围，MHz（有IPD）	1.0×（仿真数据）	4~7×（仿真数据）
	IR压降	1.0×（仿真数据）	0.9×（仿真数据）
良率预估（体积91mm²）		有挑战性（约20%~30%?）	被证实的有效良率 >90%
凸点累积应变	CL TCG	1.00×	0.84×
封装翘曲	@RT	1.0×	0.91×

图 4.20　18 层有机基板与只有 14 层基板的 SoIS 之间的功率/性能/面积/成本比较[19]

使用概念演示测试样件（POC TV），力学 / 电学测试样件通过了封装级可靠性测试，包括湿敏等级 4（MSL4）和条件 G（–40 ～ 125℃）下的 1500 次温度循环（TCG）、MSL4 和 uHAST 的 360h，以及高温存储（HTS）1500h，如图 4.21 所示。在可靠性考核试验之后进行裂纹、空洞和缺陷等微观结构分析，其结果通过了的质量和可靠性标准。

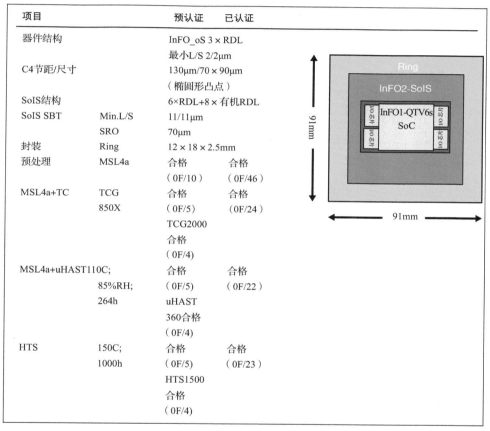

项目		预认证	已认证
器件结构		InFO_oS 3 × RDL	
		最小 L/S 2/2μm	
C4节距/尺寸		130μm/70 × 90μm	
		（椭圆形凸点）	
SoIS结构		6×RDL+8 × 有机RDL	
SoIS SBT	Min.L/S	11/11μm	
	SRO	70μm	
封装	Ring	12 × 18 × 2.5mm	
预处理	MSL4a	合格	合格
		（0F/10）	（0F/46）
MSL4a+TC	TCG	合格	合格
	850X	（0F/5）	（0F/24）
		TCG2000	
		合格	
		（0F/4）	
MSL4a+uHAST110C;		合格	合格
	85%RH;	（0F/5）	（0F/22）
	264h	uHAST	
		360合格	
		（0F/4）	
HTS	150C;	合格	合格
	1000h	（0F/5）	（0F/23）
		HTS1500	
		合格	
		（0F/4）	

图 4.21　测试样件 POC 在大尺寸 SoIS 上的适用性已通过资格认证[19]

4.12　沉浸式内存计算（ImMC）

如前几节所述，SoIC 是一种前道 CoW 和 / 或 WoW 芯片堆叠技术。在 SoIC 堆叠和集成之前，由不同技术制造的芯片需经过 KGD 测试。SoIC 集成芯片在电气性能和机械完整性方面表现得类似于 SoC 芯片，随后可以使用传统封装或后道 WLSI 平台进行组装，例如基板上的晶圆芯片（CoWoS）或 InFO。

图 4.22 显示了利用前道 3D（FE-3D）和后道 3D（BE-3D）的整体 3D 集成，以实现"延续摩尔"和"超越摩尔"系统级缩放[20]。

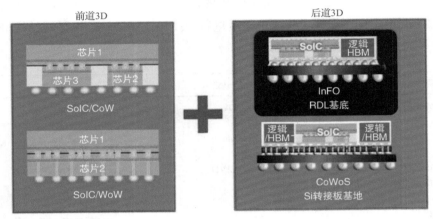

图 4.22 前道 3D SoIC 与后道 3D CoWoS/InFO 集成，作为新的异构集成平台，通过最佳优化的系统 PPAC 实现"延续摩尔"和"超越摩尔"系统的扩展[2]

基于 FE-3D+BE-3D 集成，提出了一种称为沉浸式内存计算（Immersion Memory Compute，ImMC）的新型超高密度逻辑到内存堆叠结构，如图 4.23 所示。

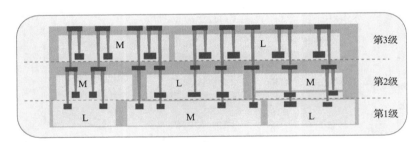

图 4.23 使用 FE-3D+BE-3D 进行超高密度逻辑到内存集成的浸入式内存计算（ImMC）；根据设计和系统需求，存储芯片与逻辑芯片的比率可能因逻辑和存储芯片尺寸而异；提供硅通孔（TSV）和塑封通孔（TMV），并且还可以进行面对面和面对背堆叠[2]

该技术提供多个互连的计算和内存芯片，以获得计算能力和内存带宽。使用 N7 轻型 I/O 收发器分析互连寄生效应、带宽密度和功率效率。研究了 ImMC 与 3D IC 桥接和共享芯片的比较，分别使用微凸点和 TSV。图 4.24 显示了 10 种不同互连结构的比较。分析了处理器到处理器和处理器到内存的 N7 收发器的总互连寄生效应、系统带宽（BW）密度和功率效率。

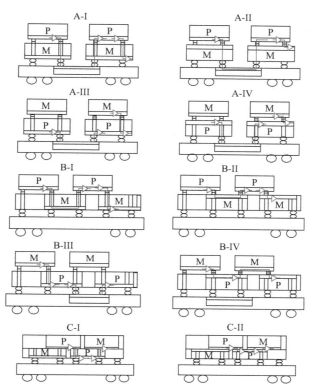

图 4.24 10 种封装结构的互连：（A-I）带桥接（1mm BEOL）**F2B** 的 **3D IC** 和（A-II）带桥接 **F2F** 的 **3D IC**，顶部有处理器；（A-III）带桥接 **F2B** 的 **3D IC** 和（A-IV）带桥接 **F2F** 的 **3D IC**，底部有处理器；（B-I）带共享芯片（0.8mm BEOL）**F2B** 和（B-II）带共享芯片 **F2F** 的 **3D IC**，顶部有处理器；（B-III）带共享芯片 **F2B** 的 **3D IC** 和（B-IV）带共享芯片 **F2F** 的 **3D IC**，处理器在底部，以及（C-I）**ImMC F2B** 和（C-II）**ImMC F2F**[20]

BW 密度和功率效率结果如图 4.25 所示。C-II ImMC 具有最高最大数据速率，是 A-I 3D IC 的 14 倍，如图 4.25a 所示。通过与凸点密度相乘，可以得到图 4.25b 中每种结构的 BW 密度。C-II ImMC 的带宽密度是 A-I 3D IC 的 224 倍。此外，还模拟了每个结构在相同数据速率下的功率效率（以能量 / 位为单位）。ImMC 具有最低的能量 / 位，如图 4.25c 所示。此外，最短的互连简化了收发器设计，并实现了最小的收发器功率和尺寸。ImMC 的收发器功率和尺寸是 A-I 3D IC 的 1%，如图 4.25d 所示。从 SoIC 技术来看，C-I 和 C-II ImMC 在结构中具有最低的寄生效应。处理器 – 存储器系统的最大数据速率、带宽密度、功率效率和收发器功率如图 4.26 所示。ImMC 优于其他结构。最后，分析了不同结构下处理器的电流 – 电阻（IR）压降。底部带有面朝下处理器的结构

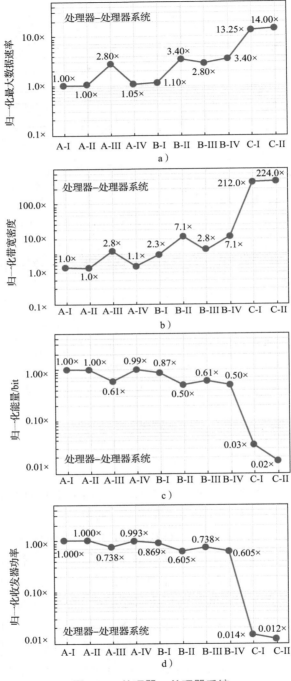

图 4.25　处理器 – 处理器系统

a）最大数据速率　b）带宽密度　c）能量　d）收发器功率

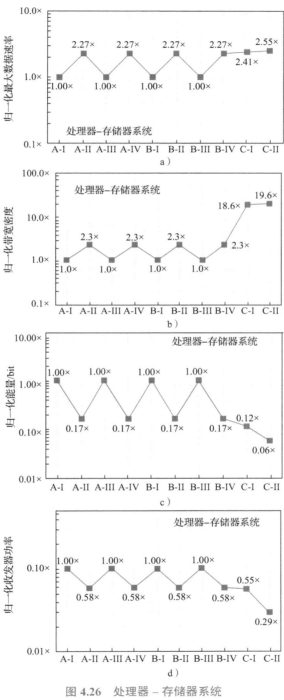

图 4.26　处理器 - 存储器系统

a）最大数据速率　b）带宽密度　c）能量　d）收发器功率

具有较低的 IR 压降。对于正面处理器结构，由于芯片厚度较低，ImMC 优于其他结构。为了进一步提高系统性能，我们开发了一种新的 SoIC 键合。它的速度、带宽密度和能量 / 比特优于微凸点，分别为微凸点的 20 ×、318 × 和 0.04 ×。

总之，ImMC 在凸点密度、数据速率和带宽密度方面分别比具有桥接器的 3D IC 高 16 ×、14 × 和 224 ×。ImMC 的收发器功率和尺寸仅为 3D IC 的 1%。

4.13　本章小结

介绍了各种晶圆级 3D Fabric 平台。这些绝不是市场上仅有的可用选择。随着我们的计算需求不断发展和变化，采用的最佳集成和封装方式也在不断发展和变化。图 4.27 总结了不同规模和不同时间下可能的逻辑到内存集成方式。以逻辑到存储器的集成为例，因为它是迄今为止市面上批量生产中最高节距密度的集成方式。随着摩尔定律晶体管缩放变得越来越具有挑战性，逻辑到逻辑的深度分区和集成，可能在不久的将来需要更高的节距密度。业界现在专注于内存分区和集成，以提高系统扩展性能，降低能源和成本。这种趋势可能会持续下去，直到逻辑到内存缩放的效益减少。缩放后什么会成为下一个重要的问题。基本计算架构、逻辑 IP 深度分区、非冯诺依曼计算、内存计算，甚至量子计算都是可见的候选者。

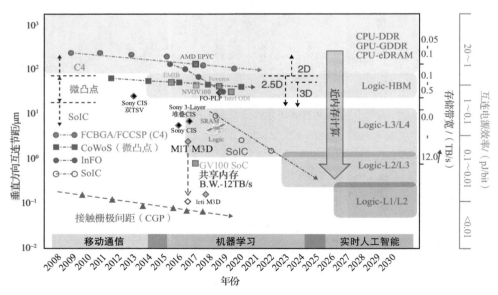

图 4.27　3D Fabric 系统扩展平台：以逻辑存储器为例，因为这是迄今为止市场上节距密度最高的系统，在不久的将来，逻辑 – 逻辑集成可能需要更大的节距密度

在过去几年中，微电子计算系统发生了革命性的变化，并且一直持续到今天。晶体管缩放（摩尔定律 1.0）和晶体管 + 系统缩放（摩尔定律 2.0）共同构成了技术驱动因素。3D Fabric WLSI 支持多维和多级缩放，无论是性能提升、晶体管密度提升、系统能量降低、封装外形尺寸缩减，还是每次计算成本缩减。3D Fabric 将在这些方面补充摩尔定律，并确保微电子计算系统将持续改善我们的生活和人类可预见的未来。

参考文献

1 Moore, G.E. (1965). Cramming more components onto integrated circuits. *Electronics*, McGraw Hill, Inc. 38 (8).

2 Yu, D. (2019). *IEEE IEDM 2019*, Panelist presentation, December.

3 Chen, Y.H., Yang, C.A., Kuo, C.C.et al. (2020). Ultra high density SoIC with sub-micron bond pitch. *IEEE 70th Electronic Components and Technology Conference*, pp. 576–581.

4 TSMC (2021). 3DFabric. https://3dfabric.tsmc.com/chinese/dedicatedFoundry/ technology/3DFabric.htm (accessed January 2021).

5 Yu, C.H., Yen, L.J., Hsieh, C.Y. et al. (2018). High performance, high density RDL for advanced packaging. *IEEE 68th Electronic Components and Technology Conference*, pp. 587–594.

6 Liu, F., Kubo, A., Nair, C. et al. (2016). Next generation panel-scale RDL with ultra small photo vias and ultra-fine embedded trenches for low cost 2.5D interposers and high density fan-out WLPs. *Proceedings of the Electronic Components and Technology Conference (ECTC)*, Las Vegas, USA, May 31–June 3, 2016, pp. 1515–1521.

7 Chen, Y.-H., Cheng, S.-L., Hu, D.-C., and Tseng, T.-J. (2015). L/S ≤ 5/5um line embedded organic substrate manufacturing for 2.1D/2.5D SiP application. *IMAPS*, November 2015.

8 Ishida, M. (2014). APX (Advanced Package X) – advanced organic technology for 2.5D interposer. *CPMT Seminar, Latest Advances in Organic Interposers*, Lake Buena, Vista, FL, USA, May 27–30, 2014.

9 Liu, F., Nair, C., Sundaram, V., and Tummala, R.R. (2015). Advances in embedded traces for 1.5um RDL on 2.5D glass interposers. *Proceedings of the Electronic Components and Technology Conference (ECTC)*, San Diego, USA, May 26–29, 2015, pp. 1736–1741.

10 Suzuki, Y., Furuya, R., Sundaram, V., and Tummala, R.R. (2015). Demonstration of 10-um microvias in thin dry-film polymer dielectrics for high-density interposers. *IEEE Transactions on Components, Packaging and Manufacturing Technology* 5 (2): 194–200.

11 Hu, D.-C., Yeh, W.-L., Chen, Y.-H., and Tain, R. (2016). 2/2um embedded fine line technology for organic interposer applications. *Proceedings of the Electronic Components and Technology Conference (ECTC)*, Las Vegas, USA, May 31–June 3, 2016, pp. 147–152.

12 Nair, C., Lu, H., Panayappan, K. et al. (2016). Effect of ultra-fine pitch RDL process variations on the electrical performance of 2.5D glass interposers up to 110 GHz. *Proceedings of the Electronic Components and Technology Conference (ECTC)*, Las Vegas, USA, May 31–June 3, 2016, pp. 2408–2413.

13 Wang, C.-T., Hsieh, J.-S., Chang, V.C.Y. et al. (2019). Signal integrity of sub-micron InFO heterogeneous integration for high performance computing applications. *IEEE 69th Electronic Components and Technology Conference (ECTC)*, pp. 688–694.

14 Jangam, S.C., Bajwa, A., Thankkappan, K.K. et al. (2018). Electrical characterization of high performance fine pitch interconnects in silicon-interconnect fabric *IEEE 68th Electronic Components and Technology Conference (ECTC)*, IEEE Press, May 2018, pp. 1283–1288, doi: https://doi.org/10.1109/ECTC.2018.00197.

15 Pu, H.-P., Kuo, H.J., Liu, C.S., and Yu, D.C.H. (2018). A novel submicron polymer re-distribution layer technology for advanced InFO packaging. *IEEE 68th Electronic Components and Technology Conference*, pp. 45–51.

16 Su, A.-J., Ku, T., Tsai, C.-H. et al. (2019). 3D-MiM (MUST-in-MUST) technology for advanced system integration. *IEEE 69th Electronic Components and Technology Conference (ECTC)*, pp. 1–6.

17 Yu, D.C.H. (2014). Wafer level system integration for SiP. *IEEE IEDM*, 27.1.1–27.1.4, pp. 626–629.

18 Chun, S.-R., Kuo, T.-H., Tsai, H.-Y. et al. (2020). InFO_SoW (System-on-Wafer) for High Performance Computing. *IEEE 70th Electronic Components and Technology Conference (ECTC)*, pp. 1–6.

19 Wu, J.Y., Chen, C.H., Lee, C.H. et al. (2021). SoIS – an ultra large size integrated substrate technology platform for HPC applications. Accepted and to be published in 2021 ECTC.

20 Wang, C.T., Chang, W.L., Chen, C.Y., and Yu, D. (2020). Immersion in memory compute (ImMC) technology. *IEEE 2020 Symposia on VLSI Technology & Circuits*, TH1.5.

第 5 章

用于高密度集成的自适应图形和 M- 系列技术

Benedict San Jose、Cliff Sandstrom、Jan Kellar、Craig Bishop 和 Tim Olson

5.1 技术描述

　　M- 系列是一种芯片先置，正面朝上的 FO-WLP（扇出晶圆级封装）技术，半导体器件的有源表面和垂直侧壁全部封装在环氧模塑料（EMC）中。器件的互连由如图 5.1 截面图[1]所示的穿过 EMC 的铜柱实现。M 系列封装包封有两种类型，也就是受保护的扇入（见图 5.1a）和受保护的扇出（见图 5.1b）。

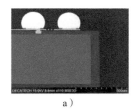

a)　　　　　　　　　　　　　　　　b)

图 5.1　a) M- 系列保护性扇入截面图　b) M- 系列保护性扇出截面图

　　M- 系列封装在芯片的有源区和终端电子设备印制电路板（PCB）之间有 EMC 层，能够提供一个中间应力缓冲。与只在芯片表面使用聚酰亚胺（PI）或者聚苯并恶唑（PBO）的传统的 WLP（晶圆级封装）相比，这一特性显著地提高了板级可靠性（Board Level Reliability，BLR）性能。

　　对于晶圆级和板级扇出技术，应对制造过程中的各种自然变量，尤其是芯片移位，是一项关键挑战。传统的扇出工艺依赖非常高精度的芯片贴装设备，是以牺牲吞吐量和总资本成本为代价。自适应图形（AP）采用了一种不同的方法，通过在制造过程中进行实时设计（Design During Manufacturing，DDM）[2]应对各种变量，而不是通过采用高精度、低吞吐量的设备来对抗各种变量。

　　首先，通过高速光学扫描仪测量每个芯片的实际位置（芯片测量），接下来

AP 软件系统生成一个适配其各自测量数据的、唯一的每个单元光刻图案（生成 GDSII 文件），最后，这个特定的每个单元图案通过一个一次性的、无掩模光刻系统实现。集成技术比如单芯片的自适应对准和多芯片的自适应布线等用于实现最高密度设计规则。

AP 在支持高密度和先进应用方面的发展也推动新技术的发展，包括自适应金属填充（见图 5.2），在自适应区域动态再生成虚拟金属填充以优化多层再布线层（RDL）产品的形貌，为制造提供实时设计（DFM）。AP 的详细描述以及它如何支持高密度应用在后面的第 5.6 节中介绍。

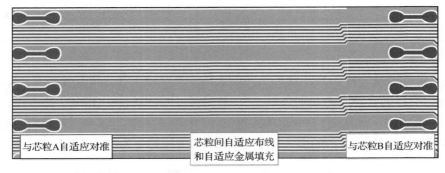

与芯粒A自适应对准　　芯粒间自适应布线和自适应金属填充　　与芯粒B自适应对准

图 5.2　用于两个芯粒间芯片对芯片互连的自适应图形化技术，通过在互连点周围动态生成虚拟金属填充互连线以减小多个 RDL 的形貌

结合 AP，M- 系列封装技术的设计规则为在最小的芯片互连基础上提供最大的通孔接触。这将在 5.5 节中进一步描述。

M- 系列技术对高密度集成的缩放也将在后面描述。Gen2 M- 系列由采用激光直接成像技术制造的线宽线间距为 2μm 的互连线组成，能达到最多 4 层铜 RDL，芯片对芯片互连布线达到大于 200 线 /mm/ 层。德卡的 Gen2.5 路线图在线宽线间距达到 1.5μm 时的目标，是实现芯片对芯片互连达到 250 线 /mm/ 层。这个互连数量相当于英特尔的嵌入式多芯片互连桥接（EMIB）结构，但是在结构上未使用复杂的桥接芯片结构。一种构建全阵列键合焊盘节距为 20μm 的器件的方法将会进行讨论，器件的尺寸几乎是竞争技术的一半。采用 AP 技术使得 20μm 键合焊盘节距成为可能，AP 技术也能够实现更精细的焊盘节距。

M- 系列技术还可以在 3D 堆叠封装（3DPoP）结构中集成芯粒和无源元件。第 5.7 节将详细讨论用于 3DPoP 封装和尺寸缩放到高密度的 M- 系列封装技术。

5.2　应用与市场

采用扇出设计的主要商业应用包括 5G、人工智能（AI）、高性能计算（HPC）和雷达。正在推出的 5G 具有更高的数据传输速率和更宽的带宽。扇出技术改善了由于系统集成带来的信号损失，因此更好的信号性能是其适用于 5G 应用的关键原因。

另一个关键好处是扇出技术为前道的尺寸缩放限制提供了一种解决方案。由于良率和成本，大型芯片在前道是不受欢迎的。基于这些原因，行业正在从大型单片系统级芯片（SoC）设计转向将其划分为多个更小的芯粒并将它们通过扇出技术集成起来。此外，高端 HPC 和 AI 应用要求的互连规模大于单个硅转接板制造时光刻机可以处理的极限尺寸，这需要采用复杂的技术，比如掩模版拼接，使得无掩模版（无光刻）扇出技术变得非常理想。

高级驾驶辅助系统（ADAS）也是实现全自动驾驶汽车的关键技术。77GHz 汽车雷达在距离和多重深度探测上为 ADAS 系统提供了一个关键的优势。由于射频信号在 RDL 中的布线能够实现低损耗布线并获得更好的射频性能，扇出封装在 77GHz 雷达应用中相比其他竞争技术建立了优势。

对市场进行总结，前道芯片和系统尺寸缩放将继续要求在芯粒和异构集成上取得新的创新性突破，这将继续推动对先进扇出技术（如带有自适应图形化的 M- 系列技术）的强烈兴趣。系统级封装（SiP）模块是该技术的自然延伸。这也是扇出技术势头越来越大的原因。关于 FO-WLP 在应用和市场的更多信息，请参见第 1 章的描述。

5.3　基本封装结构

M- 系列技术本质上是一种嵌入式芯片全塑封扇出技术，它为有源半导体器件提供完全的模塑料保护，同时利用晶圆级或者板级工艺的大规模并行处理能力来创建互连层。图 5.3 所示为一个带有单层铜 RDL 的 M- 系列的基本结构。

与传统的扇入（WLP）和传统的扇出相比[3,4]，M- 系列技术具有一些重要的可靠性和可制造性优势[5]，主要包括降低作用在器件上的 e-CBI（芯片 – 基板间相互作用）应力，这是因为半导体器件有源区和 PCB 之间存在模塑的应力缓冲层。在图 5.4 中，我们展示了 M- 系列模塑应力缓冲层和传统的扇入式 WLP 技术相比，BLR 性能显著提升超过 200%。传统的扇出技术比 WLP 被认为具有更高的 e-CBI 应力，因为它们只使用旋涂的聚合物作为有源器件和 PCB 之间的应力缓冲。

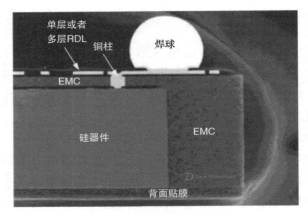

图 5.3　M- 系列基本封装结构

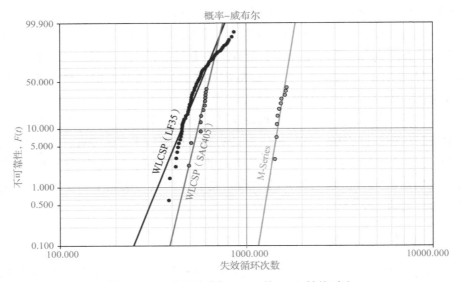

图 5.4　M- 系列技术与 WLP 的 BLR 性能对比

　　另一个 M- 系列结构相对于芯片先置，正面向下工艺的优点是消除了在物理气相沉积（PVD）工艺实现芯片铝键合焊盘一级互连时形成的 EMC 层。由于铜柱和铝焊盘的连接是在原生晶圆上进行的，这使得可以在更宽的工艺窗口确保低接触电阻（R_c）。此外，M- 系列封装技术还将切割的器件边缘嵌入了 EMC 层，以防止在激光开槽和划片过程中金属堆积穿透 PI 绝缘层凸出到 Si-EMC 界面。这一特性的好处是能防止在传统扇出结构比如 WLP 中观察到的器件边缘电气短路失效。

　　M- 系列技术相比传统扇出的一个关键优势是其在封装有源芯片上方的平

面性结构。该平面结构消除了从有源器件表面到 EMC 表面的不连续性，防止了第一介电层的非平面性。当两个半导体器件被放置的彼此非常接近时，在传统的扇出工艺中，从硅表面到 EMC 表面的不平坦形貌非常明显，如图 5.5 所示。

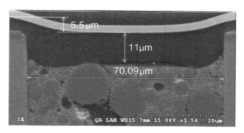

图 5.5　常规扇出中硅相对 EMC 表面的非平面性（来源：日月光科技提供）

在传统的扇出比如嵌入式晶圆级球栅阵列（eWLB）情形下，图 5.5 中的 5.5μm 介电层非平面性将会严重影响到精细线宽和间距（2μm 和更小）的尺寸缩放，因为光刻工艺需要严格控制 DOF（对焦深度）。相比之下，如图 5.6 所示，M- 系列的平面化特性优势能够使得线宽间距的尺寸直接缩放到 2μm 及其以下，因为平坦化内置于其工艺流程中。

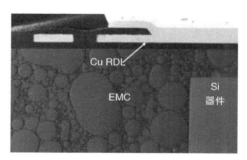

图 5.6　M- 系列中从硅器件到 EMC 界面的平整表面

M- 系列技术相比其他芯片先置正面向上的 FO-WLP 技术比如集成扇出（InFO）的一个关键优势是 AP 能够在相同键合间距下能够具有实现更大的通孔接触面积。图 5.7 比较了 InFO 和 M- 系列的堆叠封装。InFO 结构要求一个大的铜捕捉焊盘来为 RLD 和铜柱间提供互连[6]。通孔的尺寸受到由于芯片放置位置误差引起的芯片移位和芯片塑封时引起的芯片移位限制。在 M- 系列结构的情况下，AP 通过考虑到芯片移位实现大通孔互连。这就带来了不需要额外铜层作为捕捉焊盘的附加优点。M- 系列技术和 AP 结合起来能够允许在相同的键合间距下，通孔接触面积增加 300% 以上，具有优异的电性能和良率。

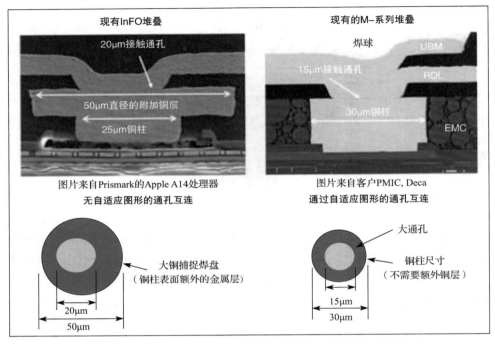

图 5.7　M- 系列和 AP 实现了在相同键合焊盘节距和尺寸缩放到
精细键合间距情况下更大的通孔接触面积

　　除了能够在相同的键合间距下实现更大的通孔接触面积之外，AP 在 M- 系列的关于高密度集成的尺寸缩放也是必不可少的。Gen2 M- 系列技术通过采用激光直接成像技术从 2μm 线宽线间距起始，最多能够达到 4 层铜 RDL。在第 5.7 节中，我们突破了 1.5μm 线宽线间距，芯片到芯片间距为 50μm，接近 250 线 /mm/ 层的芯片到芯片互连。如前所述，这种互连的数量与 EMIB 结构的数量相当，其优点是不用使用复杂的芯片桥接结构。

5.4　制造工艺流程和物料清单

　　如前文所述，M- 系列是一种芯片先置，正面朝上的 FO-WLP 技术，半导体器件的有源表面和垂直侧壁全部封装在环氧模塑料中。之前已经介绍了 Deca 的 M- 系列技术的顶层的工艺流程[7]，但是这里有一个更详细的描述（见图 5.8）。基本流程可以分解为 4 个关键模块：铜柱、拼板、扇出制造工艺和测试与最终完工（后道 2（Backend2，BE2））。

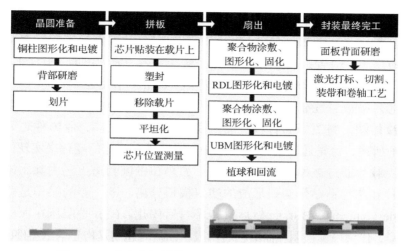

图 5.8 一个完全塑封的 FO-WLP 的 M- 系列工艺流程

铜柱的作用是在来料的铝焊盘之间提供电接触，这通常是在前道晶圆厂提供的 200mm 或者 300mm 晶圆上穿过塑封模塑料到电镀 RDL 层完成的。根据来料的铝焊盘的节距，可能需要一层额外的电介质层。铜柱的形成如图 5.8 的第一列所示，需要标准的种子层沉积并在接下来使用厚干膜或者液体光刻胶进行光刻处理。在种子层上的光刻胶进行图形化后对晶圆进行电镀。该操作中典型的特征尺寸为 69μm 的圆形铜柱，但是证实也可以使用长方形、八角形或者地平面。电镀后，光刻胶被剥离，接着刻蚀种子层并通过晶圆清洗步骤去除所有的残留物。然后对铜柱的缺陷和厚度一致性进行质量检查。在此集成中没有显示的是在铜柱工艺之前如果需要进行额外布线所需要的扇入 RDL 步骤。

Deca 的铜柱模块工艺的一部分是背部研磨和晶圆切割。典型的来料晶圆的厚度是 780μm，通过背面研磨对晶圆进行减薄，从而在晶圆切割时在崩裂和操作吞吐量方面获得更高的切割性能。接下来是晶圆切割工艺本身，根据前道硅节点工艺可能包含激光槽（图 5.8 中未显示）。铜柱模块的最后一步是芯片扩展，切割贴膜被拉伸以增加相邻芯片之间的距离以防止在下一步操作中，即在拼板模块中的芯片贴装过程中导致拾取问题。

拼板模块如图 5.8 的第二列所示。该模块的输入是一个贴装了芯片的扩展后的切割贴膜框架。该模块的输出是一个 300mm 或者其他全塑封的面板（见5.7 节），露出铜柱以便于下一步实现铝焊盘与 RDL 互连的接触。芯片贴装之前的第一个操作是对薄膜框架进行 UV 处理以使得芯片可以轻易地移除。芯片贴装的输入是薄膜框架，输出是带有贴片胶带和芯片的载片。芯片贴装的目的是从薄膜框架上取下芯片，并将其小心地和精确地放置在载片上，以便于稍后塑封。拼板工艺的核心是芯片贴装，因为它驱动了大规模的资本购买，并使得具有多芯片放置机会的复杂 SiP（系统级封装）成为可能。除了芯片之外，Deca 还将电气测试结构放入塑封的拼板中，如 5.10 节所述。

当芯片被放置在载片上后，德卡采用一种使用颗粒材料的压塑工艺，以获得比液体塑封料更好的材料性能。模塑料比铜柱更厚，业内称之为包覆成型。如前所述，这是通过设计调整铜柱和背面研磨工艺的变化来实现的。在塑封之后，载片通过被称为解键合的一个加热和机械剥离工艺去除。该工艺过程将载片和芯片粘贴带与新形成的塑封模板分离。下一步的操作是背面贴膜（Backside Laminate，BSL），然后进行塑封后固化。BSL 是层压在面板背面的环氧基膜，作为一种控制翘曲的临时薄膜。面板的翘曲是构建扇出器件的关键指标，其涉及许多因素，比如塑封料的材料特性和模塑料中硅的含量。硅的含量或者硅与模塑料的体积比是决定翘曲的一个重要因素。和后续工艺比如种子层和电介质相关的薄膜应力也需要进行平衡以最小化翘曲。通过施加 BSL，可以实现这些应力的平衡。BSL 之后，面板经过固化工艺将层压材料和模塑料都固化。

如上所述，面板是包覆成型的，这意味着铜柱并不露出。下一步是正面平坦化，使得铜柱露出以便与后续 RDL 的连接。在该工序之后，进行轻度的铜清洁来清洁铜柱的表面用于芯片测量并清洁之前平面化工序产生的铜污。这通常被称为污迹刻蚀。Deca 的 M- 系列技术的关键是最后两道工序，即芯片测量和 GDSII 文件创建，这在 5.1 节中进行了简要的描述。

图 5.8 中的第三列中的扇出模块是一种标准的 WLP 工艺，但是是在塑封面板上进行，涉及制造通孔和用于焊球之间通过铜柱向下连接到芯片上的铝焊盘的互连 RDL。RDL 的层数依应用而异，但是通常为一到两层。第一步是使用 PI 或者其他合适的绝缘材料形成通孔，然后是固化步骤。采用典型的弱等离子体去除通孔内显影预固化后的任何残留物。为了制造通孔，Deca 使用了一种独特的曝光技术，即为每个面板创建 GDSII 文件。在固化后，以与铜柱模块大致相同的方法沉积种子层，采用干膜或者液体光刻胶、电镀、光刻胶剥离和种子层刻蚀来制造 RDL 或者凸点下金属化层（UBM）。对于多层封装的每次 RDL 刻蚀，通常都要清洁和对缺陷进行质量检查。一个 RDL 和一个 UBM 层如图 5.8 所示。然后，在进行电气测试之前，对面板进行标准的植球、回流、助焊剂清洗和另外的焊球质量缺陷、高度和宽度检测。

这种面板，目前在多家工厂以 300mm 圆形大批量生产运行，现在已经准备好进行电气测试（见 5.10 节）。在电气测试中确定合格的单元，然后对面板实施背面研磨工艺。该工艺过程去除了应用于拼版模块的 BSL 膜，并将封装结构减薄至客户要求达到的期望厚度。在背面研磨后，面板以与晶圆相同的方式贴装在薄膜框架上，如铜柱模块部分所述。面板的打标可以在暴露的硅芯片的背面，或者采用黑色层压薄膜用于更常规的激光打标。面板接下来被分割并包装在胶带和卷轴中以便于装运。

FO-WLP 的关键 BOM（物料清单）是颗粒状的 EMC。选择用于 M- 系列的 EMC 的性质要求能够在制造过程中最小化面板翘曲，并具有优异的塑封性能。对面板翘曲具有影响的 EMC 的关键性质是热膨胀系数（CTE）、杨氏模量和二氧化硅填料含量。此外，二氧化硅填料的粒径分布将极大地影响塑封流动和塑封包封填充。

5.5　设计特性和系统集成能力

标准的 M- 系列封装堆叠结构横截面如图 5.9 所示。M4 堆叠结构包含总共四个图形化层（聚合物 1，铜 RDL，聚合物 2 和 UBM）。M6 结构包含一个额外的 RDL 和聚合物层在内的总共六个图形化层。

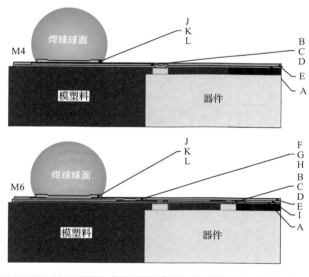

A	扇出聚合物1	B	RDL1阻挡层Ti	C	RDL1铜种子层
D	RDL1电镀铜	E	扇出聚合物2	F	RDL2阻挡层Ti
G	RDL2铜种子层	H	RDL2电镀铜	I	扇出聚合物3
J	UBM阻挡层Ti	K	UBM铜种子层	L	电镀铜UBM

图 5.9　标准的 M- 系列堆叠结构横截面图

在 M- 系列扇出堆叠结构中，有几种不同的通孔堆叠方案。在许多设计中采用交错的通孔结构，如图 5.10 所示。在这种情况下，连接铜 RDL 和 MMB 层的通孔彼此相互交错。很容易直接通过铜柱来定位 MMB 和 BGA 焊球。图 5.11 显示了这种实施例。焊盘结构中的通孔，其中用于连接 MMB 捕获焊盘到第一层 RDL（在 M6 堆叠案例中）或者铜柱（在 M4 堆叠案例中）的通孔也是可行的，如图 5.12 所示。最后，如图 5.13 所示，UBM 和焊球直接位于一个或者多个铜柱上方并通过两个 RDL 层与其直接互连也是可行的。

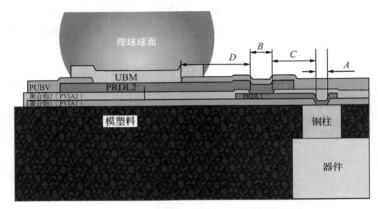

图 5.10　采用交错通孔的 M- 系列封装结构

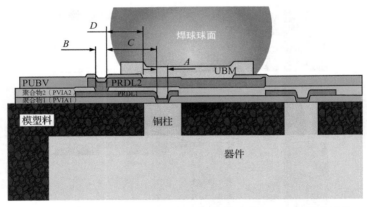

图 5.11　UBM 和 BGA 焊球直接位于铜柱上的 M- 系列封装结构

M 系列通过在芯片和扇出堆叠结构之间使用刚性的塑封环氧层为焊球和硅芯片之间提供机械隔离。因此，对于在"芯片阴影"区域放置 BGA 焊球并没有设计规则限制。BGA 焊盘可以直接设置在芯片的边缘，如图 5.14 所示。

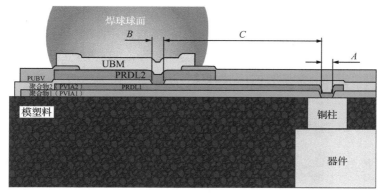

图 5.12　UBM 互连通孔在 RDL2 层上的 M- 系列封装结构

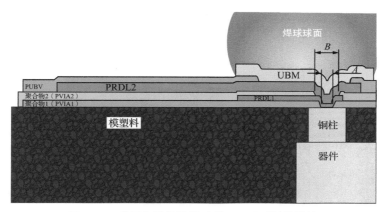

图 5.13　采用全部堆叠通孔的 M- 系列封装结构

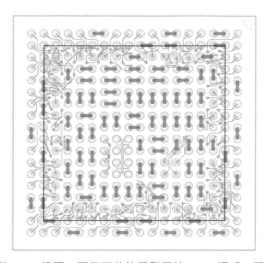

图 5.14　M- 系列封装 BGA 视图，展示了芯片阴影区的 BGA 焊球，阴影区为黑线内部区域

由于 M- 系列结构采用不带焊料的电镀铜互连实现芯片键合焊盘到扇出布线层的连接，在铜柱层的设计上具有很大的灵活性。在同一设计中可以使用不同的互连尺寸和形状，如图 5.15 中的芯片布局图所示。3D 封装设计使用 M- 系列结构也是可行的。常见的 3D 结构包括外围 PoP（堆叠封装），如图 5.16 所示。

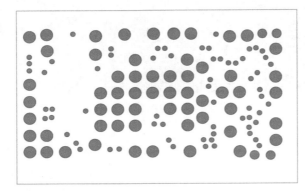

图 5.15　显示了不同互连尺寸和形状的 M- 系列技术铜柱视图

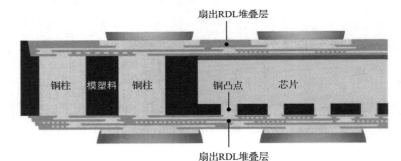

图 5.16　M- 系列 3DPoP 封装示意图

表 5.1 给出了 M- 系列技术的关键设计规则、路线图设计规则和设计特性的总结。Gen1 是目前 HVM 中的现行规则，而 Gen2 是高密度集成规则，其将于 2022 年推出。这些规则将在 5.7 节中详细讨论。5μm 线宽和间距的过渡将于 2021 年准备就绪。

表 5.1　M- 系列技术设计规则

M- 系列设计特性路线图		
设计特性	第一代（Gen1）	第二代（Gen2）
铜柱层		
最大铜柱厚度 /μm	25	100

（续）

M- 系列设计特性路线图		
设计特性	第一代（Gen1）	第二代（Gen2）
最小铜柱厚度 /μm	20	10
最小铜柱直径 /μm	35	12
最小铜柱间距 /μm	20	8
最小铜柱节距 /μm	60	20
第一层扇出聚合物通孔层		
最小通孔直径 /μm	20	6
最小铜柱外形尺寸 /μm	7.5	3
最小 PI 厚度，第一层 /μm	7.5	5
最大 PI 厚度 /μm	12	15
扇出 RDL 层		
最小线宽 /μm	10	2
最小间距 /μm	10	2
最大 RDL 厚度 /μm	9	12
最小通孔 1 外形尺寸 /μm	15	3
RDL 层数	2	4
最终扇出聚合物通孔层 /UBM 下方		
最大 PI 厚度 /μm	12	12
通孔 2，RDL 外形尺寸 /μm	7.5	3
UBM 层		
最大 UBM 厚度 /μm	9	9
最小 BGA 节距 /μm	350	100
封装外形		
最小芯片厚度（200mm）/μm	170	60
最大扇出比例	3.5	3.5
最小芯片到封装边缘距离 /μm	75	60
最大芯片边缘长度 /mm	6	40
最大封装边缘长度 /mm	8	80
总封装厚度 /mm	0.45	0.17
焊盘面盖帽		√
3D 特性		

（续）

M- 系列设计特性路线图		
设计特性	第一代（Gen1）	第二代（Gen2）
最小铜柱节距 /μm	NA	180
最小铜柱直径 /μm	NA	100
最小铜柱间距 /μm	NA	80
背面布线层数	NA	4
背面布线最小特征尺寸 /μm	NA	2
嵌入无源元件	NA	√
芯片数量	NA	12+

5.6 自适应图形

制造具有可靠良率和稳健质量的嵌入式芯片结构，比如 M- 系列，需要克服多个来源的自然变量的关键影响。随机变量的第一个来源是芯片贴装，来自一个或者多个晶圆中分割好的芯片被拾取并放置在涂有黏合剂薄膜的载片上。由于机械设备存在对准误差，每个芯片的最终位置与其设计位置有一个随机的 X、Y 和旋转偏移。下一步中，将放置的芯片压塑成面板形式，也会产生显著地误差。在实践中，塑封的效果差异相当程度上是由于芯片在塑封面板中的布局决定的，并且可能占芯片总位移的 1/5（见图 5.17）。在平坦化露出与芯片连接的铜柱后，芯片由于贴装和塑封导致的芯片移位的累积误差是可见的（见图 5.18）。

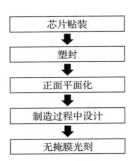

图 5.17　高等级的自适应
图形工艺流程

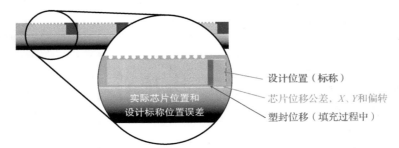

图 5.18　由于芯片贴装误差和压塑过程中的位移共同导致的芯片移位图示说明

　　传统方法在适应接触点与其设计位置的错位方面提供的选择有限。通常，这种方法需要增加额外的区域（也称为外围）用于芯片连接并采用受限尺寸的通孔来确保连接。然而，设计规则中任何额外的空间都会限制可实现的最小键合焊盘间距，并且任何通孔电接触面积的减小都会影响电学性能。

　　Deca 的自适应图形化（AP）方法不是应对工艺过程中存在的固有误差，而是为每个单元实时生成一个唯一的版图，能够动态说明芯片移位。首先，使用高速光学扫描仪测量面板中每个芯片的最终位置，并确定其在 X、Y 和偏转（θ）方向上相对设计位置的偏移量。接下来，DDM 软件系统使用电子设计自动化（EDA）系统内预先设置的设计规则和约束，来处理测量数据以生成每个单元的布局。最后，使用无掩模光刻工具在光敏材料上曝光唯一的图案。因为软件系统一次生成整个面板的布局，相当于类似面板尺寸的掩模板，因此对于大的单元尺寸不需要采用图像拼接方法。

　　由 DDM 软件生成的每个单元的自适应布局，由一个专门的设计数据包控制，该数据包包括原始版图的分区版本、实时实施的设计规则和用于调整芯片移位的预验证技术。之前详细公布过的两种方法[8]已经在广泛的应用中取得了巨大的成功。在图 5.19 中，第一种技术，自适应对准，用来平移和旋转通孔与 RDL 用来与每个芯片的测量配置相匹配。由于通孔与芯片的接触点精确对齐，焊盘堆叠不需要额外的外部空间来应对芯片移位，只需要考虑光刻的误差，如图 5.20 所示。第二种技术，自适应布线，综合考虑两个芯片的位移应用于动态再生成芯片到芯片间的连接，EDA 系统中的关键设计规则和约束以及预先设置都是实时维护的。

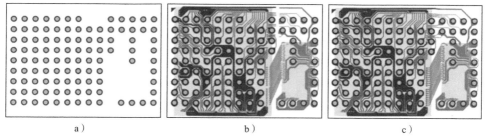

　　　　a）　　　　　　　　　　　b）　　　　　　　　　　　c）

图 5.19　一个双芯片器件采用自适应图形的第一代 M- 系列技术的应用
a）UBM 和凸点下通孔开口相对封装外形是固定的以保证恒定的 BGA 封装
b）自适应对准平移和旋转通孔和 RDL 图形用于和每个芯片的测量位置相匹配
c）自适应布线考虑两个芯片之间的综合位移来动态地调整管芯之间的连线

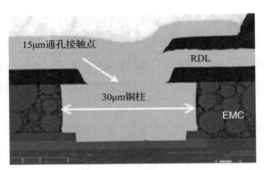

图 5.20　第一代 M- 系列技术横截面图，突出显示了通孔到铜柱的
截面，无需因芯片错位而留出额外的边缘空间

这些相同的技术也已经扩展到复杂性暴增的第二代 M- 系列技术的设计中。例如，图 5.21 中的基于芯粒的测试板设计需要利用互连 RDL 实现多于 5600 个芯片到芯片的连接，RDL 实现 9 个芯粒的互连，线宽和间距为 2μm。采用自适应对准将 9 个 RDL 和通孔层区域分别对齐到每个芯片，然后再次使用自适应布线综合考虑芯片的移位来动态调整各个芯粒间的连接。

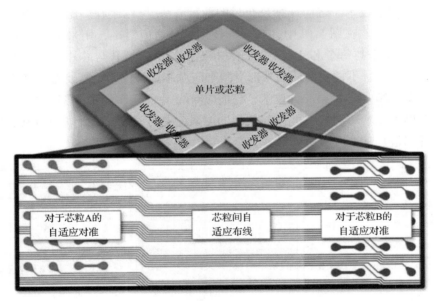

图 5.21　基板上的第二代扇出测试板设计，具有 9 个芯粒和实时动态调整的
每个能实现超过 5600 个 2μm 芯片到芯片连接的 RDL

新的设计也倾向于集成更大尺寸的芯片，在这种情况下的芯片最大边长为 25 ～ 35mm。由于元件移位的旋转分量，芯片边角附近的接触点将从标称

设计位置产生位移，该位移远大于图 5.22 所示的芯片单独在 X 和 Y 方向上的移位值。如果没有自适应图形化，偏转的存在使得实现精细的键合焊盘间距是不切实际的。例如，一个 35mm 尺寸的芯片，其接触点间距为 55μm，其满足 JEDEC 标准的 HBM 封装版图[9]，即使是严格控制移位分布，其预期产生的组合位移为 24μm。保持通孔的完全接触需要 48μm 额外的边缘空间（每边 24μm），仅给通孔和光刻留下 7μm 的位置误差。当间距为 20μm 时，增大的边缘区域无法满足 24μm 的位移。通过自适应对准，RLD 和通孔图案在每个芯片上都进行平移和旋转匹配，因此只需要考虑测量和光刻误差，从而实现完整尺寸的通孔连接。

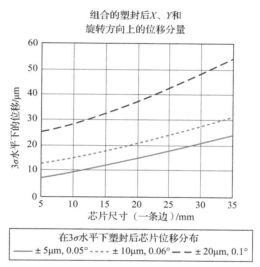

图 5.22 由于旋转分量的存在，芯片接触点相对标称设计位置的位移随着芯片尺寸的增加而增加，图示为在 3σ 水平下计算的几个塑封后分布案例（包含芯片贴装加上塑封导致的误差）

通过采用动态生成填充，形貌的影响可以降至最低。

除了适应芯片移位，当将带有多个 RDL 的 AP 技术尺寸缩放到 2μm 和更精细的尺寸时，DFM 问题变得重要。RDL 层上不均匀的金属密度会在后续 RDL 层的制造过程中引起形貌效应，如 CD 误差或者 RDL 金属缺陷。通常地，这些形貌影响在设计过程中通过在未使用的空间上充分填充额外的金属图形来最小化。由于自适应布线可以根据芯片移位动态地调整设计几何，这一操作也必须实时实施。近期对 AP 的一个扩展是增加了围绕其他自适应特征动态重新计算金属填充区域的能力。在设计阶段，填充区域是指定的，但是最终的图形并未完全计算。在生产过程中，DDM 软件首先实施对准和自适应布线，然后围绕自适应特征计算填充图形。初始演示结果如图 5.23 所示。除了实施 DFM 这项初步工作之外，正在针对芯片之间交叉的信号和电源平面的设计和制造开发一种类似的方法，这意味这它们也需要实时计算。

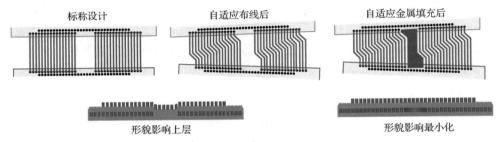

图 5.23　对于多 RDL 设计，除了芯片之间的连线之外，自适应布线必须实时重新计算金属填充区域；如果没有金属填充，RDL 形貌可能会引起其上构建的金属层的变化或者缺陷

5.7　制造幅面和可扩展性

随着整个电子行业和半导体供应链对 FO-WLP 的认可，对该技术的需求在持续快速增长。为了针对未来的能力创建一个大型面板扇出标准，Deca 于 2010 年建立了第一条 600mm×600mm 方形面板产线，并于 2013 年实现了样品。

创建 600mm 正方形面板能力是考虑到短期实施和长期生产率优化。如图 5.24 所示，将 600mm 正方形面板分割成 4 个 300mm 正方形子板，进而可以使用 300mm 圆形晶圆探针测试设备，这是一个驱动因素。扩展关键光刻、金属沉积和其他工艺的工艺能力以完成 600mm 的产线，为设备供应商提供了一个具有挑战性但是可实现的目标。采用大型面板格式的关键驱动因素是成本。在 300mm 圆形上构建大型封装是低效率的，因为封装是正方形或者长方形的。在相同的封装面积下，与圆形封装相比，方形封装将具有更高的塑封面积利用率，这意味着更低的成本。

另一个关键问题是 600mm 或者其他大尺寸面板格式（见图 5.25）的资本投入和材料成本。在图 5.25 的左上角，X 轴表示行业中使用的不同格式的面板面积，单位为 kmm^2。Y 轴表示相对成本，以 300mm 圆形格式为参考。$600 \times 600mm$ 的正方形格式相比 300mm 圆形格式在成本上降低了 50%。材料成本由两个因素驱动：旋涂和层压。方形格式是槽式或者狭缝式芯片涂胶机的

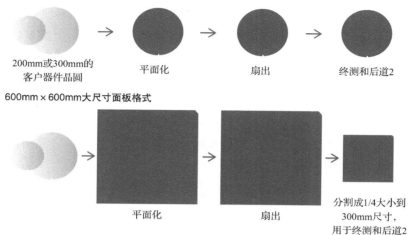

300mm晶圆初始生产格式

200mm或300mm的
客户器件晶圆 → 平面化 → 扇出 → 终测和后道2

600mm×600mm大尺寸面板格式

平面化 → 扇出 → 分割成1/4大小到
300mm尺寸,
用于终测和后道2

图 5.24 M- 系列制造格式

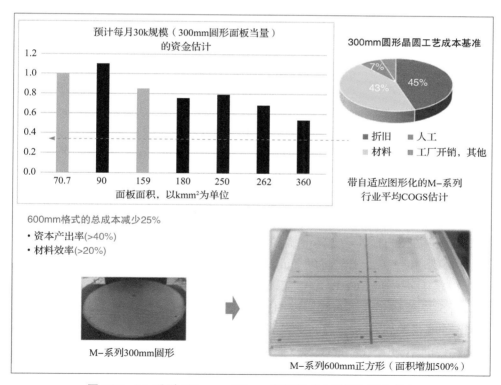

预计每月30k规模（300mm圆形面板当量）
的资金估计

300mm圆形晶圆工艺成本基准

7%
43%
45%

■ 折旧 ■ 人工
■ 材料 ■ 工厂开销，其他

带自适应图形化的M-系列
行业平均COGS估计

600mm格式的总成本减少25%
· 资本产出率(>40%)
· 材料效率(>20%)

M-系列300mm圆形

M-系列600mm正方形（面积增加500%）

图 5.25 M- 系列 600mm × 600mm 幅面的成本降低和资金成本

理想选择（相对于 300mm 圆形晶圆的旋涂），因为在方形面板上材料量是守恒的。一块 600mm 面板其超过 5 倍的面积将使用 2 倍的介电材料比如 PI。PI 或者其他介电材料通常是扇出封装的最大材料成本部分。另一个成本优势是膜片。膜片以卷的形式供应，如果是圆形晶圆或者面板，则会产生浪费。前道晶圆厂也节约了资金，这是扩大到更大格式的基础，即从 150mm 到 200mm 再到 300mm 晶圆。一般来说，600mm 的工具稍微贵一些，吞吐量超过 300mm 产线大约一半，但是产生的封装面积是其 5 倍。更大的幅面的缺点是需要产量支持并且新产品开发的效率较低。大面板也面临良率风险，这与前道晶圆厂在尺寸提升上面临的风险比较相似。

除了幅面之外，另一项能够扩展到高密度集成的关键技术是使用 LDI 和 AP 来曝光精细的线条。LDI 相比其他曝光方法比如掩膜投影或者步进式光刻等的主要优势是高焦深，能够将线条缩放到 2μm 及其以下并具有实现更厚的铜 RDL 线条的能力。在图 5.26 中，测量了一个 9μm RDL 线条的聚焦曝光工艺窗口的大小。焦深 DOF 是其保持所需图像质量的能力，通常为目标线宽（CD 目标）的 ±10%。由于翘曲，面板加工需要较大的焦深。图 5.26 显示了 9μm 线宽和间距（焦深为 ±19μm，相比高 NA 步进式光刻机的焦深为 ±2.1μm）的 LDI 效果。需要对数值孔径（NA），成像能力和自由度进行平衡以建立合适的工艺条件。前端工具具有高 NA 和低焦深的透镜，这阻碍了对较厚薄膜的充分曝光并使其具有足够的图像对比度以满足分辨率要求，比如线宽和侧壁角度。由于焦点补偿的限制，对准器还难以处理更厚或者更高深宽比的成像。

Deca 的平面 M- 系列扇出表面是构建高集成度 SoC 结构的理想表面。尺寸缩放到 2μm 线宽和间距以及多 RDL 为 IC 设计者提供了强大新的可能性。现在可以使用晶圆厂最优的节点技术来制造芯粒，以最理想的商业条件提供最佳性能。Deca 的第一代工艺目前仅限于 10μm RDL 的线宽和间距，并正在进行扩展工作以在 2021 年实现 5μm 线宽和间距。

M- 系列的 Gen2 工艺将以 2μm 线宽和线间距为目标，未来的路标活动是使用 LDI 和多达 4 层 Cu RDL 以实现 1.5μm（Gen2.5）和 0.8μm（Gen3.0）的目标。图 5.27 描述了一个布线密度图，显示了 2μm 线宽和线间距，边界距离为 150μm 的 M- 系列 Gen2，接近芯片到芯片 200 线 /mm/ 层的互连能力。Deca 的线宽和线间距为 1.5μm 的 Gen2.5 路线图将以芯片到芯片互连达到 250 线 /mm/ 层的为目标，其可以在简单的塑封芯片先置，芯片向上结构中实现高密度布线而无需在基板中使用复杂的桥接芯片。

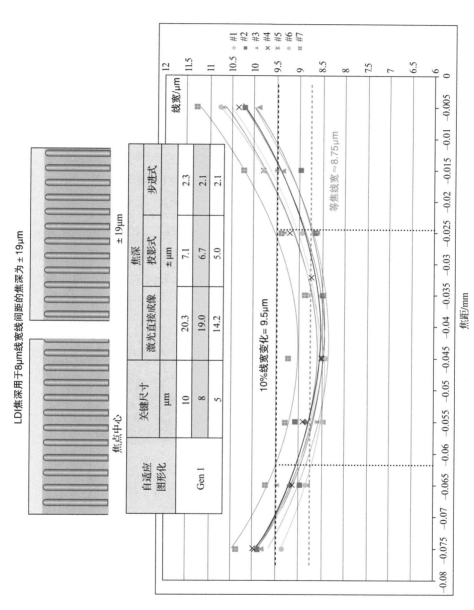

图 5.26 与掩模投影和步进光刻系统相比，激光直接成像（LDI）显示出高焦深（DOF）的优势

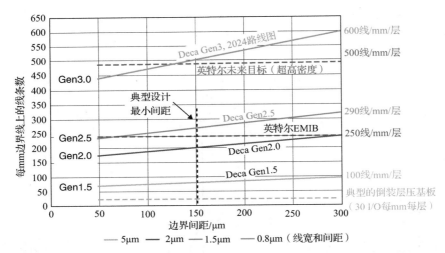

图 5.27 Gen2 M- 系列 AP 能够实现 200 线 /mm/ 层的高密度布线且无需桥接芯片

采用 LDI 实现 2μm 线宽和间距，可以使用在曝光时发生交联的丙烯酸酯基团的负性光刻胶或者正性光刻胶，如图 5.28 所示，显影采用工业上标准的2.38% 的 TMAH 溶液。光刻胶涂敷（旋涂或者芯片槽缝式涂胶）的厚度约为7μm，但是更大膜厚的光刻胶正在开发中。

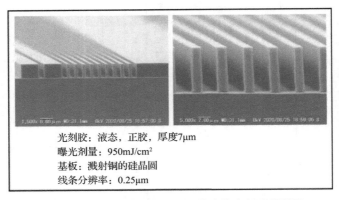

光刻胶：液态，正胶，厚度7μm
曝光剂量：950mJ/cm^2
基板：溅射铜的硅晶圆
线条分辨率：0.25μm

图 5.28 实现 2μm 线宽 / 间距的液体光刻胶显影图

在图 5.29 中，我们描述了一个利用 AP 实现的、器件接口密度为 20μm 节距全焊盘阵列。将 Gen1 M- 系列与基板上的倒装铜柱相比，Gen1 M- 系列的芯片焊盘节距为 45μm 可以实现每平方毫米 492 I/O 的密度，而倒装芯片的芯片焊盘节距为 100μm，每平方毫米的 I/O 为 105 个。EMIB 的路线图在 36μm 芯片焊盘节距下每平方毫米 I/O 为 806，而 Gen2M- 系列 20μm 节距全焊盘阵列的

I/O 密度为每平方毫米 2518 个。此外，M- 系列第三代能够实现更加精细的键合焊盘节距。

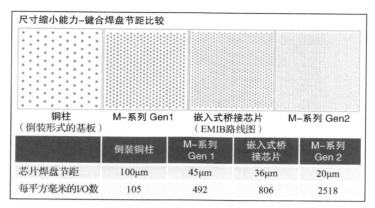

图 5.29　M- 系列 Gen1 和 Gen2 与基板上倒装与 EMIB 相比的尺寸缩放数据

	倒装铜柱	M-系列 Gen 1	嵌入式桥接芯片	M-系列 Gen 2
芯片焊盘节距	100μm	45μm	36μm	20μm
每平方毫米的I/O数	105	492	806	2518

5.8　封装性能

M- 系列封装中的芯片的所有边都被 EMC 和一层 BSL 薄膜完全包封起来。这种结构为光敏芯片提供了极好的光学隔离。在图 5.30 中，我们展示了封装材料 PI、EMC 和 BSL 薄膜从紫外到红外光范围内的光学透过率数据。在基本的 M- 系列封装中，25μm 厚度的 EMC 能够为芯片有源表面提供紫外线范围内 0.9% ～ 2.5% 的光隔离，可见光范围内 2.8% ～ 5% 的光隔离，以及在 700 ～ 1200nm 红外光范围内 5% ～ 8% 红外光透过率。另一方面，40μm 厚度的 BSL 能够使得芯片背面在紫外到红外光范围内的光透过率只有 0.01%。与用于 WLP 封装中芯片表面包封的 PI 相比，EMC 和 BSL 的光透过率分别降低了 10 倍和 8000 倍。

新型的 5G 毫米波系统要求，在封装设计规则和工艺开发方面取得重大的进步，以便于在一个小型化的天线封装[10]中实现收发器、无源元件和天线阵列的集成和互联。实现下一代 5G 毫米波系统的两个关键要求是低电损耗或者耗散因子（DF）和集成元件之间的高密度互连。与使用硅通孔（TSV）的高密度互连硅转接板相比，FO-WLP 正在下一代 5G 模式中快速兴起，因为其成本更低，在 5G 毫米波频谱中具有更好的电学性能，并且使用铜柱进行无凸点互连[11-13]。

M- 系列封装技术在 5G 毫米波封装的应用，需要低介电常数（Dk），低损耗系数（Df）的介电材料，以及高分辨率的光敏介电材料，比如 PI。表 5.2 给出了 M- 系列技术在高频条件下使用的 BSL、PI 和 EMC 的 Dk 和 Df 值。

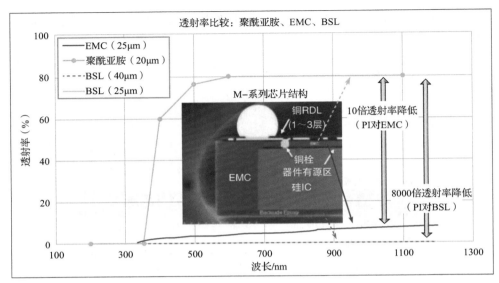

图 5.30　**M-** 系列封装使用的环氧塑封料（EMC）、背面层压材料（BSL）和聚酰亚胺（PI）从紫外、可见光到红外光范围内的光学透射光谱

表 5.2　**M-** 系列封装材料的介电常数（Dk）和损耗系数（Df）显示出与 **5G** 毫米波应用的兼容性

材料	介电常数（**Dk**）	损耗系数（**Df**）	方法（谐振频率）
PI	3.28（10GHz）	3.5×10^{-3}（10GHz）	谐振环模型（0 ～ 110GHz）
	3.0（105GHz）	4.0×10^{-3}（105GHz）	
BSL	3.9（10GHz）	3.4×10^{-2}（10GHz）	分离柱状介电谐振器（10GHz）
EMC	4.3（1MHz）	1.3×10^{-2}（10GHz）	电容法（1MHz~1GHz）
	3.85（1GHz）	1.45×10^{-2}（1GHz）	
	3.8（1GHz）	1.75×10^{-2}（1GHz）	带状线谐振器法（1 ～ 15GHz）
	3.75（15GHz）	1.1×10^{-2}（15GHz）	
	3.8（70GHz）		法布里 – 珀罗谐振器法（70GHz）

5.9　鲁棒性和可靠性数据

　　M- 系列技术已经完全符合根据 JEDEC 和原始设备制造商（OEM）关于移动电话应用的可靠性标准。截至 2018 年 3 月，M- 系列封装体尺寸达到 8mm × 8mm，扇出比例为 1.05，已经符合了 MSL1 元件级别和 BLR 要求。表 5.3 显示了四个不同的晶圆代工厂采用三种器件节点技术实现的封装尺寸每

条边长度从 5mm 到 8mm 的结果。由于 M- 系列技术旨在满足 MSL1 级预处理要求，与 MSL 3 级相比，其通过更大的样品量完成了更广泛的封装等级测试。

表 5.3　M- 系列可靠性数据

器件	硅节点	晶圆厂	测试类型	MSL1		MSL3	
				TCG	**uHAST**	**TCG**	**uHAST**
A	150nm	1	电类	0/216	0/220	0/68	0/66
			CSAM	0/216	0/220	0/68	0/66
		2	电类	0/240	0/240	0/80	0/80
			CSAM	0/240	0/240	0/80	0/80
B	40nm	3	电类	0/400	0/400	0/240	0/240
			CSAM	0/400	0/400	0/240	0/240
C	14nm	4	电类	0/240	0/240	0/80	0/80
			CSAM	0/240	0/240	0/80	0/80
测试条件	MSL1 和 MSL3-JEDEC/IPC 联合行业标准 J-STD-020A						
	TCG=1000 个循环，空气环境下 –40 ～ 125℃						
	uHAST=96h，130℃，相对湿度 85%，33.3psi						
	电测试 = 开路、短路或者漏电故障						
	CSAM=20μm 分辨率下可见分层						

表 5.4 显示了 M- 系列 PIMC 器件的 BLR 性能，在 JEDEC 标准测试条件下测试不同尺寸芯片得到第一次失效出现和 5% 失效的 TCT 循环次数。

表 5.4　M- 系列 PMIC 的 BLR 性能 – 首次发现失效和 5% 失效的 TCT 循环次数

器件	芯片面积 /mm²	BGA 数	首次失效（TCT 循环）	5% 失效（TCT 循环）
器件 A	18	126	1112	1149
器件 B	20	144	1015	1143
器件 C	23	161	876	953
器件 D	25	177	787	832

图 5.31 显示，从 10μm 到 40μm 的正面 EMC 厚度对 M- 系列封装的 BLR 性能没有明显影响。40μm 曲线为左侧曲线，而 10μm 和 25μm 曲线在右侧相互重叠。这表明，即使在有源芯片上只用少量 EMC，在提高其 BLR 性能方面也有很大优势。

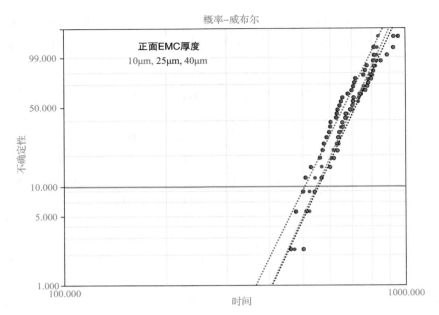

图 5.31   显示正面 EMC 厚度对 BLR 影响的威布尔概率图

M- 系列的 BLR 温度循环性能相比传统的 WLP 具有显著的提升，相似的，相比如图 5.4 所示的仅旋涂电介质应力缓冲层构建的传统扇出结构也有提升。

5.10   电测试注意事项

扇出测试的应用通常包括从晶圆代工厂获取的合格芯片和嵌入模塑料的芯片以及在切单、装带与卷轴之前以面板形式进行的测试。最初的测试仪以处理翘曲大于 1mm 的面板，但是行业内已经发展到能够使用最新一代的测试仪处理高达 5mm 的翘曲。测试也可以在切单之后在一个框架式探测仪中进行。切单后单一测试的一个优势是能够检测切割过程中产生的缺陷，而如果只进行全面板的探测仪检测，这些缺陷将会被漏过。

如前文所述，选择 600mm 幅面的部分原因是测试。将一个 600mm 的面板分割成 4 个相等的 300mm 正方形小面板可以允许复用目前的测试仪，只需要对其进行小的改造使其能够处理正方形幅面。另一个测试需要考虑的因素是制造过程中的测试。如前文 5.4 节所述，在铜柱制造完成后，进行电测试以测量其和铝焊盘的接触电阻。在 RDL 和 UBM 制造时也要重复这一电测试能够对潜在的工艺问题进行快速反馈。随着 3D 集成中引入转接板、桥接芯片、客户芯片或者多芯片使得封装越来越复杂，制造过程中的测试具有更加重要的意义。

5.11　本章小结

本章详细介绍了作为一种芯片先置，正面的 FO-WLP 技术的 M- 系列封装技术的特性，M- 系列封装技术相比传统的 WLP 和常规的扇出封装技术能够提供几个重要的可靠性和制造优势。M- 系列第一代技术的这些特性提供了卓越的 BLR 性能，而 M- 系列第二代技术将线宽间距尺寸缩放到 2μm 的特点使其能够用于芯粒和异构集成。AP 作为一种实时的 DDM 工具能够支持单芯片和多芯片集成，使得最高密度的设计规则成为可能并支持高密度应用。本章还介绍了自适应金属填充优化多层 RDL 产品形貌等新型 AP 技术的发展。本章详细讨论了 M- 系列实现 3DPoP 结构以及通过尺寸缩放实现高密度互连。本章还重点介绍了 Deca 的下一代 M- 系列封装技术路线图，该路线图实现了 250 线 / mm/ 层的芯片对芯片互连，无需在基板中使用复杂的桥接芯片即可实现高密度布线。M- 系列和 AP 的这些关键技术将随着行业向芯粒和高密度互连的发展而变得至关重要。

参考文献

1 Rogers, B., Scanlan, C., Olson, T. (2013). Implementation of a fully molded fan-out packaging technology. *IWLPC Proceedings*, San Jose, USA (November 2013).

2 Bishop, C., Olson, T., Scanlan, C. (2016). Adaptive patterning design methodologies. *2016 IEEE 66th Electronic Components and Technology Conference (ECTC)*, Las Vegas, USA (May 2016).

3 Brunnbauer, M., Fugut, E., Beer, G. et al. (2006). Embedded wafer level ball grid array (eWLB). *Electronics Packaging Technology Conference 8th Proceedings*, Singapore (December 2006).

4 Keser, B., Amrine, C., Fay, O. et al. (2007). The redistributed chip package: a breakthrough for advanced packaging. *2007 Electronic Components and Technology Conference*, Nevada, USA (May 2007).

5 Zhao, W., Nakamoto, M., Dhandapani, K. et al. (2017). "Electrical chip-board interaction (e-CBI) of wafer level packaging technology." *IMAPS Advancing Microelectronics* (October 2017).

6 Prismark Partners LLC (2021). Apple A14: Customer teardown analysis. pp. 1–50.

7 Olson, T. and Scanlan, C. (2018). M-series fan-out with adaptive patterning. In: *Advances in Embedded and fan-out Wafer Level Packaging Technologies* (eds. B. Keser and S. Kroehnert), 117–140. New Jersey: Wiley.

8 C. Bishop, B. Rogers, C. Scanlan et al. (2016). Adaptive patterning design methodologies. *2016 IEEE 66th Electronic Components and Technology Conference (ECTC)*, Las Vegas, NV, USA (May 2016).

9 Ramalingam, S. (2016) HBM package integration: technology trends, challenges and applications. *2016 IEEE Hot Chips 28 Symposium (HCS)*, Cupertino, CA, USA (August 2016).

10 Thai, T., Dalmia, S., Hagn, J. et al. (2019). Novel multicore PCB and substrate solutions for ultra broadband dual polarized antennas for 5g millimeter wave covering 28ghz 39ghz range. *2019 IEEE 69th Electronic Components and Technology Conference (ECTC)*, Las Vegas, NV, USA (May 2019).

11 Wang, C., Tang, T., Lin, C. et al., (2018). InFO AiP technology for high performance and compact 5G millimeter wave system integration. *2018 IEEE 68th Electronic Components and Technology Conference (ECTC)*, San Diego, CA, USA (May 2018).

12 Lim, J., Pandey, V., Oo A. K. et al. (2017). Fan-out wafer level eWLB technology as an advanced system-in-package solution. *2017 14th International Wafer-Level Packaging Conference (IWLPC)*, San Jose, CA, USA (October 2017).

13 Kim, J., Choi, I., Park, J. et al. (2018). Fan-out panel level package with fine pitch pattern. *2018 IEEE 68th Electronic Components and Technology Conference (ECTC)*, San Diego, CA, USA (May 2018).

第 6 章

基于板级封装的异构集成

M. Töpper、T. Braun、M. Billaud 和 L. Stobbe

6.1 引言

异构集成是弥合新兴微电子学和它的衍生应用差距之间最有前途的方法之一，且共同推动新型封装技术[1-4]。新技术架构需要在电子系统中集成整合纳米电子、无线电技术和光学元件技术。

元件的发展和面向系统集成的 SiP（系统级封装）技术存在着紧密的联系。SiP 没有特定的集成方法，而是基于封装行业广泛采用的技术，并据此派生出在市场上常见的超过 1000 多种封装系列，其中有一些服务于高度专业化的市场，其他服务于多个通用工业领域[5]。IEEE EPS 的 "2019 异构集成路线图" 中 SiP 的定义是指一个封装（例如小外形（Small-Outling，SO），四方扁平封装（Quad Flat Package，QFP），球栅阵列（Ball Grid Array，BGA），芯片尺寸封装（Chip Size Package，CSP）或栅格阵列（Land Grid Array，LGA）），集成多个裸片（Si、SiGe、SiC、III/V 如 GaAs 或 GaN）加上可选的无源元件在一起。

在未来，确保系统可靠性和功能性的电子设备将进一步提高电子产品的可靠性。可靠性标准的表述将是十亿分之几的故障率，而不是目前的百万分之几。

"延续摩尔（More Moore）" 和 "超越摩尔（More than Moore）" 的概念旨在如 SoC 的单片解决方案，但越来越新的应用要求特定产品的集成技术具有更多的功能。因此，电子系统集成的未来将是一个 "延续摩尔" 和 "超越摩尔" 的组合，并集中于一个封装，超越先前的 SiP 概念。因此，异构集成是超越目前 SiP 边界的下一个挑战。与 SoC 相比，这种异构集成方法提供了更低的成本和风险，包括更短的上市时间和更高的灵活性。异构集成技术最大的一个优势是可以基于截然不同的技术和材料进行元器件集成，例如功率器件（GaN、SiC 或其他），光子或 RF 器件（InP、GaAs 或其他），能量存储、MEMS 或智能显示器。对纯 CMOS 没有限制，这是 SoC 必须具备的。

扇出晶圆级封装（FO-WLP）或板级封装（FO-PLP）是现在单芯片和多芯

片封装融合的最佳结果[6,7]。SCP 的发展是从小金属封装开始的，接着发展成为双列直插式封装（Dual Inline Package，DIP）用于穿孔组装，最终到表面贴装技术（Surface Mount Technology，SMT）封装，如 QFP 到 BGA。BGA 封装使用刚性或柔性转接板进行外围焊盘到面矩阵式的再分布，如图 6.1 所示。

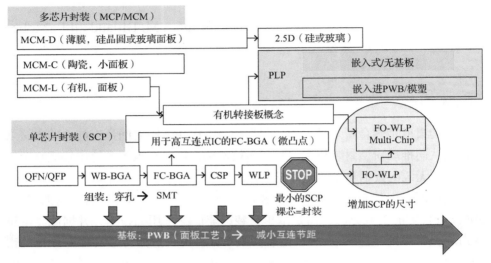

图 6.1　单芯片封装（SCP）和多芯片封装 / 模块的演进（MCP/MCM）
形成基于嵌入技术的封装（扇出 – 圆片级 / 板级封装）

芯片的互连可以通过引线键合（Wire Bonding，WB）或倒装芯片（FC）来完成。进一步小型化至最大芯片尺寸的 1.2 倍衍生出 CSP 概念。DIP 和 QFP 代表外围 I/O 封装，而 BGA 和 CSP 是面矩阵式封装，它们是通过 FC 互连组装的。FC 这种面朝下的组装技术源于 IBM 开发的 C4（可控塌陷芯片连接）。

伴随着功能提升，低成本和小型化推动着封装行业向晶圆级封装（WLP）发展。WLP 是指在晶圆级层面完成绝大部分封装步骤。WLP 是真正仅采用扇入路径的 CSP，当然仅采用扇入也是一个限制。因为封装尺寸与裸芯尺寸相同，所以采用 WLP 可以实现最小化的封装尺寸。

基于基板的封装（如 FC-CSP、FC-BGA）可以是基于层压板的封装，例如印制电路板 / 印制线路板（PCB/PWB），或多层陶瓷，例如低温共烧陶瓷（LTCC）。这些基板上集成一些集成电路封装和无源元件，为用户构建最终的微电子系统。采用基板类型对 MCM 分类包括：

- MCM-D：D 指沉积，例如，通常在硅基板上的薄膜工艺，当然也可以使用玻璃；

- MCM-C：C 指陶瓷，例如，使用陶瓷（纯 Al2O3 或 AlN），但也使用多层 LTCCs 或 HTCC（高温共烧陶瓷）作为基板；
- MCM-L：L 指层压基板，例如，常说的 PWB 或 PCB 基板。

这些分类的一个主要区别是基板上多层工艺的温度区间。对于陶瓷上的工艺近乎没有限制，而对于层压材料通常限制加工温度低于 200℃。MCM-D 处于 CMOS 技术的 BEOL（后道工艺）范围内。

6.2 扇出板级封装

将有源和无源元件嵌入模塑料中，同时提升布线面积为 WLP 到 FO-WLP 的技术演进扩展了思路[6]。扇出晶圆级封装在封装体积与厚度方面具有显著的小型化潜力。FO-WLP 和 FO-PLP 的主要优势是无基板封装，具有更低的热阻，更高的性能，和更低的寄生效应，这些优点源于采用薄膜金属化替代引线键合或是 FC 凸点带来的 IC 间更短的直接互连[7,8]。尤其是相对于 FC-BGA 封装，FO-WLP 具有更低的电感。此外，再布线层（RDL）可以用于嵌入式被动元件（R、L、C）以及通过多层电路实现天线结构。因此，FO-WLP 用于多芯片封装，并被视为芯片封装和 MCM 概念之间最优的协同发展选择。故而，该技术非常适合异构集成。

嵌入式芯片技术有两种主要方法：FO-WLP 或 FO-PLP，即裸片被嵌入到聚合物包封中或基于裸片嵌入有机基板的 3D 垂直集成。对于 FO-WLP，两种基本工艺流程为模塑优先或 RDL 优先，具体细节如图 6.2 所示。

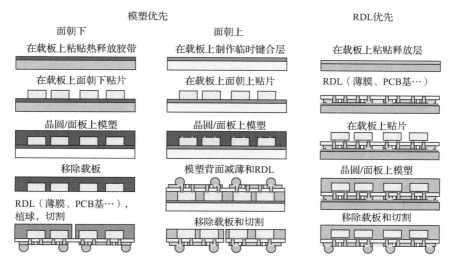

图 6.2 模型优先和 RDL 优先的比较

基于芯片面朝下的模塑优先工艺路径为，首先将裸片安装在临时载板上，之后是模塑成型，并将模塑后的晶圆 / 面板从载板上解键合[9]。最后在重构后的晶圆 / 面板上制备基于薄膜技术的 RDL。芯片面朝上的路径也是从在临时载板粘接层上的贴片开始，裸片上已有 Cu 凸点，并且面向上放置在载板上。塑封成型后，进行背面研磨再次露出裸片的 Cu 凸点。在再布线后，将圆片从载体上取下，再切割成封装单元。

RDL 优先工艺可与先进的 FC 组装相媲美。这里首先在临时载板上制作 RDL，接着通过芯片到圆片集成的方式将已植球裸片键合在 RDL 上。之后的组装是底部填充和模塑成型，最后将成型圆片包括 RDL 在内从载板上取下。面朝下的模塑优先工艺路径通过直接电镀通孔具有最短的互连。这样做高频下 RF 性能最好，因为损耗最低，尤其是当考虑芯片到芯片的互连时。面朝上的模塑优先工艺路径需要铜柱互连，而 RDL 优先工艺路径需要焊料互连。另外，后两个工艺路径需要在裸片和 RDL 之间增加额外的聚合物 / 底部填充层。因此，面朝下模塑优先的方法最有希望在 RF 和毫米波领域应用。除了最短的互连之外，这项技术对于异构集成还具有最高灵活性和最大潜力。裸片和无源元件无需任何额外准备即可集成，例如植球，以及来自不同供应商，甚至是不同化合物，例如 Si、SiGe 或 GaN，都可以组合在一个封装中。这一点已经通过多项目晶圆（Multi-Project Wafer，MPW）加工得到了证明，是半导体制造中用于快速低成本原型开发的既定方法[10]。这个想法已经用 FO-WLP 得到证明。这里具有不同厚度和尺寸的，不同来源的或不同技术的裸片可以用一种集成技术处理和封装。在图 6.3 中，显示了 MPW 概念的扇出。晶圆分布在掩模板布局中，举例来说，这些掩模版中的每一个区域都包含六种不同的设计。尤其是对于 RF 应用，可以提供向下选择最佳元件以及设计来完善产品性能的途径。

为了展示技术能力，选择五个功能裸片和一个测试裸片进行封装，并测试射频特性和可靠性。这些不同的 IC 采用 250nm/130nm 高性能 SiGe BiCMOS 技术制作[11]。MPW FO-WLP 包含各种各样不同功能的集成电路，包括 60GHz 低噪声放大器（LNA），120GHz 收发器、50GHz IF-IF（中频）转换器、DC-15GHz 可变增益放大器（VGA）和工作在 10GHz 的移相器。版图和封装设计如图 6.4 所示。

这里选择了一种固化温度低于 250℃，且介电常数和损耗小的介质层材料。低温固化的介质材料相对于 FO-WLP 非常重要，原因在于圆片重构是基于环氧树脂塑封料（EMC），其玻璃化转变温度低于 200℃。RDL 包括三层介质和两层金属，加上凸点下金属化（UBM）。总而言之，电性能测试已经证明了这种封装概念适用于异构集成，尤其是射频集成应用[12]。

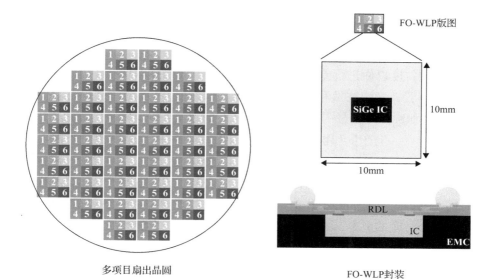

图 6.3　FO-WLP MPW 概念的原理

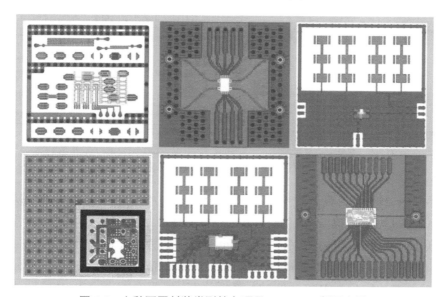

图 6.4　六种不同封装类型的多项目 FO-WLP 版图布局

6.3　板级封装的经济效益分析

为了适应封装技术的新趋势，需要根据不同的技术选择、业务场景、设计选择和工艺流程建立详细的成本分析模型来评估经济和环境可行性[13]。因为已建立的模型不能提供足够的颗粒度来表征实际工业过程和详细成本构成，所以建立新的多层次成本模型用以比较成本评估是必要。事实上，先进的新型封装制造工艺，如 FO-PLP 需要更精确的成本预测。除了详细的成本构成外，需要高数据颗粒度以便进行差异化比较，例如，不同的技术选择（例如，芯片先置或芯片后置，光刻技术和面板设计）。还必须适应不同的产品以及它们的封装设计（例如，裸片数量、封装尺寸和 RDL 的数量）以及特定的商业需求（例如，生产地点、生产量和生产时限）。成本模型方法应该是基于自下而上的方法。该模型主要包括一系列单工艺步骤，以及每个步骤适当的设备。每台设备包含多个参数，如设备投资、占地面积要求，包括洁净室等级、每个基板的处理时间（设备固有时间和操作时间）以及功耗。该模型还必须包括材料类型、数量和每个衬底的成本，以及可复用性。必须针对特定的产品场景，计算选定的产量、生产周期或交期、生产地点和条件、生产 / 维护时间和劳动力成本。此外，还必须考虑基建设施与选址相关的成本（电力、洁净室、资本支出和运营支出，以及租金）。由弗劳恩霍夫 IZM 开发的成本模型如图 6.5 所示。

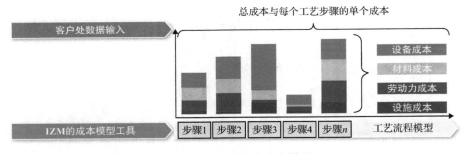

图 6.5　PLP 的特定成本模型

在一个例子中，我们关注面朝下模塑优先的方法。封装过程涉及三层使用光敏介质的 RDL，镍 – 金 UBM，和 SnAgCu 球。工艺流程从将元件放置在载体上开始，以封装切割结束。它由四个主要工艺模块（及其相关挑战）构成：组装（裸片位移补偿、贴装速度和精度）、模塑成型（翘曲、厚度、裸片面积比和面板上裸片数量）、RDL（例如，降低线宽 / 线距 L/S）和 UBM/ 球贴装。在这个模型中不包括测试。这种自下而上方法的成本模型允许调整与每个过程步骤相关的技术参数，以评估其对总体成本的影响。在这一发展阶段，过程质量无法通过良率数据衡量，并且无法在技术验证中正确预估。成本模型分析指出了面板几何形状优于晶圆几何形状。从一张简单的图上可以很明显地观察到，与晶圆相比 PLP 具有更高的材料加工利用率（见图 6.6），尤其是在封装尺寸很大的情况下。详细的成本分析已经针对不同的基板尺寸、几何形状与不同的封装尺寸进行（见图 6.7）。

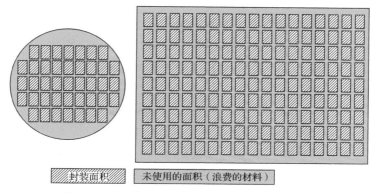

图 6.6　晶圆片扇出技术与面板扇出技术的比较

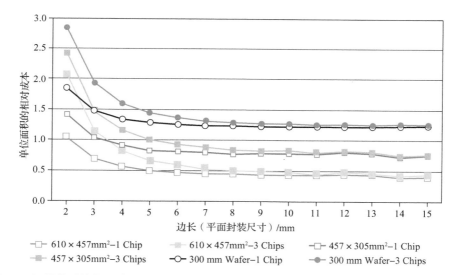

图 6.7　不同的重构晶圆或面板几何形状的单位面积相对成本以及每个封装中不同数量的裸片：面板之间的比较（610mm×457mm 或 457mm×305mm）和晶圆（300mm）

随着封装尺寸的减少，单位基板面积的相对成本由于组装密度的提升而急剧增加[14]。与单芯片模块相比，对于具有三个芯片的模块来说影响更加剧烈。最差的情况是 300 毫米圆片方案的单芯片封装，相较而言，610mm×457mm尺寸面板的相对成本有所改善。可以通过利用具有更高 UPH（单位/小时）的组装设备降低组装成本。总之，保持芯片数量不变时，与晶圆相比，矩形大面板的相对成本总是较低。此外，增加面板的尺寸进一步降低了重构面板区域的相对成本。因此，面板相对于晶圆的主要优势是其对于各种封装尺寸的高灵活性。对于大多数封装结构来说，一个直接的关键性能指标（KPI）是更高的面积利用率（AU）。AU 描述了封装所占据的基板区域比例。最大化 AU 有两个主要优势：第一，时间优势，重构晶圆或面板具有更多的封装（在一定的生产量，重构面板或晶圆的数量会减少）；第二，成本和环境优势，减少了每个封装所需的材料用量，因为许多材料被用于整个基板，而很多被浪费在非封装区域。

图 6.8 给出了 300mm 晶圆与 457mm×610mm 面板上满足一定 AU 阈值的封装长宽比组合。为了便于计算，封装边缘的长度和宽度在 1mm 和 50mm 之间变化（以 1mm 的步进），长宽比限制为 3。PLP 对于 70% 的封装尺寸组合都具有高 AU（≥90%）。相反，300mm 晶圆的 AU 介于 85%～88%，且仅适用于小封装。当封装大于 11mm×11mm 时，AU 保持在 85% 以下。板级方案对于更大范围的封装尺寸组合都具有更高的 AU，尤其是大型封装。此外，矩形

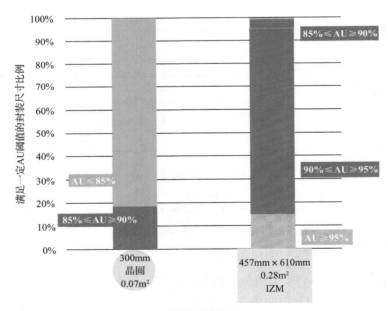

图 6.8   满足一定 AU 比率的封装尺寸外形组合在 300mm 晶圆与
PLP 上的对比，PLP 具有更高的封装设计灵活性

面板的 AU 优于方形面板，因为封装可以水平或垂直放置，理论上能够最大化 AU。因此，矩形面板在封装设计上提供了更大的灵活性，因为更多的长宽组合实现更高的 AU。另外，每个步骤过程在未利用的基板区域都会导致材料的过度消耗和浪费（见图 6.9）。

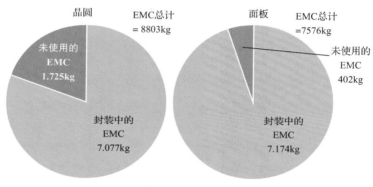

图 6.9　晶圆和面板加工过程中重构晶圆或面板未利用区域导致的材料过度消耗和浪费

　　为了说明这些材料损失的数量级，图 6.9 比较了在 457mm × 610mm 面板和 300mm 晶圆上制作 5000 万只封装产品所损失的 EMC 数量。对于 20mm × 20mm 封装尺寸的这种生产量，约需要 76000 个面板（457mm × 610mm）或 350000 个晶圆（300mm）。AU 分别为 94.7% 和 82.1%，面板和晶圆上未使用区域的 EMC 分别为 402kg 和 1725kg。总体而言，改为在面板上生产，EMC 的消耗可以减少 14%。EMC 厚度可以减小，但总是受到芯片厚度以及拿持问题的限制。此外，EMC 是 FO-PLP 流程中最贵的材料之一。得益于面板以及其更高的基板面积利用率，这种简单且成本效益高的解决方案，可显著减少材料浪费和生产成本，以及环境影响。

6.4　本章小结

　　SCP 的小型化一直在稳步发展并已经完全商业化，直到 WLP 概念提出了可能的最小封装。在 20 世纪 90 年代，由于可测试性和组装的问题，没有封装的裸芯片已经成为 MCM 的一个难题。因此 WLP 是满足封装小型化、具有良好的裸片表面保护能力、具备大量焊点、适应大批量组装过程兼具可测试性的最佳折中方案。这种封装类型具有最小的外形尺寸，最优的功能，是目前移动设备的首选。CMOS 技术获得了惊人的进步（最新的半导体前道工艺路线图剑指 2nm 技术节点，集成器件制造商（IDM）和代工厂已经在量产 7nm 产品），异构集成需要扇出解决方案。因此，不同的扇出封装类型为多芯片集成提供了经济高效的解决方案，将目前用于高性能硅转接板的高密度薄膜布线，与芯片嵌入有机衬底或 EMC 技术相结合。

对于大的模块，板级技术有明显的成本优势，然而晶圆级技术可能是小尺寸高性能模块的解决方案，由于更极限的晶圆级设计规则，其集成互连"小芯片"的潜力大。必须对"小芯片"的封装进行进一步研究[15]。"小芯片"的定义可以被归纳为一块封装了具有知识产权（IP）子系统的物理硅片，该子系统被设计与其他"小芯片"在封装层级进行互连集成，通常采用先进封装集成和标准化的接口。因此，"小芯片"技术是在一个封装或系统中集成多种电气功能的一种不同方式。"小芯片"技术是一种在一个封装中快速、低成本组装各种类型第三方 IP 芯片，如 I/O 驱动、存储 IC 和处理器内核的方式。"小芯片"不是一种封装类型，它是封装架构的一部分。问题是未来哪种封装类型在性能和成本上最有优势。

参考文献

1 Reichl, H., Aschenbrenner, R., Töpper, M. et al. (2009). Heterogeneous integration – building the foundation for innovative products. In: *More than Moore* (eds. G.Q. Zhang and A.J. van Roosmalen), 279–303. Springer Verlag.

2 Thomas, T., Becker, K.-F., Braun, T. et al. (2009). State-of-the-art of 3D SiP technology. *Proceedings of the International Microelectronics and Packaging Society (IMAPS)* Chapter Poland (21–24 September 2009) Pszczyna, Poland.

3 Töpper, M. and Tönnies, D. (2017). Microelectronic packaging. In: *Semiconductor Manufacturing Handbook*, 2e (ed. M.H. Geng), 173–204. McGraw-Hill.

4 Garrou, P. and Turlik, I. (1997). *Multichip Module Technology Handbook*. McGraw-Hill Professional.

5 IEEE-EPS Heterogeneous Integration Roadmap (2019). https://eps.ieee.org/technology/heterogeneous-integration-roadmap/2019-edition.html.

6 Töpper, M., Ostmann, A., Braun, T. et al. (2019). History of embedded and fan-out packaging technology. In: *Advances in Embedded and Fan-Out Wafer Level Packaging Technologies* (eds. B. Keser and S. Kroehnert), 1–38. Wiley.

7 Meyer, T., Ofner, G., Bradl, S. et al. (2008). Embedded wafer level ball grid array (eWLB). *Proceedings of Electronics Packaging Conference (EPTC)*, Grand Copthorne Waterfront Hotel, Singapore (9–12 December 2008). IEEE.

8 Keser, B., Amrine, C., Duong, T. et al. (2007). The redistributed chip package: a breakthrough for advanced packaging. *Proceedings of Electronic Components and Technology Conference (ECTC)*, Reno, Nevada, USA (29 May – 1 June 2007). IEEE.

9 Braun, T., Voges, S., Töpper, M. et al. (2015). Material and process trends moving from FOWLP to FOPLP. *Proceedings of Electronics Packaging Conference (EPTC)*, Marina Mandarin, Singapore (2–4 December 2015). IEEE.

10 Braun, T., Raatz, S., Töpper, M. et al. (2017). Development of a multi-project fan-out wafer level packaging platform. *Proceedings of Electronic Components and Technology Conference (ECTC)*, Lake Buena Vista, Florida, USA (30 May – 2 June 2017). IEEE.

11 Heinemann, B., Barth, R., Bolze, D. et al. (2010). SiGe HBT technology with fT/fmax of 300GHz/500GHz and 2.0 ps CML gate delay. *Proceedings of the International Electron Devices Meeting*, San Francisco, CA, USA (6–8 December 2010). IEEE.

12 Kaynak, M., Wietstruck, M., Göritz, A. et al. (2017). 0.13-μm SiGe BiCMOS technology with More-than-Moore modules. *Proceedings of the IEEE Bipolar/BiCMOS Circuits and Technology Meeting (BCTM)*, Miami, FL, USA (19–21 October 2017). IEEE.

13 Billaud, M., Stobbe, L., Braun, T. et al. (2019). Process flow and cost modelling for fan out panel level packaging. *Proceedings of European Microelectronics and Packaging Conference (EMPC)*, Pisa, Italy (16–19 June 2019). IMAPS.

14 Braun, T., Becker, K.-F., Töpper, M. et al. (2019). Panel level packaging – from idea to industrialization. *Proceedings of the IEEE CPMT Symposium Japan (ICSJ)* Kyoto, Japan (18–20 November 2019).

15 Töpper, M., Braun, T., and Aschenbrenner, R. (2020). Electronic packaging for future electronic systems. *Journal Chip Scale Review* 24 (4): 10–14.

第 7 章

面向高功率模块及系统级封装（SiP）模块的新一代芯片嵌入技术

Vikas Gupta、Kay Essig、C.T. Chiu 和 Mark Gerber

7.1 技术背景

　　成本、性能和封装尺寸等是下一代封装互连和封装结构演进所必需的关键驱动要素（见图 7.1）。有源芯片嵌入基板主要由手持通信设备小型化驱动[1]，但针对功率模块，小型化并不是提高嵌入式芯片载板（Embedded Die Substrate，EDS）封装需求唯一的推力。验证结果表明，嵌入式技术在电性能和散热方面也有正面影响[2,3]，尤其是对中等功率模块（从几百瓦到几千瓦）。更好的可靠性、电性能与散热能力是 EDS 功率模块的主要优势[4]。

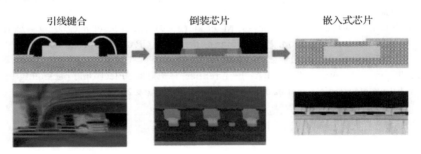

引线键合　　　　　　倒装芯片　　　　　　嵌入式芯片

图 7.1　封装互连结构的演进

　　随着开关频率从千赫增至兆赫，寄生效应得到广泛关注，由此将宽禁带（Wide Band Gap，WBG）半导体材料砷化镓（GaAs）、氮化镓（GaN）和碳化硅（SiC）作为功率器件的技术研发尤为重要，WBG 器件的开关速度较传统硅器件高约一到两个数量级。为了实现具有全动态性能的 WBG 器件，有必要大幅降低器件与电路的寄生电感、电阻与电容，如图 7.2 所示，指出了降压转换器动力传动系统和驱动器部分互连路径上最关键的寄生元件[1]，图 7.3 概述了通过加热导致功率损耗的封装寄生效应原理。嵌入式封装主要有以下三点突出优势：

1）互连性更优：由于电阻互连距离、有源和无源器件之间距离的缩短，以及电容面积的缩小，寄生效应得到降低，从而减少了因加热和导通电阻（$R_{DS(ON)}$）引起的功率损耗。此外，更短的互连使得电感较低，这也有利于GaN和SiC的高开关频率工作。

2）散热更好：寄生效应减小可提高电源效率，嵌入式结构设计具有更短的散热路径。

3）封装尺寸更小：节省的电路板空间、与负载的互连更短有效限制了封装外母板上的损耗。

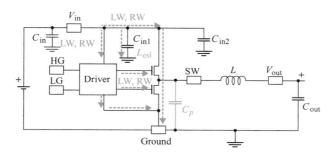

图 7.2　降压转换器的动力传动系统和栅极驱动器中的寄生互连元件[1]

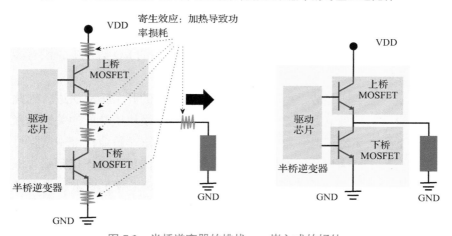

图 7.3　半桥逆变器的挑战——嵌入式的好处

EDS进一步放大了这些优点，其中，安装在引线框架上的芯片被嵌入在有机层材料中，通过直接在成品芯片的焊盘上电镀铜，将铜填充至微通孔中，可以连接PCB焊盘与MOSFET侧的栅极和源极。EDS解决了传统电源封装中引线键合或金属间化合物（IMC）层导致电阻和电感较高的问题。

EDS需要同时具备封装、组装和基板制造的跨领域能力，在外包的组装测试服务商（OSAT）或基板供应商中这些能力很少同时存在。基板供应商缺乏预装工艺，如晶圆拿持、凸点加工、研磨分片和芯片贴装等，OSAT 则对基板相关工艺步骤存在知识盲区，只有极少数供应商具有制造 EDS 专业的知识和能力。嵌入式组件通常需要铜焊盘以承受激光钻孔，经过电镀铜工艺进行连接，这对背面也需要在溅射设备中进行金属化（BSM）的薄基板来说更具挑战性。复杂的流程导致复杂的供应链，由于供应链管理、问责机制繁冗和成本问题，客户更倾向于理想的"一站式"体验，即可以满足晶圆从代工厂到嵌入所有必需工艺步骤的设施，涵盖凸点、预装到贴片、嵌入基板、基板组装、划片和最终检验。当前只有专用生产线能够执行以上嵌入和基板精加工工艺[4,5]。

另一个重要方面是芯片嵌入技术的组装良率，所有嵌入封装包含一个或多个已知良好的裸片（KGD），每个失效的基板单元将导致至少一个或多个 KGD 的损失。基板良率与设计规则有直接联系，特别是在 RDL 使用厚铜的电源模块器件领域。先进设计规则与较厚 Cu 层的 RDL 可能导致大批量产（High-Volume Manufacturing，HVM）的良率降低。低良率加上每个单元中包含多个 KGD，使得嵌入式封装方案变得无法负担。以上，建议对 RDL 基材尽可能使用保守的设计规则[3]。

基于先进嵌入式有源系统集成（a-EASI）生产经验，KGD 对电源节点来说不是问题，控制器芯片和 MOSFET 芯片通常采用成熟的晶圆节点工艺。与逻辑器件相比，KGD 良率相对较高。此外，电源模块的 I/O 数量少，没有高密度要求，因此厚 RDL 工艺并不是瓶颈。

功率模块发展的趋势是朝着更小、更轻和更高的开关频率演进，因此，封装寄生效应，尤其是电感和电阻率是能否实现功率模块电性能的关键因素。电流密度的不断增加要求改善散热，以达到工业级和汽车行业标准中增强可靠性的要求。当芯片直接与金属焊盘接合或采用其他方法更好地连接到引线框架上时，EDS 在散热方面非常有效。如果设计两层 EDS 来满足要求，将在增加散热的同时显著地改善电性能。嵌入式电源基板可以轻松扩展到多芯片或多元器件基板，以提供完整的功能集成。此外，可以在表面贴装元器件从而进一步增强功率模块或 SiP。

本章中，详细介绍了商标为 ASE Group 集团的嵌入式基板封装工艺，简称为 a-EASI™，该封装使用模塑优先工艺。

7.2　封装基础结构

嵌入式功率模块 a-EASI 于 2014 年投入大批量生产，采用半桥配置——把低边、高边 MOSFET 以及驱动芯片放置在引脚框架上，同时嵌入有机层压材料中，如图 7.4 和图 7.5 所示，这种结构称为 a-EASI P1（第一电源模块）结构。

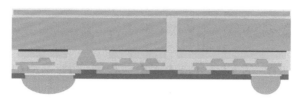

图 7.4　a-EASI P1 结构示意图

图 7.5　a-EASI P1 封装的剖面照片

MOSFET 漏极焊盘通过 TLPB（瞬态液相键合）导电连接，形成 5μm 的 Cu_3Sn/Cu_6Sn_5 IMC 薄层。驱动器芯片焊盘和 MOSFET 的栅极和源极焊盘通过微孔直接连接，而芯片背面的漏极则是导电的安装到引线框架上，从那里到封装漏极焊盘的连接也通过微孔实现。该封装中的所有连接都由单个或多个填充 Cu 的微孔组成。在这种互连方案中，低寄生连通矩阵具有较低的电阻和电感，因此与 Al 和 Cu 引线键合结合钎焊漏极方案相比，寄生效应得到改善，具有更好的可靠性。从图 7.5 的横截面可以看出，这种基本结构特征具备几个固有优势：

1）引线框架底座：良好的散热和自屏蔽电磁干扰（EMI）。与传统的基板走线相比，全厚度引线框架的铜厚了一个数量级，从而显著提高了载流和散热能力，对功率器件特别有利。

2）高导热芯片贴装：使用高导热芯片贴装工艺，将芯片直接连接到厚引线框架（有或没有背面金属），可实现高效散热。

3）铜通孔互连：低 $R_{DS(ON)}$、低电感和高载流能力。

4）高 T_g 半固化片：大于 2.5kV 击穿电压，适用于高压应用。

P1 结构的功率模块表现出非常好的电性能，并且良率远超过 99%。在 P2 结构中，TLPB 芯片贴装、半固化片的成型和检查步骤得到了进一步优化。

下一代嵌入式电源模块 P2 结构将 MOSFET 和驱动芯片固定在引线框架的空腔中，具有垂直电流的 MOSFET 的漏极主要通过混合银烧结（银含量高的环氧树脂胶）技术实现与引线框腔底部的导电连接；同样，也可以使用银烧结技术[6]。在标准层压工艺中使用标准半固化片将引线框架上的芯片嵌入到有机基板中。由于芯片被安装到一个空腔中，因此在层压工艺步骤中，芯片开裂的风险被降至最低，并且互接的微通孔都将具有大致相同的深度，因此简化了激光钻孔工艺。

在具有一层 RDL 的 a-EASI 嵌入式电源模块的 P2 结构中，有两种封装到 PCB 互连结构设计。引线框架要么朝向封装底部，从而形成 QFN 样式（四边扁平，无引线）要么将引线框架朝向封装顶部，并将焊球连接到 RDL，形成 BGA 式（球栅阵列），如图 7.6～图 7.8 所示。

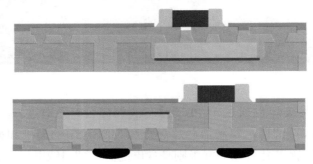

图 7.6   QFN 和 BGA 封装方式的 a-EASI P2 结构示意图

图 7.7   QFN 封装的 a-EASI P2 结构的剖面照片

图 7.8   BGA 封装的 a-EASI P2 结构的剖面照片

在这两种封装方式（QFN 或 BGA）中，芯片都具有良好的屏蔽性，且可以将无源元件安装到封装顶部。因此，优化了电源模块的空间利用率。这种封装类型具有最低的热阻，并且不会出现过热点。在封装顶部，可以使用导热胶直接连接散热器，传统的主动冷却设备可以改为被动冷却设备。

为了在更小的封装外形上满足更多的布线能力，开发了 a-EASI P3 结构。在 P3 结构中，MOSFET 被组装在引线框架的两侧（见图 7.9～图 7.11），然后再进行嵌入工艺。这种结构的电源模块在模块的每一侧都有两层 RDL。

图 7.9　MOSFET 位于引线框架两侧空腔中的 a-EASI P3 结构（驱动芯片并排放置）

图 7.10　MOSFET 位于引线框架两侧空腔中，堆叠芯片的 a-EASI P3 结构

图 7.11　P3 叠层结构剖面细节图

借助双层 RDL，电源模块提供了更大的布线面积，并有可能通过相似甚至更小的封装将无源器件和 / 或有源器件组装在封装顶部。图 7.12 总结了三种 a-EASI 配置的关键属性。

P1结构

· 通孔直接在芯片焊盘上
· 出色的电气与热性能表现
· BGA/LGA引脚

P2结构

· 更薄的结构因子
· 耐热增强（露出焊盘）
· 多种不同封装引脚（BGA、LGA、QFN）

P3结构

· 为垂直电流结构提高设计灵活性
· 实现芯片堆叠结构
· 更高的集成度、更小的结构因子

图 7.12　a-EASI 封装组合图

7.3 应用与市场（HPC、SiP）

a-EASI 技术具有四个明显的优势：

1）改善电、热性能；

2）小型化；

3）设计灵活；

4）可靠性与机械稳定性增强。

三种 a-EASI 配置——P1、P2 和 P3 都是完全合格的。如图 7.13 所示，P1 自 2013 年以来一直在大批量产，截至 2019 年底，P1 配置的出货量已超过 1 亿件，P2 和 P3 分别自 2019 年中和 2020 年中开始进入小批量制造。a-EASI 基于厚铜引线框架中的架构使其非常适合并有利于电源的应用，包括但不限于多芯片的电源模块、功率分立器件和稳压器，应用涵盖汽车、工业和消费领域。

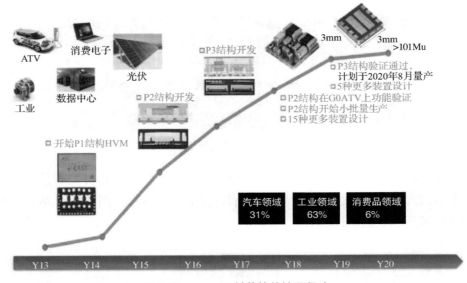

图 7.13　a-EASI 封装的关键里程碑

a-EASI 技术的合格功率范围如图 7.14 所示，硅和宽带隙器件均可在该平台上实现。a-EASI 技术中使用的低寄生互连和高击穿电压电介质，本质上有利于提高 SiC 和 GaN 宽禁带器件封装性能的，使这些器件能够以更高的频率在 5G 和服务器的射频功率中应用工作，它可以实现更高的输入电压，并以更高的功率输出驱动电动 / 混合动力汽车和太阳能逆变器。

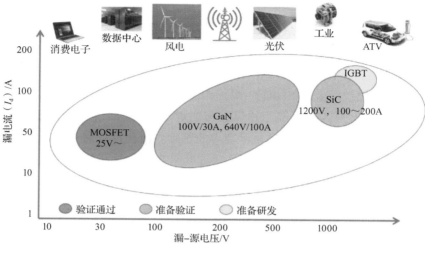

图 7.14　a-EASI 合格功率范围

7.4　制造工艺和 BOM

图 7.15 概述了 a-EASI P1 封装配置的工艺流程，图中右侧的示意图给出了

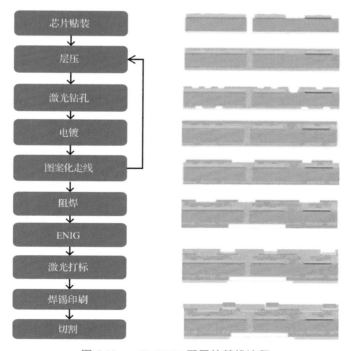

图 7.15　a-EASI P1 配置的基线流程

每个工艺步骤的详细信息。该工艺从完成预处理的全厚度引线框架开始；使用混合烧结或银烧结工艺将减薄切割后的芯片安装到引线框架上。贴片之后进行层压和激光钻孔工艺。然后，使用电镀和图案化工艺形成连接芯片焊盘和铜走线的通孔，最后，在划片前完成封装焊盘的工艺步骤，包括阻焊（S/M）、表面处理（如化学镀镍沉金或 ENIG）、焊锡印刷的封装焊盘工艺步骤。

图 7.16 突出强调了连接芯片焊盘与铜走线微孔的细节，这是实现 a-EASI 封装的低 $R_{DS(ON)}$、低电感和高载流能力的基础。微孔具有铜 – 铜互连界面，可在高电流密度下提供高可靠性的互连。通孔被半固化片材料所包围，半固化片厚度 >40μm 时，该材料具有 >2.5kV 的介电击穿强度（见图 7.17）。

- 32μm厚的铜RDL最小导通电阻
- 半固化片保证大于2.5kV的击穿电压
- 50μm的通孔直径（等同于导体区域中4根1mil引线键合的效果）
- 铜–铜界面最大限度地降低高电流密度条件下的可靠性风险

图 7.16　a-EASI- 芯片互连细节

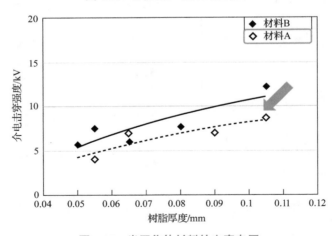

图 7.17　半固化片材料的击穿电压

P2 配置有几个优点，芯片贴装工艺的选择对热性能可能非常有利。例如，混合银烧结浆料可以在低于 200℃ 的温度下烧结，且具有很薄的粘合界面，因此具有非常低的热阻和电阻。无压烧结工艺具有更高的产量、更低的翘曲度和更高的贴装精度，由于芯片已经位于空腔中，可以省略 TLPB 工艺所必须的芯片偏移量测量以及层压前半固化片的预成型。激光钻孔过程是一次到位的，因此只需设置一种直径以及一套参数。如图 7.18 所示，该过程再次以完成空腔蚀刻的引线框架开始，半固化片和铜箔被层压在下部结构上，激光通孔钻到芯片焊盘上进行电镀。如果使用全面板电镀而不是图案电镀，则通过减法蚀刻形成电路图案，同往常一样使用阻焊和表面处理。图 7.19 给出代表性工艺及最终封装示例。

图 7.18　P2 结构 a-EASI 技术的双层嵌入式芯片通用工艺流程

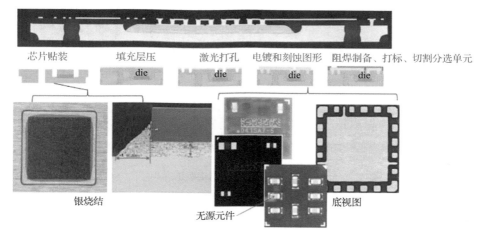

图 7.19　a-EASI P2 横截面和加工中的实例图

7.5　设计特点

正如前几节所述，三种封装配置（P1、P2 和 P3）均已投入生产，三种配置均有 QFN、焊盘栅格阵列（LGA）和 BGA 引脚排列。表 7.1 总结了 a-EASI 技术当前的生产范围。

表 7.1　a-EASI 技术平台范围（目前生产）

封装结构	芯片 /mm²	封装尺寸 /mm²	引脚数量	引脚最小间距 /mm
P1	7.5	30	40	0.5
P2	30	172	30	0.5
P3	5.4	24	20	0.5

图 7.20 突出显示了 a-EASI 技术的关键技术属性。该平台涵盖 Si、GaN 和 SiC 器件，也可用于非功率数字器件；绝缘栅双极型晶体管（IGBT）的集成正在开发中。支持带或不带背面金属化的芯片，在芯片上和芯片外可以有不同尺寸的通孔。与需要在芯板两侧都制造叠层结构的传统基板工艺不同，a-EASA 允许不对称堆叠。1+0/1+1/1+2 和 2+0 的叠层结构正在生产中。对于电源应用方面，首选较厚的铜焊盘 / 走线（32μm），在更高密度设计中则选用 15μm 铜厚。

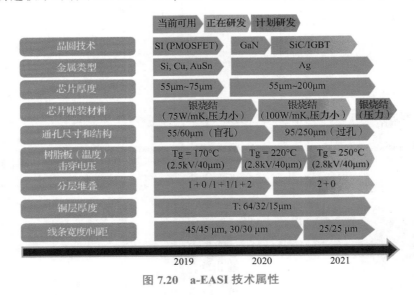

图 7.20　a-EASI 技术属性

7.6　系统集成能力

图 7.21 所示为 a-EASI 电源模块的两个示例。7.2 节中提到，嵌入式提供了

单片并排和芯片堆叠配置的能力。该技术利用片上和片外不同尺寸的微通孔进行垂直互连，并利用通孔作为低寄生互连。此外，使用 RDL 层扇出提供了在封装顶部集成无源或有源芯片的能力（请参阅图 7.21 中电源管理和无源集成示例）。这为包括电源模块和电源系统级封装（SiP）在内的应用带来了非常灵活的异构集成选择。

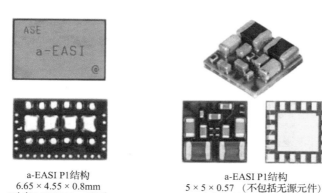

a-EASI P1结构
6.65 × 4.55 × 0.8mm
2功率 MOSFET + 1驱动
2 + 1 RDL

a-EASI P1结构
5 × 5 × 0.57 （不包括无源元件）
1功率管理芯片+ 12无源元件
2 + 1 RDL

图 7.21　a-EASI 电源模块示例

在最大限度提高功率密度（W/cm^3）的同时减少寄生效应，是将设计推向嵌入式技术的动力。虽然在系统级 PCB 中嵌入芯片是设计者的终极目标，但它也带来了一系列制造的挑战、良率问题和成本影响。从这方面来看，使用 a-EASI 嵌入关键元件，再加上使用传统的 SMT 和 PCB 组装（PCBA）工艺的系统级集成（见图 7.22），提供了性能与成本间良好平衡。

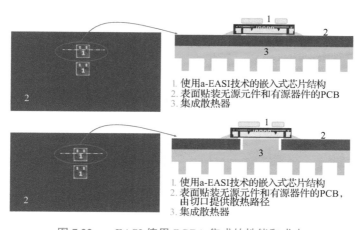

1. 使用a-EASI技术的嵌入式芯片结构
2. 表面贴装无源元件和有源器件的PCB
3. 集成散热器

1. 使用a-EASI技术的嵌入式芯片结构
2. 表面贴装无源元件和有源器件的PCB，由切口提供散热路径
3. 集成散热器

图 7.22　a-EASI 使用 PCBA 集成的性能和成本

7.7 封装性能

针对 a-EASI P1、P2 和 P3 结构的电性能、散热特性进行建模，并将其与使用铜线和铜带互连的最先进的功率 -QFN（PQFN）电源模块进行对比，如图 7.23 所示。

标准PQFN封装类型
- PQFN 铜引线键合
- PQFN 铜带

嵌入式芯片封装类型
- 没有L/F通孔互连的P1嵌入式结构
- 有L/F通孔互连的P2嵌入式结构
- 两侧均有L/F通孔互连的P3嵌入式结构

图 7.23　封装结构的仿真对比。Cu 线和 Cu 带的 PQFN 封装和
a-EASI P1、P2 和 P3 结构的嵌入式封装电源

图 7.24 和图 7.25 中的结果表明，嵌入式芯片封装的寄生参数（电阻（mΩ）和电感（mH））要低一个数量级以上。在 EASI 封装中，MOSFET 漏极焊盘通过混合银烧结实现全面积连接，而栅极和源极焊盘与填充铜的微通孔直接连接，其中，铜直接电镀到芯片的铜焊盘上。在 a-EASI 封装中未发现厚的 IMC 层或任何导线。

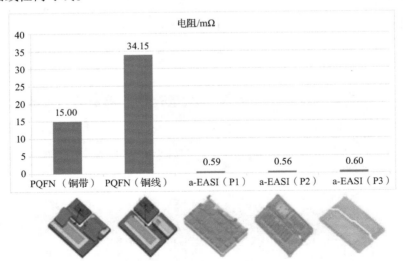

图 7.24　a-EASI P2 和 P3 结构的嵌入式功率芯片封装电阻分析
（与铜线和铜带 PQFN 封装相比）

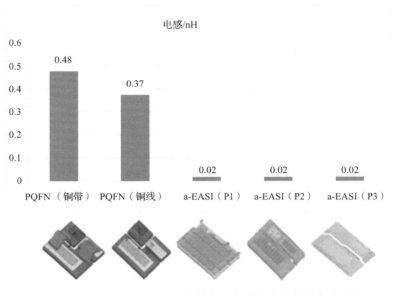

图 7.25　a-EASI P2 和 P3 结构的嵌入式功率芯片封装电感分析
（与铜线和铜带 PQFN 封装相比）

如图 7.26 所示，减少的寄生效应转化为输出电流（A）的功率效率。从图中可以看出，50A 时的功率效率比铜带 PQFN 高 10% ～ 15%，比使用铜线的 PQFN 高近 25%。当 PQFN 器件的功率输出相同时，使用 a-EASI 电源模块的输入功率可以降低约 15%，功耗降低了约 15%，因而从较低热阻的封装中需要散发的热量更少，这样可以减少冷却系统工作，更加节能。

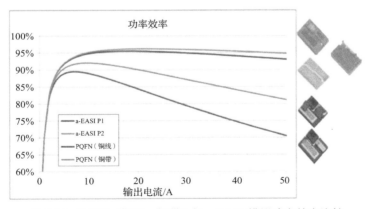

图 7.26　PQFN（铜线、铜带）与 a-EASI 模拟功率效率比较

图 7.27 比较了 a-EASI 封装变体与传统引线键合、铜带互连 PQFN 封装的

散热情况，PCB 方向上的热耗（Theta-JA）模拟值与 PQFN（Cu Clip）封装相当，而朝向顶部的 a-EASI 封装结构（Theta-JC）的热阻要比 PQFN 低一个数量级。在 a-EASI 封装中，引线框架位于芯片顶部，与 PQFN 中的模塑化合物相比，热量的传输与散发要快且容易的多。

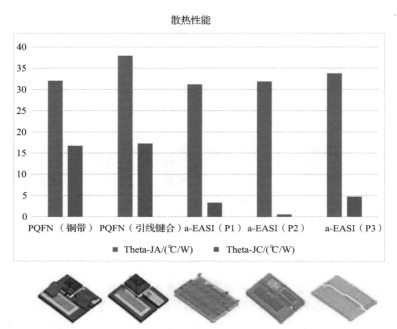

图 7.27　PQFN（铜线、铜带）与 a-EASI P2、P3 结构散热性能比较

与传统的功率 QFN 封装相比，a-EASI 直接裸露焊盘和更短的连接路径的基本特性，使其电性能与热性能有显著的优化。可以通过模拟优化通孔数量，来优化其电性能、热性能以及成本。

7.8　鲁棒性与可靠性数据

a-EASI P2 是一代表性示例，其结构表现出非常优异的可靠性结果，下面对 BGA 引脚输出测试样件（Test Vehicle，TV）的组件级可靠性（Component Level Reliability，CLR）和板级可靠性（Board Level Reliability，BLR）数据进行了总结。封装结构如图 7.28 所示，裸片尺寸为 2mm×2mm，封装尺寸为 4mm×4mm，BGA 节距为 0.5mm。表 7.2 总结了 CLR 数据：TV 通过了高达 3000 次热循环测试（Thermal-Cycle Test，TCT）（−65℃至 150℃）和 150℃下 2000 小时高温储存测试（High Temperature Storage Test，HTST）。在开路短路

电测试和扫描声断层（Scanning Acoustic Tomography，SAT）扫描测试中均未失效。该封装符合 AEC-Q100 中 0 级可靠性要求。

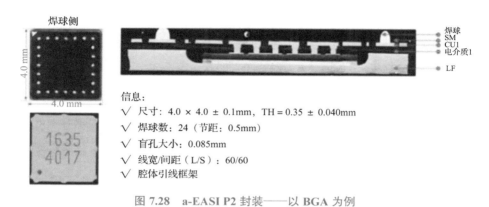

信息：
√ 尺寸：4.0 × 4.0 ± 0.1mm，TH = 0.35 ± 0.040mm
√ 焊球数：24（节距：0.5mm）
√ 盲孔大小：0.085mm
√ 线宽/间距（L/S）：60/60
√ 腔体引线框架

图 7.28　a-EASI P2 封装——以 BGA 为例

表 7.2　a-EASI P2 BGA 封装的组件级可靠性数据

测试说明	缩写	条件	数据	结果
预处理 AEC-Q100	PC	MSL3 MSL 水汽浸泡 3 30℃/60% 相对湿度	烘烤 125℃/24h 湿浸：168h 回流 3 次 （265℃ + ［0/–5］）	通过
HAST AEC-Q100	HAST	130℃/85% 33，3 PSIA	100h 200h	通过 通过
温度循环 AEC-Q100 GRADE O	TCT	–65 ～ 150℃	500 次循环 1000 次循环 1500 次循环 1700 次循环 2000 次循环 3000 次循环	通过 通过 通过 通过 通过 通过
HTST	HTST		500h	通过
AEC-Q100 GRADE O		150℃	1000h 1500h 2000h	通过 通过 通过

为了进一步验证 P2 封装的稳定性，在 MSL1 和 MSL2 后的同一封装上进行了 TCT（–65 ～ 150℃），P2 封装通过了 2000 次循环。BLR 数据结果如表 7.3，其成功满足了跌落、弯曲和温度循环要求，并且高于标准要求。

表 7.3　a-EASI P2 BGA 封装的板级可靠性数据

测试说明	条件	数据	样品尺寸	结果
跌落测试 （JESD22-B111）	−1500g， 0.5ms	● 最大值 >30 次 ● 直到 80% 的器件故障	60	通过，>300 次
循环弯曲试验 （JESD22-B111）	偏转：2mm 频率：1Hz	● 最多 >200 000 次循环 ● 直到至少 60% 单元失效	36	通过，200k 次循环
TCT （JESD22-A104）	−40 ～ 125℃ 50min	● 5 次连续扫描读数电阻值增量超过 20% 以上 ● 直到 63.2% 器件故障	30	通过，第一个失败样本出现在 TCT1060

另一款芯片尺寸为 2mm×2mm，封装尺寸为 5mm×5mm 的 QFN TV 通过了 2500h 的 TCT 和 1000h 的 HTST。封装结构和可靠性数据分别汇总在图 7.29、表 7.4 和表 7.5 中。

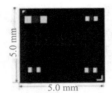

信息：
√　尺寸：5.0 × 5.0 ± 0.1mm，TH = 0.305 ± 0.040mm
√　引脚数：20（引脚节距：0.735/0.8mm）
√　盲孔：0.06mm
√　L/S：40/40
√　激光打标
√　腔体引线框架
√　支持在顶部进行无源/有源集成

图 7.29　a-EASI P2 封装——以 QFN 为例

表 7.4　a-EASI P2 QFN 封装的组件级可靠性数据

测试说明	缩写	条件	判据	结果
预处理 AEC-Q100	MSL3	30℃ /60% 相对湿度	TCT：SX 烘烤：125℃ /24h	通过
HAST AEC-Q100	HAST	130℃ /85% 33，3PSIA	96h 192h	通过 通过
温度循环 AEC-Q100 GRADE O	TCT	−65 ～ 150℃	500 次循环 1000 次循环 1500 次循环 2000 次循环	通过 通过 通过 通过

（续）

测试说明	缩写	条件	判据	结果
HTST AEC-Q100 GRADE O	HTST	150℃	500h 1000h 1500h 2000h	通过 通过 通过 通过

表 7.5　a-EASI P2 QFN 封装的板级可靠性数据

测试说明	条件	判据	样品尺寸	结果
跌落测试 （JESD22-B111）	−1500g， 0.5ms	• 最大值 >30 次 • 直到 80% 的器件故障	60	通过，>1000 次
循环弯曲试验 （JESD22-B111）	偏转：2mm 频率：1Hz	• 最多 >200 000 次循环 • 直到至少 60% 单元失效	36	通过，200k 次循环
TCT （JESD22-A104）	−40 ～ 125℃ 50min	• 5 次连续扫描读数电阻值增量超过 20% 以上 • 直到 63.2% 器件故障	30	通过，第一个失败样本出现在 TCT2140X

图 7.30 所示为最后一个示例，P3 封装含有 3 个芯片（其中两个芯片堆叠，第三个芯片与堆叠芯片并排放置），表 7.6 给出了 AEC-Q100 中 0 级 CLR 数据。

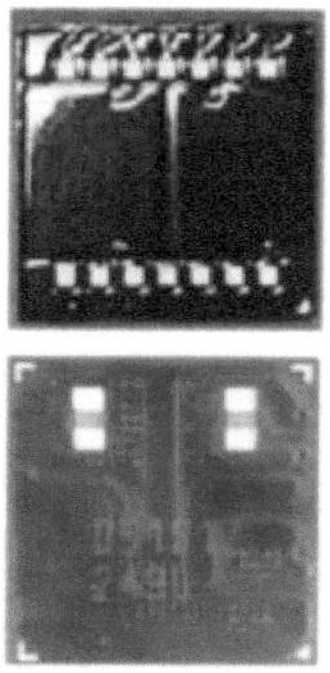

信息：
√ 3 颗芯片（其中 2 颗芯片堆叠）
√ 封装尺寸：6.6 × 6.4mm，THK = 0.5 ± 0.040mm
√ 引脚数：14（焊球节距：0.75mm）
√ 盲孔尺寸：0.07/0.12mm（顶部）；0.09/0.09mm
√ L/S：60/60μm
√ 支持双面电气连接

图 7.30　a-EASI P3 封装——以 3 个芯片为例

表 7.6　a-EASI P3 QFN 封装的板级可靠性数据

测试说明	缩写	条件	判据	结果
预处理 AEC-Q100	MSL3	30℃ /60% 相对湿度	TCT：SX 烘烤：125℃ /24h 水汽浸泡：168h 回流：265℃ +［0/–5］循环 3 次	通过

（续）

测试说明	缩写	条件	判据	结果
HAST AEC-Q100	HAST	130℃ /85% 33，3PSIA	96h 192h	通过 通过
温度循环 AEC-Q100 GRADE O	TCT	–65 ～ 150℃	500 次循环 1000 次循环 1500 次循环 2000 次循环	通过 通过 通过 通过
HTST AEC-Q100 GRADE O	HTST	150℃	500h 1000h 1500h 2000h	通过 通过 通过 通过

7.9 电测试的考虑因素

测试条件是嵌入式技术的一个重要影响因素，由于单元的夹持、触点插入力、插座设计和单元焊盘金属化在 a-EASI 的基本测试要求中都起着关键作用，嵌入式封装必须考虑是否对单元的夹持有任何特殊要求，以确保在执行多插入测试时将良率损失降至最低，除了潜在的良率损耗外，诸如芯片断裂、介质层裂纹和单元严重翘曲等挑战都是影响封装可靠性的关键考虑因素。幸运的是，ASE 在处理超薄封装方面拥有丰富的经验，有助于提供对如 a-EASI 封装结构的预期基准。

对于顶部没有元器件的非 SiP a-EASI 单元，拾取和处理是标准配置，如一个薄的 QFN，当顶部具有元器件时，必须使用一些新型工具以确保单元正确插入插座，在某些情况下，可以在元器件安装到板条 / 板级之前进行预测试，以确保嵌入式芯片良好的互连成品率。

触点插入力通常会根据测试时观察到的电阻水平而变化，在某些时候增加插入测试力可能会使接触得到改善，从而降低接触电阻。例如在 BGA 单元中，由于 BGA 焊球表面可能有一层氧化物，需要破坏其氧化层后才能实现良好的接触。而对于 a-EASI，大多数结构都采用 LGA 格式，接触相关阻力不视为测试挑战。

测试插座的设计遵循与其他 SiP 或薄 CSP 封装平台类似的准则，其中，封装的关键公差被用作插座设计的基准，基于基板的 CSP 设计与此类似。由于大多数 a-EASI 封装整体尺寸相对较小，焊盘数量较少，因此翘曲导致的良率损失不是关键因素。随着封装尺寸的增大，元器件与嵌入 Cu 之间的平衡性发生改变，这是必须考虑的因素。

总体而言，a-EASI 测试考虑是简洁明了的，遵循并学习了大部分先前其他基于薄型 CSP 和 SiP 模块的经验，意识到由于测试过程而导致的潜在可靠性风险始终是一种良好的习惯。

7.10　本章小结

数据中心和汽车工业是推动电源解决方案进步、实现设计创新的先进领域，智能工厂、智能电网、可再生能源和通信等都将受益于先进电源解决方案（包括传统硅器件和宽禁带器件在内）所提供的高功率转换效率和卓越的功率密度。为了在提高整体效率的同时减小系统尺寸和重量，要求功率模块向更小、更轻、开关频率更高的封装演变。因此，封装的寄生效应，特别是寄生电感和寄生电阻是能否实现功率模块电性能的关键因素，此外电流密度的持续增加需要改进散热，以满足工业和汽车标准对增强可靠性的要求。本章详细介绍了嵌入式芯片电源模块 a-EASI 技术，可以满足下一代电源解决方案的关键需求，即高封装效率、好散热性、小外形尺寸和灵活集成。a-EASI 技术正处于大批量生产阶段，出货量超过 1 亿件，应用遍及汽车、工业和消费应用领域。

参考文献

1 Alderman, A., Burgyan, L., Kakizaki, Y., Hama, Y., Nakagawa, H., Böttcher, L. and Löher T. (2015). Current developments in 3D packaging with focus on embedded substrate technologies. *PSMA Technology Report*.

2 Alderman, A., Burgyan, L., Narveson, B. and Parker E. (2015). 3D embedded technology: analyzing its needs and challenges. *IEEE Power Electronics Magazine*, (December), pp. 30–39.

3 Essig, K. (2015). Embedded die substrate solutions for power applications. IMAPS France, Power Electronics Workshop, Session 2, Tours, France.

4 Essig, K., Chiu, C.T., Kuo, J., Chen, P. and Yannou, J.M. (eds). (2016). Higher efficiency power module integrated solutions by chip embedding. *Proceedings of International Symposium on Microelectronics*. Pasadena, USA (10–13 October 2016). USA: IMAPS.

5 Appelt, B. K., Su, B., Lee, D., Yen, U. and Hung M. Eds. (2011). Embedded component substrates moving forward. *IEEE 13th Electronics Packaging Technology Conference Proceedings*. Singapore (7–9 December 2011). USA: IEEE.

6 Wang, T., Chen, X., Lu, G., and Lei, G. (2007). Low temperature sintering with nano-silver paste in die attached interconnection. *Journal of Electronic Materials* 36: 1333–1340.

第 8 章

先进基板上的芯片集成技术
（包括嵌入和空腔）

Markus Leitgeb 和 Christian Vockenberger

8.1 引言

异构集成在未来需要更全面的互连技术，以最高的速度、最小的空间和最低的能耗形成电子模块。扇出封装最近被引入高端应用中，以取代独立基板从而降低封装高度，或替代扇入封装，为输入和输出（I/O）接口提供更大的封装空间或更高的可靠性。然而，电子产品小型化、低成本以及快速上市的持续趋势要求异构集成技术实现单个模块中集成更多元器件。现有的基于环氧塑封料（EMC）的扇出技术主要用于单个器件封装，只有少数集成多个器件。封装制造主要在晶圆级进行，同时最近也引入了一些板级扇出制造技术[1]。基于如印制电路板（PCB）、类 PCB 载板（SLP）和 / 或芯片（IC）载板这样的大面板技术，使用空腔技术，通过芯片先置嵌入或芯片后置的方式，可以在单个模块中集成更多元器件。此外，可以在很大程度上利用现有大规模量产（HVM）的PCB 和载板的基础平台，这为大规模扩产提供了诱人的潜力。

电子工业中许多不同的领域正在融合，因为先进的封装可以克服电子系统架构中的挑战[2]。电子行业的两大驱动因素是电性能和小型化。尽管近年来线宽和间距（L/S）越来越小（目前的高密度互连（HDI）载板标准是 L/S 为40μm/40μm，IC 载板为 9μm/120μm），因此迄今为止，小型化主要局限于减少层数和材料厚度。

8.2 通过使用嵌入式芯片封装（ECP®）实现异构集成

AT&S 公司开发了基于将有源器件和无源元件嵌入层压基板或 PCB 的异构封装。芯片嵌入技术的发展历史悠久，始于 2000 年，由弗劳恩霍夫研究所 IZM（FIZM）领导的聚合物芯片资助项目。芯片嵌入的基础研究和开发工作是在以前名为"隐藏芯片"的项目中完成的。该项目展示了第一批原理样件，并且 FIZM

为芯片正面向上的嵌入技术申请了专利[3]。凭借在嵌入式无源分立元件方面的经验，随着市场关注度日益浓厚，FIZM 和 AT&S 看到了在欧洲以联合体的方式创建芯片嵌入式应用供应链的巨大机会。他们愿意为嵌入式应用的产业化开发芯片嵌入技术和供应链。该联合体的合作伙伴包括最终用户、材料供应商、器件供应商、硅芯片供应商、测试厂、PCB 供应商和研究机构，如图 8.1 所示。吸引潜在的参与者、创造商业力量和推动芯片嵌入技术的发展也很重要。这个由欧洲资助的项目名称是 HERMES（通过嵌入芯片实现模块和电子系统小型化的高密度集成技术）。

该项目合作伙伴的选择侧重于使这种新技术取得成功的关键项目。除了嵌入本身的工艺外，还包括材料可用性、设计和布局以及测试。

有源器件和无源元件的嵌入提供了广泛的优势和潜力。嵌入式技术应用的首要任务之一是推动系统小型化，对于尺寸限制严苛且高集成度至关重要的模块应用而言，嵌入式技术最受关注。通过将元件移到内层，可以在同一面积上放置更多有源器件和无源元件。3D 系统级封装（SiP）带来了更高的功能性和复杂性。例如与键合结构相比，采用更短的铜互连，减少了寄生效应，信号失真最小，信号的电性能获得改善。结构稳定性高、无焊接或键合，且高度可靠的铜互连提高了整体可靠性，这是嵌入技术的一个明显优势。此外，元件通常位于 PCB 的中轴上；这意味着元件在 PCB 的弯曲过程，比如掉落过程中将经受更小的应力。

高性能系统的主要挑战之一是模块中的高效热管理。元件位于 PCB 导体层之间，而不是 PCB 顶部，元件的正面或背面可以直接接触铜通孔或其他散热结构。热性能在后面的示例中展示。

在该技术开发过程中，始终尽可能地基于现有材料、HVM 设备和 PCB 制造中已建立且通用的稳定工艺。一方面，除了经验证的工艺稳健性外，这种方法的制造成本低，并能够快速大规模生产。另一方面，PCB 工艺环境对元器件要求和设计规则有特定影响，需要加以考虑。

8.3　嵌入工艺

嵌入工艺的初始工艺步骤与 PCB 制造相同。首先，将图像转移到 PCB 的芯板上（中间为完全固化树脂的玻纤板，顶部和底部为铜层）。随后，制作用于嵌入式元件（EC）的空腔。这些空腔是在芯板上通过激光切割制作的。激光切割提供了必要的精度，是 HDI PCB 制造中的一种成熟工艺。在下一步中，将临时载体层压在芯板的一侧上，用于下一步工艺中的元器件固定，然后将器件放入腔体内并放置在临时载板上。这一步骤是用标准的表面贴装技术（SMT）设备完成的，确保了高产量和必要的精度。详见图 8.2。

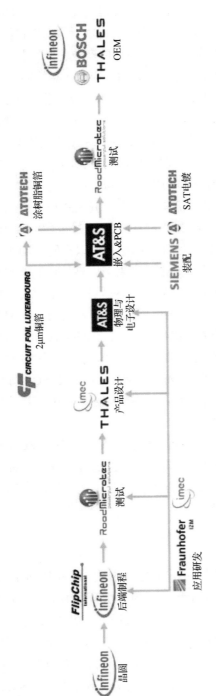

图 8.1 HERMES 项目联合体结构

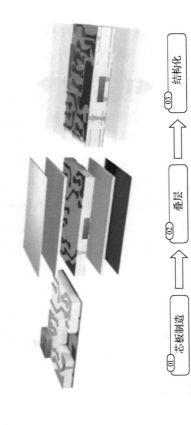

图 8.2 嵌入式组件封装工艺流程概述

在第一次层压步骤期间，将半固化片层压在芯板的顶部上。半固化片是一种半固化的玻璃增强环氧树脂片，用于 PCB 制造中加工介质层。在层压过程中，半固化片的树脂将填充器件和芯板介质材料之间的间隙。层压过程取决于树脂的性质，树脂就在这一步骤中固化。由于器件现在被树脂固定，因此可以移除临时载板，进行第二次层压，将半固化片粘接到芯板的底部以确保叠层结构的对称性。

与元器件的互连通过镀铜的激光通孔实现，因此，有必要在元器件互连焊盘上用激光钻微孔。由于元件隐藏在层压板中，因此开发了一种特定的定位系统，以确保激光准确击中元件焊盘。嵌入式器件使用铜电极（参见下一节中的元器件具体要求），使用 CO_2 激光系统可安全地去除介质材料，并且不会损坏元件焊盘。激光精度与公差共同定义了元件可加工的焊盘尺寸。这意味着，正确的定位系统设计和高精度设备是推动设计规则进步的关键。

进一步加工与 HDI PCB 制造非常相似。在完成通孔之后，镀铜实现 PCB 电路和嵌入元器件（EC）之间的电连接。电镀工艺和设备与激光钻孔的 HDI PCB 工艺制程相同，因此不需要开发专用的解决方案。电镀工艺的轻微修改和调整足以满足特定产品的要求，所有剩余工艺与一般 PCB 生产相同。通过上述工艺加工的半成品使用方式与 PCB 的标准芯板相同，不同之处在于在铜层之间嵌入有源器件。这意味着 PCB 可制成双层或多层 PCB，具体取决于应用和产品要求。PCB 叠层没有限制，嵌入式的芯板可以与其他芯板组合，或者使用积层法完成后续工艺。

在生产中处理有源器件和无源元件时，一个主要考虑因素是 ESD（静电放电）。所有工艺和运输系统从一开始就考虑到了这一问题，其设置方式均确保在整个生产过程中不会发生 ESD 事件。

8.4　元器件选择

嵌入式技术的一个关键要素是将要集成到层压板中的元器件，元器件能否集成由嵌入式处理工艺决定。显然，纯机械部件（如连接器或机械开关）不能嵌入 PCB。从理论上讲，所有满足物理特性要求的其他电子元器件都可以集成到 PCB 中，然而，必须考虑对元器件功能的影响。传感器和微机电系统（MEMS）器件的嵌入可能性有限，因为集成工艺和包封的环境可能影响器件本身的功能。表 8.1 列出了对元器件的基本要求。

表 8.1　元器件的基本要求

特点	无源元件	有源器件
种类	电阻、电容	裸芯片
尺寸	0201，0402	最大 8mm × 8mm
厚度	60 ~ 300μm	60 ~ 300μm
焊盘表面	仅铜	仅铜
铜厚度	最小 6μm	最小 6μm
焊盘直径	最小 200μm	最小 200μm
厚度公差	± 10μm	± 10μm
封装方法	T&R	T&R，晶圆

在完成基于功能的元器件选择之后，接下来需要考虑元器件的物理特性。由于要集成到 PCB 的芯板中，元件的厚度必须与芯板本身厚度相匹配，PCB 的芯板仅有一些特定的厚度。此外，必须有足够的树脂可用于填充元器件周围。在 x 和 y 方向上，还受组装设备的能力以及芯片与封装面积比的限制。芯片与封装面积比是影响产品整体翘曲的关键指标。

元器件的焊盘表面需要为铜层，用以终止激光，结合电镀工艺，它还确保了可靠的铜对铜互连。这种表面处理不是有源器件或无源元件的标准工艺，但可以应用于这两种元件类别。对于有源器件，可使用直接在 I/O 焊盘或 RDL 上镀铜来制造铜金属化层。这也能确保补偿对准公差所需的正确焊盘尺寸。对于无源元件，需要一套特定的，同时无源元件供应商可以轻松获得的工艺流程。一般而言，选择嵌入哪些电子元器件是一个至关重要的话题，因为它定义了器件的整体架构。客户、集成商（进行嵌入的公司）和元器件供应商之间在开发的早期进行开放的交互是必须的，绝对必要的，可以避免后期更改，甚至在开发过程中出现障碍。

8.5　设计技术

具有工艺流程以及必要的元器件是嵌入技术的关键。如果不具备，也不可能嵌入 PCB。此外，需要使用具有嵌入功能的电子设计自动化（EDA）工具来模拟设计这些组件。在嵌入式技术的应用过程中，为了实现预期的 EDA 功能，工具开发一直是一项重要任务。最初，只能将元件放置在 PCB 表面，无法将其作为 EC 放置在基板内部。在技术开发的早期阶段，AT&S 与特定的 EDA 工具供应商密切合作开发工具，使客户能够采用该技术。

主要困难之一是嵌入的方法不同，每种方法都有一些特殊之处，需要在布版过程中加以考虑。因此，工具供应商面临的挑战是为嵌入式芯片技术开发一种一体化解决方案。当然，也有一些变通方案允许将元件放置在 PCB 内部，但这种解决方案风险很高。由于设计规则检查的原因，将元器件明确标识为嵌入 PCB 是绝对必要的。如果该工具不知道某个特定的元器件被放置在 PCB 内部，它就无法检查所有必要的约束是否都以正确的方式应用。在最差情况下，EC 放置在与通孔相同的位置。对于表面贴装元器件，这不是问题，但在有 EC 的情况下，钻孔过程会穿透组件并将其破坏。

需要清楚地识别嵌入式元器件，以确保识别出其位于 PCB 中而非 PCB 上。这是必要的，以便制造商知道哪些组件应该嵌入，哪些不应该嵌入。这听起来是一件简单的事情，但总体而言，还需要确保有一个自动化的设计和数据流。这意味着不仅 EDA 行业需要适应，PCB 供应商的计算机辅助制造（CAM）设置也需要能够自动处理客户提供的信息。为了让客户能够顺利地采用这方面的技术，AT&S 成立了一个设计小组，该小组专注于将新技术集成到现有的 EDA 和 CAM 工具中，并提供解决方案。

8.6　测试

包含 EC 的 PCB 的测试不同于传统的 PCB 制造。产品鉴定需要测试，大规模生产中也要进行测试。在产品鉴定过程中，在可靠性应力试验之后的功能测试应与批量生产中应用的功能测试相关。对于无源元件，这很容易，因为大多数 PCB 测试设备都可以测量电阻和电容。有两个重要项目必须加以考虑：第一，EC 的明确标识，这与自动化数据流的主题相关。在测试程序准备期间，必须以不同的方式处理连接到元件的网络。因此，元件和相关网络必须自动识别，而不是手动选择，因为这是错误的来源，尤其是对于复杂的电路板。第二，PCB 中的走线和铜平面对电容和电阻的测量值有直接影响。对表面贴装元器件进行在线测试（In-Circuit Test，ICT）通常会发现测量值与元器件本身的标称值相匹配。对于 EC，由于 PCB 走线和过孔的额外电阻，PCB 的影响使得测量值经常与标称值不符。

对于有源器件，测试更为复杂。最容易实现的测试是所谓的二极管测试，通过该测试可以验证与芯片的互连。该测试可使用标准 PCB 测试设备进行，但由于类似于开路短路测试，因此存在一定的限制，需要在器件引脚处安装 ESD 保护二极管。对于仅嵌入一个器件的单芯片封装，测试可以直接进行。如果嵌入更多元器件，并且这些器件在 PCB 内相互连接，则可能会很有挑战性。对于表面贴装元器件，很容易通过接触元器件或元器件焊盘进行测试，但对于 EC，这是不可能的，甚至对于无源元件也是如此。将电阻串联或电容连接到有源器件的引脚上，无需额外的测试点即可测试单个元器件。对于嵌入式元器件，无法在嵌入后测试单个元器件。如果不付出额外的努力，即使是元器件间的互连网络也无法进行正确的测试。如果需要，必须在设计阶段就考虑到这一点，并且必须增加额外的测试点。对于更复杂的功能测试，应安装专用测试软件和测试设备，这通常不是 PCB 制造的标准配置。

一旦为量产定义了功能测试方法，它也可用于可靠性测试后的验证。嵌入式器件可靠性测试的专用标准已经制定，但是尚未在业界完全实施。因此，有必要于项目的早期阶段在客户和制造商之间讨论并调整针对于单个产品的鉴定试验。

8.7　ECP 技术的应用

ECP 技术的最初设计规则主要针对于具有低 I/O 数（<50）和小管芯的简单产品。安装空间受限的应用对于小型化有着迫切需求，例如移动应用、可穿戴设备或医疗产品。大多数产品都很小，这意味着一个面板可以生产数千个单元。该技术主要面向体量足够大的应用，以适应 PCB 制造中使用面板以及批量的要求。考虑到该技术提供的优势（如改善电气特性和散热），ECP 总体上非常适合低功耗应用，如低压直流 – 直流（DC/DC）转换器或分立式功率器件，如图 8.3 所示。这些器件属于多种市场，因此它们具有广泛的应用领域，从而为嵌入式芯片的生产提供了所需的体量。

图 8.3　分立式功率器件示例图

表 8.2 显示了截至 2020 年 AT&S 在不同类别中的出货量。封装类考虑了只有一个嵌入式元器件的所有产品，其中可以酌情增加表面贴装元件，分立式电源器件也属于这一类。模组类具有多个嵌入式元器件（有源和 / 或无源），通常需要额外的表面贴装元件。主板类是大尺寸主板，通常仅嵌入无源元件。

表 8.2　带嵌入式元器件的单元数量

	封装	组件	电路板
出货单元数量 / 百万	>431	>9	>2.3
装配元器件数量 / 百万	>431	>23	>250

在 PCB 工艺中，实现 35μm 或更高的铜厚度通常不成问题。使其可以用于具有更高功率的应用。结合宽禁带材料如氮化镓（GaN）等高频开关器件的进一步发展，嵌入式芯片技术非常适合此类应用，不仅适用于分立器件，也适用于模块或嵌入主板应用。对于这类应用，必须采用短的互连环路以降低寄生电感。这推动了效率的提高，并进一步减小了整个产品的尺寸。嵌入式芯片的另一个好处是，可以使用多个微过孔从两侧接触 EC。凭借铜填充通孔技术和单个微通孔的设计灵活性，可显著改善热阻和电阻，并优化热流。

通过使用半桥模块，对比标准表面贴装方法与模块中嵌入芯片，证明了嵌入式技术性能的提高。该模块包括以下元器件，示意图如图 8.4 所示。

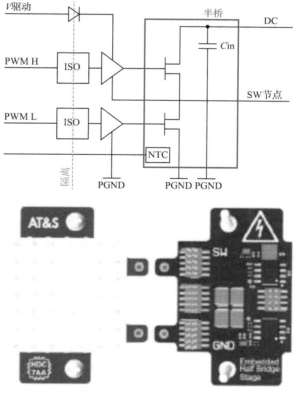

图 8.4　原理图以及连接散热器的实物照片

1）两个氮化镓晶体管；

2）采用碳化硅二极管的高边驱动器；

3）集成隔离的 SI8271 驱动器；

4）防止栅极驱动故障的 LDO；

5）高频输入滤波器；

6）嵌入式热测量装置（NTC）；

7）三个电源接头和一个信号接头。

对于表面贴装版本，开发了一个四层 PCB，GaN 晶体管贴装在顶部，所有其他元器件贴装在底部。在晶体管上方，使用热界面材料（Thermal Interface Material，TIM）连接了散热器。值得注意的是，晶体管是用 AT& SECP 实现的。由于这一原因，两个版本之间的性能差异在某些参数上并不显著。

嵌入式版本也是四层架构。晶体管嵌入在 PCB 的中心，这使得整个表面区域用于散热片连接。晶体管以有源面向下的方式嵌入在叠层结构中。晶体管的背面通过几个铜填充的微通孔连接到模块中的第二层。在第一层和第二层之间使用导热的半固化片互连，以改善安装在顶部的散热器的散热效果。散热片用导热胶粘接固定。

图 8.5 展示了不同结构的横截面示意图。可以看出，与 SMT 版本相比，嵌入式版本的整体厚度较小。这不仅是因为 PCB 更薄，还因为表面贴装晶体管和 TIM 在 z 方向上需要更多空间。图 8.6 展示了包含嵌入式晶体管和连接晶体管两侧微孔的 PCB 横截面图。将晶体管集成在模块内部可缩短直流链路电容器与晶体管之间的距离，从而缩短换向环路，如图 8.7 所示。

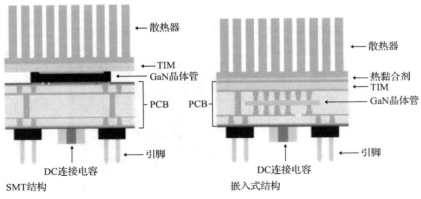

图 8.5　SMT 与嵌入式结构的叠层结构比较

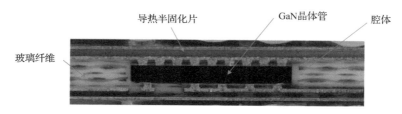

图 8.6　具有双面激光通孔连接的嵌入式 GaN 晶体管的横截面

SMT结构
- 区域面积：7.5mm² （22mm周长）
- 电阻：2.2mΩ
- 功率损耗@1.4kW：140mW

嵌入式结构
- 区域面积：2.2mm² （18.4mm周长）
- 电阻：1.3mΩ
- 功率损耗@1.4kW：80 mW

图 8.7　SMT（上图）和嵌入式结构（下图）换向回路的横截面比较图

为了比较两个版本的性能，进行了以下测试：

1）评估换向回路的双脉冲试验；

2）满载时的效率测量；

3）施加电流用于自热，并比较环境温度，以获得热性能。

图 8.8 显示了试验结果汇总表。对于双脉冲测试，用 22A 对电感器充电，这是最大电流负载的 75%，并且测量波纹电压。对于 SMT 版本，波纹电压为 17.5V，这是一个良好的结果。嵌入式版本显示波纹电压低于 1V，明显更好。

对于效率评估，使用了以下设置参数：

输入电压：400V；

输出电压：200V；

开关频率：100kHz；

电感器：128μH；

负载：0～1.6kW。

结果表明，使用嵌入式版本，我们可以在 42℃的温度下达到 99.5% 的最大效率。这再次优于 SMT 版本，后者在 45℃的温度下达到最大值 99.2%。

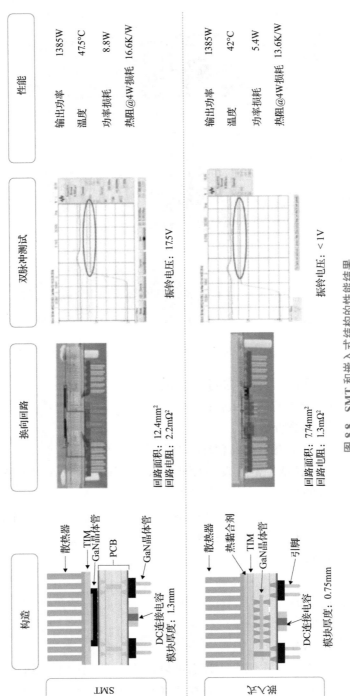

图 8.8　SMT 和嵌入式结构的性能结果

8.8　利用 PCB 中的空腔进行异构集成

另一种嵌入式解决方案是通过在 PCB 中引入凹陷空腔（以下称为"空腔"）来降低局部高度。这些空腔可用于组装元器件以减少总体 PCB z 轴厚度。这些空腔还可以用于通过缩短热点和散热器之间的散热路径来提高热管理能力，以及通过暴露天线结构来改善电子系统的射频性能。PCB 中空腔的作用如图 8.9 所示。

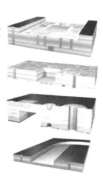

- 通过将元器件安装在腔槽中来减少组装组件的整体厚度

- 通过降低热阻改善热管理

- 通过移除天线下方的PCB材料提高射频性能

- 在腔壁使用金属镀层进行屏蔽

图 8.9　PCB 中的空腔

近年来，这些模块的功能大大增加。增强的功能是通过将具有各种功能的元器件异构集成在先进小型化模块中实现的，使模块具有更多功能。例如，电源管理、高级数据处理以及传感和驱动等。这些类型的电子模块也被称为 SiP。

与扇出晶圆级封装（FO-WLP）相比，基于 PCB 的解决方案具有独特的优势。首先，PCB 材料提供了更高的稳定性，因为与塑封材料相比，介电材料，如玻璃纤维，机械稳定性更高。根据 PCB 的工艺特点，可以加工多层电路，用于信号路由或集成屏蔽。铜层和特定的通孔结构可用于增强封装的热管理能力并可用作屏蔽。铜结构也可用于制造天线。较厚介质层使天线的性能更好。不同类型材料的正确组合有助于匹配元器件的热膨胀系数，从而提高可靠性。最后，大的面板幅面使成本更低并有利于大批量生产。空腔可以应用于不同应用和市场中的各种母板。已知的产品范围从传感器封装和电源应用到可穿戴设备甚至手机的主板（见图 8.10）。

空腔成形对于形状和深度没有限制，从而在材料选择和 PCB 设计规则方面实现更大的自由度。可焊表面和阻焊图形也可应用于腔体层（见图 8.11）。该特征涉及在 PCB 中定义腔槽结构，可用于安装电容器、晶体管甚至逻辑模块等电子元器件，从而使组装后 PCB 具有更薄的整体结构。电互连也可以在空腔中进行。存在各种基础材料（例如，高速、高 T_g）可供选择。腔内电互连的主要优点是：

1）腔体形状和深度无限制；

2）腔体内完成表面处理（例如，电镀、OSP）；

3）在一张卡片中可以实现多种深度；

4）空腔中具有阻焊膜。

腔体技术的一个主要优点是在腔体区域的内部和外部应用相同的设计规则。如上所述，在空腔区域中甚至可以进行阻焊和表面处理，以实现 SMT 工艺。

图 8.10　用于可穿戴装置的主板中的空腔

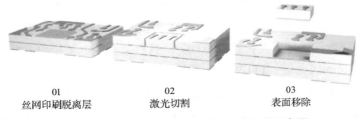

| 01 | 02 | 03 |
| 丝网印刷脱离层 | 激光切割 | 表面移除 |

图 8.11　AT&S 公司的空腔形成工艺流程示意图

8.9　封装性能、稳健性和可靠性

先前已公布了芯片后置和芯片先置技术的可靠性结果[4,5]。腔内芯片后置封装的一个案例是 1.1mm 厚的 PCB，外层为三井物产 MRG 300 RCC-Foil（树脂涂覆铜箔），内层为 10 层的多层松下 R1551W 材料（低卤素的环氧树脂基半固化片）。这种基于特殊技术的叠层结构和生产方法能够去除不同深度的多层。阻焊膜和 Entek HT（有机表面保护）用作所有可焊表面的处理（见图 8.12）。

用于这些试验的焊膏是常用的锡 – 银 – 铜（SAC）3 型无铅焊膏。在这次试验中使用的锡膏印刷系统由两部分组成，一个阶梯网板和一个定制刮板。使用四个网板分别对应于四个测试结构，所有网板均为激光切割并通过电抛光的不锈钢网板，粘接在聚酯网中，并在铝框架中张紧。电路板的组装见表 8.3。

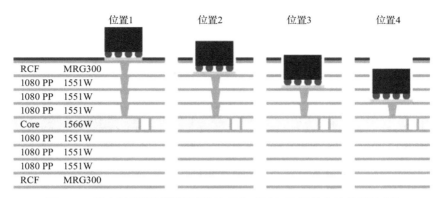

图 8.12　带有腔槽区域的测试结构组合（PCB 和组件未按比例绘制）

表 8.3　跌落测试（DT）和温度循环测试（TCT）所需的板卡和元器件数量

	DT		TCT	
	板卡	元器件	板卡	元器件
位置 1	9	5	4	15
位置 2	9	5	4	15
位置 3	9	5	4	15
位置 4	9	5	4	15
总计	36	180	16	240

在比较焊膏体积的 C_{pk} 值或工艺能力（见表 8.4）时，发现在这些标准条件下，工艺能力具有明显的变化趋势，无腔体（0μm）的测试结构表现出相对较高的 C_{pk}，因此始终达到足够的体积。随着层数的每一次减少，我们看到虽然体积足够但在一定程度上降低的工艺能力。在这一次生产试验过程中，未观察到任何测试结构出现重大偏离（空隙、遗漏等），见图 8.13。

表 8.4　所有试验溶剂（位置 1、位置 2、位置 3 和位置 4）的焊膏体积的 C_{pk} 值

位置	C_{pk}
1	3.53
2	2.27
3	1.95
4	1.37

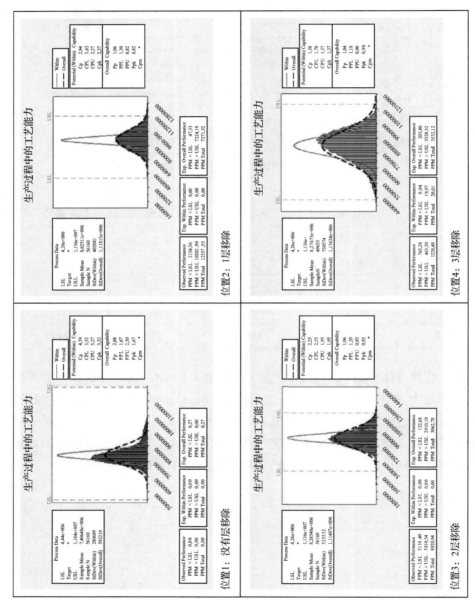

图 8.13　所有测试结构（位置 1、位置 2、位置 3 和位置 4）的焊膏量工艺能力

板级跌落测试方案基于 JEDEC JESD22-B111。对于这些试验，选择 5 个中心位置组装元器件，因为在这种类型的跌落试验期间，总体上暴露于较高的张力下，如图 8.14 所示。

图 8.14　跌落测试的元器件位置

0μm 测试结构（无空腔）在跌落试验期间表现出最高水平的性能，特征寿命（η）的跌落见图 8.15。每多移除一层，跌落测试性能依次降低。

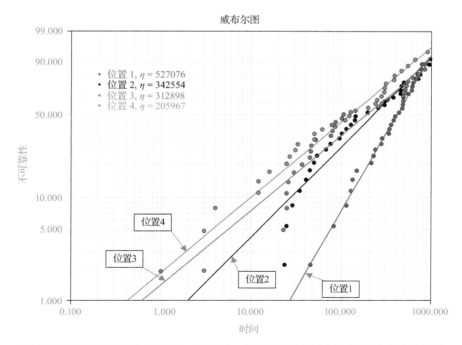

图 8.15　所有测试结构（位置 1、位置 2、位置 3 和位置 4）跌落测试的威布尔图

最早的故障发生在测试结构位置3。对其进行失效分析，横截面显微照片显示元件焊盘附近的焊料中存在裂纹，即在PCB焊点处未发现缺陷（见图8.16）。然而，与其他测试结构相比，位置4的性能总体上略差。

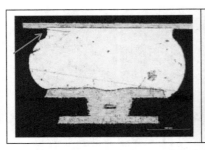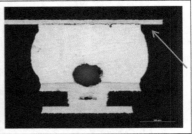

图 8.16　组件焊盘附近的焊料出现裂纹

图8.17所示的等值线图清楚地表明了腔体性能与外层（0μm位置1）等值性能之间的很大关系。等值线图以图形方式显示了威布尔拟合的 η 和斜率 β。曲线图显示，η 和 β 将以50%的概率在下一次跌落时落在标记区域内。如果这些曲线不收敛，则各组之间存在统计学显著性差异（位置2、位置3和位置4与位置1）。总体而言，在分析过程中没有发现特别频繁出现的失效模式（即焊点截面、焊料体和PCB的所有位置均出现裂纹）。

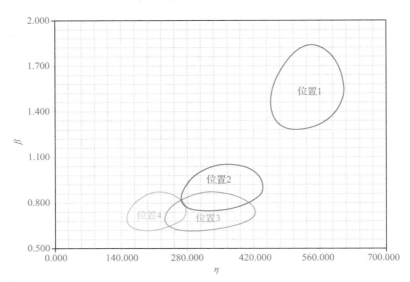

图 8.17　所有测试结构（位置1、位置2、位置3和位置4）中所有元器件跌落测试特征寿命（η）与斜率（β）关系的等值线图

板级温度循环测试（TCT）方案基于 JEDEC JESD22-A104C。测试了四个试验件，每个试验件具有 15 个表面贴装器件（SMD）菊花链。测试过程中实时监控，电路板温度在 –40 ～ 125℃温度范围内不断变化，通过标准为 1000 次循环。而所有测试载板均通过了 1000 次循环而未发生故障。

在本分析结论中值得注意的是，工艺材料（即网板、刮板、PCB、焊膏等）的准备、制造和可用性对整个研究没有构成任何阻碍。当关注使用这些工艺材料的可制造性时，这一事实是重要的。

测试板（同一测试件上包含 SMD 和 EC）旨在确保两组元器件在测试过程中承受相同的应力元素[5]。PCB 为 8 层多层板，如图 8.18 所示。所有内层上未使用的铜都被画上阴影线，这意味着它们不是全铜表面，这是 PCB 设计中的标准做法，可以实现稳定的热性能，进而实现更好的热机械性能（即翘曲控制）。PCB 选用的材料为松下 R1551W（无卤环氧树脂基半固化片）。这种材料是在 HDI 应用中的标准材料，并且不是用于嵌入元器件的专用材料。

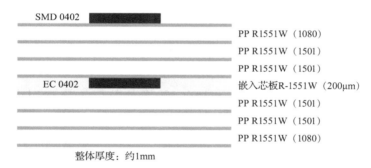

图 8.18　构建带有表面贴装器件（SMD）和嵌入式元件（EC）的 8 层 PCB

一般来说，为了简化测试，降低制造过程引入的性能变化影响，因此决定在测试样件中使用无源元件（本例中为电阻器）。基于在 SMT 制造中的通用性，以及在生产测试试验件的工厂的当前 EC 制造工艺中的可用性，选择标准 10Ω 的 0402 电阻器 SMD 元件用于外层组装。选择应该代表实际应用，但肯定不是唯一可以做出的选择。

EC 在 x 和 y 轴上的尺寸为 0402，电气功能与 SMD 元件匹配。z 轴的不同之处在于它比标准 SMD 0402 更薄。SMD 和 EC 为相同的组件制造商。由于实现连接的方法不同，元件的电极材料也不同。SMD 元件采用金属镀锡（镀锡电极），用于 SMT 组装工艺，而 EC 采用铜电极。

EC 的一个更明显的特征（与此处讨论的制造方法有关）是它们被封装

在 PCB 内，因此它们被半固化片的树脂和玻璃纤维包围。任何外部应力理论上将分布在整个结构上，并且较少分布在元器件本身上，这与 SMD 元器件和焊点系统相反，SMD 元器件和焊点系统位于外层上，直接暴露于应力源中。当考虑机械应力对 PCB 平面刚度的影响时，EC 的中心位置应力水平也更均匀。

为验证可靠性，完成了跌落测试和 TCT。18 个测试件中有 17 个在 1000 次跌落前发现了 SMD 相关缺陷，仅一个测试件成功跌落 1000 次，未出现 SMD 故障。在 1000 次跌落之前，18 个测试件中有一个出现 EC 相关故障。在 PTH 和内层走线中做了多次故障定位的尝试后，未发现明显的失效位置。

这些电路板被放置在 −40 ～ 125℃ 的温度范围内经历了温度的不断变化，要求通过 1000 次循环。测试的菊花链的总和为 70 个：35 个 SMD 和 35 个 EC。每个菊花链中有八个元件。在发现电阻变化 >1000Ω 后，测试件被记录为故障。所有测试件（SMD 和 EC）均通过了 1000 次循环而未发生失效。由于没有任何相关失效，因此未进行进一步的横截面或分析。

8.10　本章小结

电子系统的小型化推动了对多功能模块的需求。PCB 和 IC 载板技术为小型外形尺寸的模块集成（即 SiP）和具有 100 个及以上元器件的大型电子系统（系统主板）提供了一个通用工具集。芯片先置型和芯片后置型技术甚至可以集成到一个封装中，以优化成品率 / 性能比，例如，将无源元件嵌入到电路板中，并将有源器件组装到腔体层上。如各个示例中所述，两种技术都为产品本身提供了显著的益处，例如小型化或电性能和热性能的改善，以及体积缩放和更高效的工艺利用率，这是由于与晶圆尺寸相比，面板尺寸较大。

参考文献

1 "Panel level packaging." (2021). https://www.izm.fraunhofer.de/de/abteilungen/system_integrationinterconnectiontechnologies/arbeitsgebiete/panel-level-packaging.html (accessed 25 May 2021).

2 Mahajan, R., Viswanath, R., Sankman, B. et al. (2018). Intel 2D to 3D package architectures - back to the future. *Proceedings of the International Microelectronics and Packaging Device Packaging Conference*.

3 Jung, E., Landesberger, C., Ostmann, A. (1999). "Method for integrating a chip in a printed board and integrated circuit," German patent DE19954941C2, filed November 16, 1999 and issued November 6, 2003.

4 Leitgeb, M. and Ryder, C.M. (2012). *SMT Manufacturability and reliability in PCB cavities.* https://smtnet.com/library/index.cfm?fuseaction=view_article& article_id=1801&company_id=54036 (accessed 25 May 2021).

5 Ryder, C.M. (2011). Embedded components: a comparative analysis of reliability. https://www.datasheetarchive.com/whats_new/ e145f3d44c0527568545f9922f4c3cee.html (accessed 25 May 2021).

第 9 章

先进的嵌入式布线基板——一种灵活的扇出晶圆级封装的替代方案

Shih Ping Hsu、Byron Hsu 和 Adan Chou

9.1 技术介绍

9.1.1 C²iM 技术

C²iM（Copper Connection in Materials，材料中采用铜连接）是一种具有嵌入式走线和无芯结构的多层集成电路（IC）基板平台。更进一步的，PPt（芯舟科技有限公司）在 C²iM 平台上开发出了扇出 PLP（板级封装）技术，称为 C²iM-PLP，这种技术采用芯片先置 / 面朝上的方法嵌入元件，可以实现单芯片或多芯片封装。图 9.1a 给出了用于倒装芯片封装的传统嵌入式走线基板（Embeded Trace Substrate，ETS）结构示意图，该结构由含玻璃纤维的介电层（如双马来酰亚胺 – 三嗪（BT）材料）和激光加工的互连通孔构成[1-3]。图 9.1b 给出了 C²iM 基本结构的示意图。C²iM 和 ETS 之间最大的区别在于，C²iM 使用 EMC（环氧塑封料）作为介电层、铜柱作为互连通孔。C²iM 的优点如下：

1）因为在高频时没有玻璃纤维，所以它在高速应用中具有更好的电性能。

2）当通孔数量较多时，用光刻和电镀工艺制作的铜柱具有更好的成本优势，该工艺可以制作任何形状的铜柱，支持更灵活的布版。这更适用于有细节距需求的产品。用光刻和电镀工艺制作铜柱还可以克服孔数量很多时，激光打孔的高成本问题和细节距限制。

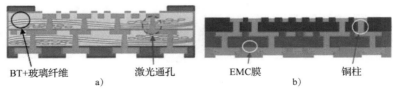

BT+玻璃纤维　　　激光通孔　　　　EMC膜　　　铜柱

a)　　　　　　　　　　　b)

图 9.1　a）ETS 基板　b）C²iM 基板

3）C²iM 的材料组成很简单，主要以 EMC 和铜为主；在实际应用中，它具有良好的可靠性，可以达到 MSL1（湿度敏感度 1 级）。

C²iM 已广泛用于各种电子元器件中。封装形式有倒装芯片的芯片尺寸封装（FC-CSP），引线键合 – 球栅阵列封装（WB-BGA），以及基于无芯板的倒装芯片 – 球栅阵列封装（FC-BGA）。C²iM 已应用在诸多产品中，如消费电子和汽车电子的电源 IC、AP（应用处理器）、RF（射频）、OIS（光学图像稳定器）和 FPS（指纹传感器）等产品。

9.1.2　C²iM-PLP 技术

为了满足大电流、高电压、高散热、高可靠的产品需求，如服务器和汽车的电力电子元器件，C²iM-PLP 采用了厚铜基板技术。与 FO-WLP（扇出晶圆级封装）相比，C²iM-PLP 成本更低，可用于功率元件、汽车功率芯片等领域。例如，高压和高频产品应用 SiC 或 GaN 等功率半导体器件时，必然会面临散热、电气性能和可靠性方面的挑战。而 C2iM-PLP 独特的封装技术优势可以克服这些困难，生产出满足用户需求的产品。图 9.2 给出了应用于电源开关的 C²iM-PLP 产品示例。

图 9.2　C²iM-PLP

PPt 已经完成了对 C²iM-PLP 的技术开发，并通过了客户的电气性能和可靠性验证，即将进入小批量生产阶段。

9.2　应用和市场

由于芯片焊盘和基板电路之间是通过铜层进行连接，而不是像引线键合或焊料凸点这类的传统组装方式互连，所以这种将芯片嵌入厚铜的工艺可以获得良好的热稳定性和高可靠性。C²iM-PLP 还具有更好的功率性能、更好的散热性和更高的可靠性。C²iM-PLP 适用于汽车、新能源汽车和服务器市场。目前正在生产用于汽车发电机的二极管、汽车电机驱动器的电源开关、光网络的再生电源和服务器的电源模块。未来的目标包括高级驾驶辅助系统（ADAS）和电动汽车的应用。

9.3   封装的基本结构

C²iM-PLP 有两种类型：A 型是带有厚铜的单层重布线层（RDL）；B 型是带有附加组件的多层再布线层，类似于 3D 系统级封装（SiP）结构。由于电性能、散热和外形尺寸等性能优势，C²iM-PLP 更专注于汽车和电源模块领域内的应用。图 9.3 给出了这两种类型的示例以及汽车和电源模块的设计特点。

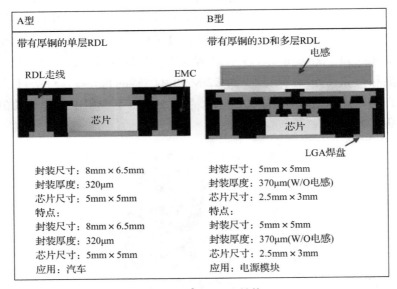

图 9.3   C²iM-PLP 结构

9.3.1   C²iM-PLP 技术经验

PPt 提供了多种封装和芯片尺寸的 A 型和 B 型产品。例如，在 630mm × 540mm 面板上大批量生产（HVM）的产品，其封装尺寸为（3mm × 3mm）～（8mm × 8mm），芯片尺寸为（1mm × 1mm）～（5mm × 5mm），封装高度为 300 ～ 750μm。

9.3.2   C²iM-PLP 与引线键合方形扁平无引脚（WB-QFN）封装和倒装芯片 QFN（FC-QFN）封装相比的优缺点

C²iM-PLP 的优点之一是具有良好的载流能力和更好的电迁移（EM）性

能[4]。由于 C²iM-PLP 在芯片端的电连接采用的是铜凸点下金属化层（UBM）与封装铜走线连接，增加了整体连接面积，可有效提高载流能力，降低 EM。WB-QFN 的电性能受限于金线的横截面积和长度。FC-QFN 在芯片端的电连接采用焊料凸点互连，因此在大电流应用中容易在界面处发生 EM 失效。

　　C²iM-PLP 具有良好的设计灵活性。它易于布线，可应用于 SiP 等多芯片封装。与 C²iM-PLP 相比，WB-QFN 和 FC-QFN 的布线密度和灵活性都较低。图 9.4 显示了 C²iM 支持多芯片互连的布线设计，这是传统 QFN 无法满足的。

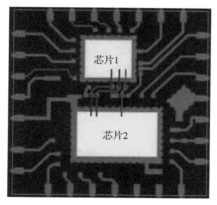

图 9.4　C²iM-PLP 布线设计

　　C²iM-PLP 的缺点是成本高于 WB-QFN 和 FC-QFN，但略低于带铜夹片[5]的 FC-QFN 产品。有关优缺点的完整列表，见表 9.1。

表 9.1　C²iM-PLP 与 WB-QFN 和 FC-QFN 的对比

平台	WB-QFN+Cu 夹片	FC-QFN+ 热沉	C²iM-PLP
1 级互连	Au 或 Cu 线 △	Cu+ 焊料 ×	Cu-Cu ⊙
EM 电流性能	受 Au/Cu 引线限制 △	FC 的焊料凸点 ○	Cu 互连 ⊙
热性能	全 Cu 焊盘 ⊙	包含粘接的热界面材料 △	焊盘到 PCB 直接散热 ⊙
设计灵活性	不可布线 ×	不可布线 ×	可布线 ×
成本	$$$ ×	$$$ ×	$$ ○

⊙：优秀；○：好；△：正常；×：差

9.3.3 C²iM-PLP 与 WLP 和 FO-WLP 相比的优缺点

C²iM-PLP 的优点之一是优异的芯片保护能力，芯片的六个面均保护在 EMC 中，这是其他章节中讨论的 WLP 和传统芯片先置 / 面朝下 FO-WLP 技术所没有的。

因为 C²iM-PLP 采用面板技术，所以可以很容易地实现厚铜设计，提供良好的电学和热学性能，应用于大电流和高电压的电子产品。而 WLP 和 FO-WLP 加工厚铜走线（例如铜厚度 >40μm）的制造成本将会很昂贵且工艺更复杂。C²iM-PLP 使用了大尺寸板级工艺，总成本会比 FO-WLP 便宜。

关于 C²iM-PLP 的缺点，它的 I/O 接口数量比 FO-WLP 少，最小线宽和间距（L/S）也比 WLP 和 FO-WLP 大。有关优缺点的完整列表，见表 9.2。

表 9.2 C²iM-PLP 与 WLP 和 FO-WLP 的对比

平台	WLCSP	FO-WLP	C²iM-PLP
小型化	++ ⊙	+ ○	+ ○
I/O 数	+ △	+++ ⊙	++ ○
Cu 厚 /μm	<10 △	<10 △	15 ~ 65 ⊙
EMC 芯片保护	0 面 ×	3 面○	6 面⊙
L/S/μm	≤ 10/10 ⊙	≤ 10/10 ⊙	≥ 15/15 ○
EM 电流性能	1 × △	1 × △	>1.3 ×（厚铜）⊙
大电流应用	+ ×	++ △	++++ ⊙
总成本	$ ○	$$$ ×	$$ △

⊙：优秀；○：好；△：正常；×：差

9.3.4 未来应用

C²iM-PLP 具有高可靠性，采用全 EMC 和厚铜封装结构，具有良好的电学性能和散热性能。C²iM-PLP 可以有效降低 MOSFET 完全导通时从漏极到源极的电阻，非常适合应用于电源模块，比如汽车电源模块等产品。

9.3.5 C²iM-PLP 的局限性

目前，C²iM-PLP 的应用主要集中在低 I/O 产品上。因此对于需要高 I/O、小焊盘节距（<100μm）和细线宽 / 间距（L/S ≤ 10/10μm）的产品，C2iM-PLP

并不合适。目前使用的打孔方式是 CO_2 激光工艺，难以制作直径 <50μm 的通孔，由于芯片焊盘要大于通孔直径，因此芯片焊盘节距受到限制。为了满足这些高集成度产品的需求，将开发新一代的 C^2iM-PLP 技术。

9.4　制造工艺流程及物料清单

C^2iM-PLP 制造是在 IC 载板生产线的基础上增加了芯片安装工艺设备。工艺流程如图 9.5 所示。在芯片上形成 UBM，将芯片面朝上放置在带有银浆的载板上，然后经过光刻工艺和镀铜形成铜柱，再经过成型和研磨露出铜柱。在使用激光形成到芯片通孔后，再使用 SPA（Semi-Addictive Process，半加成工艺）形成 Cu RDL。最终完成打标、分片、测试、检验等封装后道工艺。

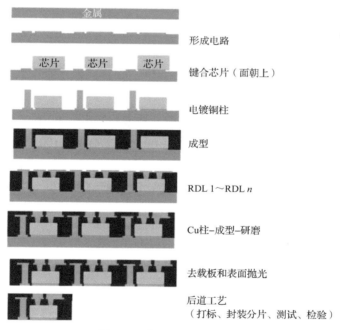

图 9.5　C^2iM-PLP 工艺流程

C^2iM-PLP 物料清单（BOM）的材料属性见表 9.3。C^2iM-PLP 的主要材料成分是电镀铜和 EMC。EMC 有两种类型：一种是用于嵌入芯片的颗粒型，另一种是采用真空层压工艺的膜型，不同封装材料与硅芯片之间的 CTE 失配是一个值得关注的问题，因此需要考虑降低 CTE 以防止翘曲。对于高频产品，较低的介电常数（Df）值很重要。最后，需要通过材料的弯曲模量来平衡加工过程中的翘曲。

表 9.3　C²iM-PLP 材料特性

项	单位	颗粒型 EMC	膜型 EMC
CTE1（XY）	ppm/℃	13	7
CTE1（Z）	ppm/℃	13	7
CTE2（XY）	ppm/℃	30	21
CTE2（Z）	ppm/℃	30	21
T_g（TEA）	℃	200	157
Dk	1MHz	4.2	3.5
	1GHz	4	3.3
Df	1MHz	0.01	0.007
	1GHz	0.014	0.006
F. 模量 RT	MPa	18500	8000
F. 模量 260℃	MPa	2500	S80

9.5　设计规范

9.5.1　封装设计规范

C²iM-PLP 的设计规范见表 9.4。目前该技术的能力如下：封装尺寸（3mm×3mm）～（8mm×8mm）；芯片厚度 <300μm；I/O 数 <100。C²iM-PLP 正不断提高技术能力，计划在未来做到：封装尺寸 <（21mm×21mm）；芯片厚度 >300μm；实现密度更高的产品，如 I/O 接口数达到 100～300，焊球节距 250～350μm。

表 9.4　C²iM-PLP 设计规范

特征	颗粒型 EMC	膜型 EMC
	常规	未来
封装尺寸 /mm	3×3～8×8	21×21
芯片厚度 /μm	150～300	125～300 以上
I/O 数	2～100	100～300
焊盘 / 球节距 /μm	>400	250～350
封装高度 /μm	260～780	>780

9.5.2　芯片 UBM 设计规范

芯片 UBM 的设计规范见表 9.5。C²iM-PLP 工艺要求最小厚度为 8μm 的铜作为 UBM 金属。目前 C²iM-PLP 可实现芯片焊盘节距 160μm，焊盘直径 110μm，顶层通孔直径 70μm。未来计划在设计规范中将芯片焊盘节距缩小至 90μm。

表 9.5　芯片 UBM 设计规范

特征	设计 /μm			
	常规	极限	未来	
芯片焊盘节距 /μm	180	160	150	90
芯片焊盘直径 /μm	130	110	100	60
通孔顶部最小尺寸 /μm	80	70	60	40
通孔底部最小尺寸 /μm	55	50	40	25
UBM 金属厚度	最小 8μm 的铜			

9.5.3　芯片排列设计规范

芯片排列的设计规范见表 9.6。目前芯片到封装边缘距离需要 300μm，两个芯片之间的距离需要 600μm。在先进的设计要求中，芯片到封装边缘距离可达到 200μm，两个芯片之间的距离可达到 500μm。未来计划在设计规范中将芯片到封装边缘距离缩小至 150um，两个芯片之间的距离缩小至 400μm。

表 9.6　芯片排列的设计规范

标记	描述	常规	极限	未来
A/B	芯片到封装边缘的最小距离 /μm	300	200	150
C	两个芯片间的最小距离 /μm	600	500	400

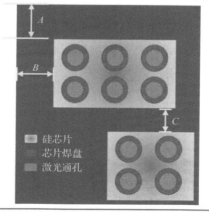

9.5.4 铜柱设计规范

C^{2}iM-PLP 铜柱设计规范见表 9.7。在嵌入芯片的层中，C^{2}iM-PLP 工艺的最大铜柱高度为 200μm，铜柱直径 150μm。未来预计铜柱的最大高度可达 280μm，铜柱直径 250μm，铜柱最小间距 250μm。关于芯片边缘到 RDL 的距离，先进的设计要求至少是 250μm，且已计划将该值优化至 200μm。根据先进的设计要求，粒状 EMC 上的 RDL 最小 L/S 值为 30/30μm，但目前在膜状 EMC 上 L/S 可以达到 20/20μm。未来预计在粒状 EMC 上 L/S 可达到 15/15μm，在膜状 EMC 上 L/S 可达到 10/10μm。

表 9.7　铜柱的设计规范

标记	描述	常规	极限	未来
（a）	铜柱最大高度 /μm	200	200	280
（b）	铜柱最小直径 /μm	200	150	250
（c）	芯片边缘到 RDL 的最小距离 /μm	300	250	200
（d）	铜柱间距 /μm	150	150	500
（e）	RDL 1 上最小 L/S（颗粒型 EMC）/μm	50/50	30/30	15/15
（f）	RDL 2 上最小 L/S（膜型 EMC）/μm	30/30	20/20	10/10

9.6 系统集成能力

电源模块的发展趋势是将多种功能集成到一个 SiP 模块中。在封装中集成多个功率 IC 和无源元件，可以实现更好的电性能并简化系统组装。由于 C^{2}iM-PLP 可以将芯片到 RDL 的连接做到一个平面上，并使用压塑成型来克服不同器件厚度的变化。因此 C^{2}iM-PLP 可以实现同时嵌入有源器件和无源元件，同时还能将电子元器件集成在封装上方。由此可见，C^{2}iM-PLP 可以提供 SiP 解决方案，典型的 SiP 概念图如图 9.6 所示。

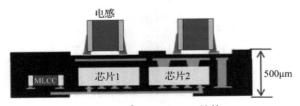

图 9.6　C^{2}iM-PLP SiP 结构

9.7　生产规格和可拓展性

目前 C^2iM-PLP 的面板尺寸为 540mm×630mm（21in×24in）。考虑到未来量产规模，降低芯片损耗风险，PLP 可能会对面板尺寸进行微调至最合适的尺寸（见表 9.8）。这一改变的原因可能是为了充分利用行业内后端工艺设备的能力。尺寸从板条形改为面板的 1/4 可以获得更好的利用率，而 540mm×630mm 面板尺寸的 1/4 与后端设备能力不匹配。

表 9.8　生产规格 – 面板尺寸规划

工艺	现在	未来
面板尺寸 /mm	540×630	更小
后端（打标 /BGA 球 / 测试 / 划片）/μm	板条状 95mm×240mm	1/4 面板 290mm×240mm 或更小

9.8　封装性能

9.8.1　电性能

C^2iM-PLP 可增加芯片的接触面积，从而获得更高的载流能力。详见表 9.9。C^2iM-PLP 可以做到更大的开孔尺寸和更厚的铜柱，从而可以实现更高的焊球承流能力。如图 9.7 所示。

表 9.9　C^2iM-PLP EM 电流优势

	互连结构	互连面积	互连数	单个接口的电流（100kh@110℃）/A	总电流 /A
FC-QFN	铜柱凸点（Sn/Cu 界面）	125μm×200μm	5	1.36	6.8
C^2iM-PLP	Cu/Cu 界面	70/50μm 圆环	22	0.6	13.2

WLP
RDL焊盘直径：270μm
UBM直径：240μm
UBM开口直径：210μm
UBM厚度：8~10μm
电流/焊球：1×

C^2iM-PLP
RDL焊盘直径：270μm
UBM（Cu凸点）直径：250μm
UBM厚度：40~60μm
电流/焊球：>1.5×

图 9.7　C^2iM-PLP EM 的载流优势

9.8.2　热性能

C²iM-PLP 具有良好的热性能。用一个电源模块产品来比较散热效率。C²iM-PLP 的封装特点是两层铜布线，封装尺寸为 5mm×5mm，芯片尺寸为 2.5mm×3.0mm。使用 C²iM-PLP 封装结构的厚度比传统 WB-CSP 或 FC-CSP 封装基板更薄，该封装的热性能（Theta-JA）和层压 PLP 相比有约 19% 的提升。对比见表 9.10。

表 9.10　热性能对比

Theta-JA/（℃/W）结构	层压 PLP 	C²iM-PLP 
封装高度	520μm	370μm
仿真	29℃/W	22℃/W
真实的测试	19.1℃/W	15.4℃/W
改进	POR	19.3%

9.9　鲁棒性和可靠性数据

9.9.1　通过汽车可靠性认证

如图 9.8 所示，包含两层 RDL，封装尺寸为 8.6mm×6.5mm，芯片尺寸为 5mm×5mm 的 C²iM-PLP 产品已通过汽车 AEC-Q100 0 级可靠性规范中所有相关的测试。可靠性认证结果见表 9.11。

· 结构：2L C²iM-PLP
· 封装尺寸：8.6mm×6.5mm
· 芯片尺寸：5mm×5mm

图 9.8　两层 C²iM-PLP

表 9.11　汽车级的可靠性测试

项目	标准	样品数量	结果
高温存储	T_a=175℃，1000h	77 只	通过
DC 功率循环	T_c=−50～160℃，50A，2500 次循环	77 只	通过
AC 功率循环	T_c=−50～175℃，150A，2500 次循环	77 只	通过

9.9.2　通过板级可靠性验证

C²iM-PLP 通过了板级测试，其具有一层 RDL，封装尺寸为 6.6mm×6.6mm，芯片尺寸为 6mm×6mm，焊球节距为 0.5mm。器件级的测试条件为 MSL1+ 温度循环试验（TCT），−40～125℃，1000 次循环，样本量为 32 个。所有单元均通过板级 TCT。板级 TCT 标准为 IPC9701 TC3（−40～125℃）。

9.10　电测试的思考

大面板电测试更适合大批量生产，可以节约成本。目前，批产的开路 / 短路（O/S）测试只能以板条形或单元的形式进行。因为面板测试工艺还没有很成熟，仍未在生产中使用，所以面板的测试设备非常昂贵。与单元或者板条形测试相比，大面板测试可以减少操作时间，包括对准、拾取、放置和装卸时间，因此总运行成本比目前的方法要更好。

未来会对电测试方法有所要求，该测试方法包括过程 O/S 测试，封装 O/S 测试，以及四分之一面板或整板的最终测试。测试设备供应商需要开发成本更低的设备，而 PLP 供应商必须与设备供应商合作开发满足面板工艺需求的测试设备。

9.11　本章小结

C^2iM-PLP 技术适用于许多领域，特别是对电源模块、高电压和大电流的应用；该技术非常适合应用于第三代半导体产品中，如 SiC 或 GaN 芯片产品。C^2iM-PLP 技术已经通过了汽车产品的认证，并于 2021 年第一季度开始批量生产。

参考文献

1 Chen, E., You, J., Lan, A., and Liao, M. (2014). Structure reliability and characterization for FC package w/Embedded Trace coreless Substrate. *Proceedings of the 16th Electronics Packaging Technology Conference (EPTC)*. IEEE.

2 Tang, T., Lan, A., Tsai, J., Lin, S., Ho, D., and You, J. (2015). Challenges of flip chip packaging with embedded fine line and multi-layer coreless substrate. *Proceedings of the 65th Electronic Components and Technology Conference (ECTC)*. IEEE.

3 Hsieh, M., Cho, N. and Kang, K. (2017). Development of thin flip chip package with low cost substrate technology. *Proceedings of the 12th International Microsystems, Packaging, Assembly and Circuits Technology Conference (IMPACT)*. IEEE.

4 Wei, C.C., Yu, C.H., Tung, C.H. et al. (2011). Comparison of the electromigration behaviors between micro-bumps and C4 solder bumps. *Proceedings of the 61st Electronic Components and Technology Conference (ECTC)*. IEEE.

5 Lwin K.K., Tubillo, C.E., Panumard, T.J.D. et al. (2016). Copper Clip Package for high performance MOSFETs and its optimization. *Proceedings of the 18th Electronics Packaging Technology Conference*. IEEE.

第 10 章

采用扇出晶圆级封装的柔性混合电子

Subramanian S. Iyer 和 Arsalan Alam

10.1 引言

　　柔性混合电子（Flexible Hybrid Electronics，FHE）是指与传统刚性的封装相比，在物理层面更加灵活的封装结构。物理柔性电子可以适应不规则的表面，从人体，包括体内和体外，到汽车或飞行器的曲线外形或内部的曲面显示屏。在大多数情况下，这种适应性封装可以在使用期限中被重复多次的安装使用与拆卸。图 10.1a[1]、b[2] 和 c[3] 展示了一些在今天的市场上可用的典型FHE 装置。FHE 的收入目前仍然很少，在 2020 年仅接近 2 亿美元，但预计在未来 10 年将增加到 30 亿美元以上[4]。虽然最初的开发重点集中在大面积太阳能电池[5]和使用有机发光二极管（OLED）和薄膜晶体管（TFT）[6]的柔性显示器上，但扩大它们的生产规模一直是具有挑战性的。到现在为止，目前主要的收入驱动力是医疗电子设备，自适应健康设备可以监测各种身体参数，如温度、血压、血液成分（包括氧气、糖等）、心率和肌肉活动，它几乎被持续地用于卫生、治疗和健康诊断。但也有一些更简单但销量非常大的应用，如RFID 标签和智能封装，如果价格合适，它们可以推动巨大的销量。2015 年出版的 IEEE[7] 会刊（第 103 卷，第 4 期）的特刊，描述了已经开发的技术以及这些方法的一些缺点和挑战。

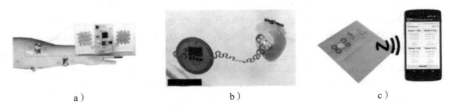

a）　　　　　　　　　　b）　　　　　　　　　　c）

图 10.1　商用 FHE 系统的几个例子

a）人机界面[1]　b）医疗卫生[2]　c）基于 RFID 的气体传感[3]

首先，需要详细阐述柔性的概念。它有三个主要属性：弯折性[1]、拉伸性[2]和扭转性[3]。如图 10.2 所示。对于一种薄膜，我们用弯曲半径 R 来定义柔性，R 越小，材料越容易弯曲。当然，上面列出的三个属性不是独立的。一个有限厚度的膜弯曲时会在外侧发生拉伸，在内侧进行挤压，如图 10.2 所示。然而，我们通常认为拉伸性是指沿平面方向的伸长率。扭转包括沿多个轴同时弯曲的性质，因此在扭转中也包含一些拉伸。

弯折性　　　拉伸性　　　扭转性

图 10.2　弯折性、拉伸性和扭转性

另一个关键属性是在不会降低机械或电气性能情况下的重复性。柔性要求薄膜可以恢复到它原来的形状而没有任何残留的扭曲。在复合材料如带单元和导线的薄膜中，应力分布在各个部件之间，其大小由材料参数（如杨氏模量）和几何因素（如厚度和横向尺寸）决定。

弹性模量为 E 的材料典型应力应变关系如图 10.3[8] 所示。在超过屈服应力的区域（通常为约 E/100），线性关系就失效了。如果材料是脆性的（大多数半导体、玻璃，甚至有机层压板都是脆性的），材料可能在高于屈服应力的应力下发生灾难性的破裂。然而，韧性金属（曲线 A）会随着应力的增加而拉长，尽管它们的横截面会变窄。这个过程通常被称为颈缩。在某种程度上，颈缩严重到足以使样本断裂。这一点叫做终极应力点。

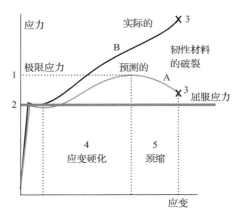

图 10.3　典型材料的应力 – 应变关系的定性视图[8]

具有低杨氏模量和低玻璃化转变温度的弹性体材料不容易断裂而发生塑性变形，一个重要的特性就是所谓的断裂伸长率。这个参数越大，材料的拉伸性就越强，因此，材料也就越柔韧。这些材料通常是聚合物（如橡胶），其非应力和应力构型如图 10.4 所示。许多弹性体共有的另一个特性是黏滞弹性，在弹性区域的应力 – 应变曲线表现出迟滞。然而，这种应变是随时间变化的，单元最终会恢复到接近它最初的形状。然而，这种变形不是弹性的，而是耗散的，也就是说，用于变形材料的一些损失为热，并且材料中的分子

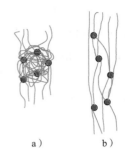

图 10.4　弹性材料在中性状态和
拉伸后的示意图
a）中性状态　b）拉伸后

发生了重排。这反过来又会导致材料在长期使用中的损耗。

当考虑 FHE 时，必须记住系统有多个组件：通常是由硅制成的集成电路（IC）或传感器单元、微机电系统（MEMS）和 III-V，无源元件、电池以及导电互连（通常是金属）、流体互连、其他嵌入结构，当然还有基板。为了整体具有柔韧性，所有这些组件都需要具有或多或少相同的柔韧性。

这显然是不可能的，因为这些不同的材料具有截然不同的弹性特性。这里还有一个需要考虑的问题。一般来说，所有的材料在变薄时都表现出额外的柔韧性。考虑一种基材（层压板或印制电路板）与另一层膜（这可能是一个单元或一个导电互连）连接在一起的情况。这可以通过斯通尼的方程式[9]来理解：

$$\sigma^{(f)} = \frac{E_s h_s^2 \kappa}{6 h_f (1 - v_s)}$$

式中，$\sigma^{(f)}$ 是薄膜中的应力，E_s 是杨氏模量，v_s 是基板的泊松比，h_s 和 h_f 分别是基板和薄膜的厚度，κ 是复合体系的曲率（$1/r$ 表示绕半径为 r 的圆柱体弯曲）。

如果进一步考虑单一材料，比如单元或金属化，并假设基板无限灵活，薄膜中的应变为 $\varepsilon = h_f / 2r$（回想一下 $E_f = \sigma_f / \varepsilon_f$）。只要应力 σ_f 低于硅或玻璃等脆性材料的屈服应力（约 $E_f / 100$）或韧性材料（如电线）的颈状断裂点，这种结构就可以被认为是柔性的。对于硅单元，断裂前的极限应变 $\varepsilon_{limiting}$ 约为 0.007（0.7%）。这可以转化为最大弯曲半径 $r = t / 2\varepsilon_{limiting}$，如图 10.5 所示。因此，要将一个硅单元弯曲到 5mm 的半径需要减薄到 70μm 左右。

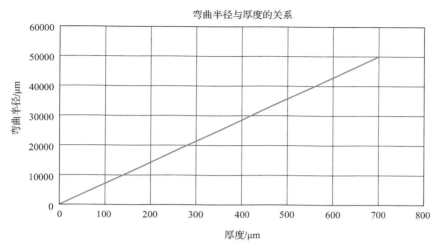

图 10.5　硅单元在突变失效前的最大弯曲半径作为特征厚度

FHE 的一种方法是将这种薄单元表贴安装在使用了导电黏合剂或焊料印刷了线路的柔性板上，如 Kapton（聚酰亚胺）或 PTE（聚对苯二甲酸乙二醇酯）。根据表面贴装导电黏合剂的厚度和强度，当弯曲时，较厚的单元可能从基板上分层，如图 10.6a[10]所示。但只要应力低于屈服应力，适当减薄的单元将保持贴合的状态。Burghartz 等人[11]描述了这些薄单元为了提升柔韧性的薄化工艺研究和一些应用。然而，减薄单元存在着以下的问题：减薄单元的处理和装配困难，且成品率下降很多。

也有一些证据表明，减薄化可能导致 DRAM[13]的电子和运行性能退化（保留时间退化）以及 CMOS 器件[12]的退化（移动性退化）。此外，有一些证据表明，当硅变薄[9]时，杨氏模量降低，这会导致它的屈服应力低下。

这种问题通常可以通过第一级芯片级封装来解决，有时又被称为聚合物上的半导体芯片级封装[14]，如图 10.7 所示，这些单元被分类组装在一个封装中，能为变薄的单元提供一些保护。然而，分类组装后的单元更厚、更重，并且它们不能作为一个单独的单元弯曲，但确实提供了一个可行的解决方案。从某种意义上说，这是将典型的多层封装应用于物理柔性系统的一个体现。

就互连（布线）而言，目前的方法是用导电环氧材料印刷线路和对应的焊盘。通常情况下，几纳米到几微米大小的导电粒子镶嵌在环氧树脂中，环氧树脂分散涂布在柔性基板上，而裸单元和 CSP 依靠环氧树脂粘附在基板上。对互连印刷的不同方法的详细描述超出了本章的范围，所以请参阅文献来获得这个

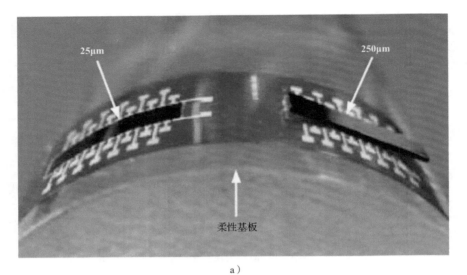

a）

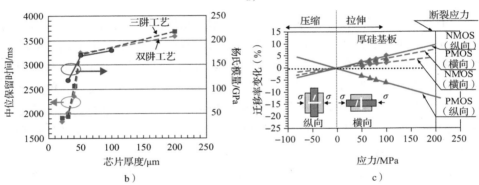

b）　　　　　　　　　　　　　　　　c）

图 10.6　a）与薄芯片[10]相比，厚芯片在柔性基板弯曲时的分层情况　b）杨氏模量
随芯片厚[11]增加的厚度　c）应力对 CMOS 器件迁移率的影响[12]

图 10.7　可作为柔性模块[14]组件的柔性芯片级封装（CSP）

话题的优质观点。图 10.8 展示了经过优化后的柔性 Kapton 基板[15]上的喷墨打印线路和电极。喷墨打印有几个限制：打印线宽度通常是几百微米宽，但如果小心制作的话，这些宽度可以降低到几十微米。然而，这样做减少了线路的厚度，也增加了片电阻。由于印制导线依赖于多个纳米或微导电粒子的纤细连接，可达到的最佳导电性通常至少比大块材料差 5 倍。当厚度减小时，这种导电性能更显著降低。更窄的线也导致更多的线边缘粗糙度，这反过来增加了不稳定性。此外，更窄的线往往更薄，加剧了这个问题，尽管这可以通过多次印刷来规避。但一般来说，精细的线路印刷是一个缓慢的过程，虽然适合小体积和原型制作，但它难以规模化。

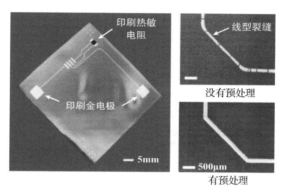

图 10.8　印制线路和电极[15]

这些 CSP 拥有一定的柔韧性，并大大简化了处理薄芯片的难度。密封剂的柔韧性仍然受到影响，尽管影响已经少了很多，因为密封剂是极其薄和灵活的。这相当于传统 PCB 封装中的第一级层压板。

线路互连的规模化通常是通过丝网印刷完成，但在 PCB 互连使用丝网印刷，有线宽，间距和导电性上的限制。最后一个问题是，这些印制线路的反复弯曲会导致线路断路的产生，增加导线的电阻，降低性能，甚至可能导致灾难性的故障。

综上所述，FHE 目前从传统封装技术中吸取了大量经验，但一直努力通过减薄基板和芯片来提高结构的物理柔韧性，以显著提高整体灵活性。

尽管这些方法提供的柔韧性有限，但 FHE 在本节前面描述的应用领域已经取得了重大进展。在接下来的内容中，我们将探索所谓的 FHE2.0，在那里我们尝试了两个改进：显著提高柔韧性（包括折叠的可能性）和更高性能的导电互连。我们将从简要回顾封装的最近趋势开始，看看这些趋势如何影响 FHE。

10.2 封装的最新发展趋势

微电子学在过去的几十年里取得了巨大的进步，遵循了人们常说的摩尔定律。摩尔定律的一个衡量标准是硅集成电路上最小功能结构的缩放系数，这一趋势如图 10.9[16] 所示，最小功能结构的尺寸减小了 1000 倍以上，对应的是晶体管密度提高了 100 万倍，每个功能的功率相应降低，每个功能模块的成本和价格也相应降低。然而，直到最近，封装技术还没有像图 10.9 所示的那样规模化。

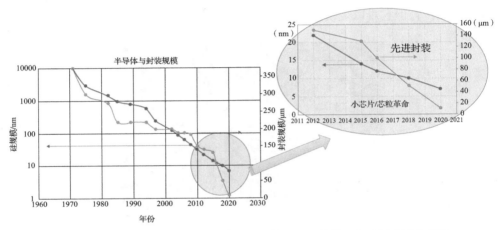

图 10.9   CMOS 功能结构和封装功能结构的小型化趋势。与硅的小型化相比，
封装的小型化严重滞后，尽管采用类硅的技术加速了小型化

例如，1967 年，倒装芯片键合最初引入时，间隔间距为 400μm。即使在今天，对层压板的间隔间距已经密集到约 130μm，但在层压板和 PCB 上的球栅阵列节距和导线节距并没有对应的提升。然而，在过去的几年里，我们看到了这些指标的加速发展，如图 10.9 所示。注意，硅技术级的刻度是纳米，而封装技术级的刻度是微米。有两个关键因素促成了这种加速：第一个是采用类硅的方法加工材料来实现规模化，包括硅转接板；第二个重要的因素是扇出晶圆级封装。

为什么扩展封装技术很重要？封装尺寸决定了系统的尺寸，特别是封装的尺寸是芯片尺寸的 10 ～ 100 倍。功率也是一个主要的考虑因素。芯片之间的通信功率占系统总功率的 30% ～ 40%。因此，对于 SWaP（Size，Weight and Power，尺寸、重量和功率）和成本的角度考虑来说，扩展封装技术具有优势。影响 SWaP 的关键参数主要是封装指标，而扩展封装技术比仅扩展硅技术对

SWaP 的影响更大。对于 FHE 来说，外形尺寸和功率起着至关重要的作用。大多数 FHE 设备是可移动的，依赖于电池电源。综上所述，FHE 封装技术将从扩展中获得极大的好处。

近年来，先进封装的另一个方面是异构集成（Heterogeneous Integration，HI）。这个术语需要澄清一下。事实上，大多数封装结构都是通过在扩展基板（如 PCB）上集成各种封装芯片来实现 HI 的。因此，HI，无论从通常还是从其本身来说，都不是什么新鲜事。然而，在先进封装的背景下，HI 是指在一级封装上的裸芯片集成。这可以是有机的，陶瓷的，或硅转接板。它区别于传统或传统封装的关键特征是裸芯片和基板之间连接的间距、互连裸芯片之间连接的数量、芯片的尺寸，还有在芯片间信号通信的显著简化。一般认为，如果间隔间距 ≤ 50μm，芯片间间距 ≤ 2mm，布线节距（芯片间接线）≤ 5μm，就处于先进封装的领域。

最后，小芯片和芯粒是高级封装的另一个特征。一个复杂的系统或大型芯片设计被分解成更小的实体，称为小芯片，然后在硅中实例化为芯粒。然后，这些芯粒在细节距（凸点和导线）以及较短的芯片间距（如上段所述）上重新紧密集成，以合成一个子系统或模块。这可以进一步组装在 PCB 上，或者在晶圆级系统的情况下，可以作为一整个系统[17,18]。

先进刚性基板封装的这两个特征都可以应用到 FHE 中，并可以改善 SWaP 参数，远远超过传统的 FHE 所能达到的参数。这反过来又将开启新的应用：利用 HI，包括使用高性能、低功耗的芯粒、高性能互连，以及在这些应用中集成 AI 引擎。最后一种可能性非常重要，因为我们正在开发更节能的边缘计算技术，包括用于边缘应用的内存模拟计算。边缘计算指的是在独立的移动设备上进行计算，例如生物医学装置。这可以简化设备本地累积的数据处理量，并减少必须发送到云端进行进一步处理或存储的数据量。这需要使用先进的低功耗处理器芯片和本地存储器，以及更紧密的互连节距。

接下来，我们将 FO-WLP 描述为实现这种扩展的可行方法。本书的其他章节详细描述了 FO-WLP，因此我们将只讨论应用于 FHE 的 FO-WLP 的独特特性。值得注意的是，FO-WLP 可以实现先进封装的某些重要特征，即细节距和紧密间隔的芯粒。

10.3　使用 FO-WLP 的 FHE——FlexTrate™

扇出晶圆级封装（FO-WLP）的分类已经在本书的其他地方描述过，这里在图 10.10 ～图 10.12 中给出了总结。最适合 FHE 的工艺是芯片优先正面朝下的方法。这种类型的 FHE 叫做 FlexTrate™。

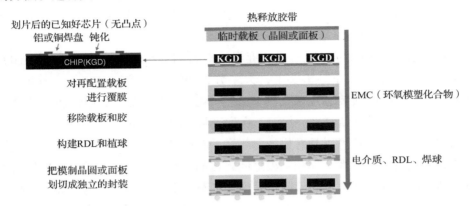

图 10.10　芯片优先（正面朝下）的 **FO-WLP** 工艺流程

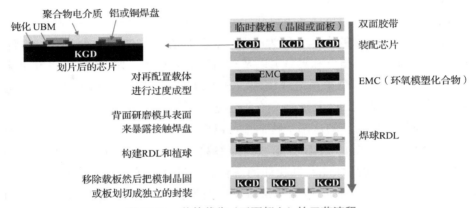

图 10.11　芯片优先（正面朝上）的工艺流程

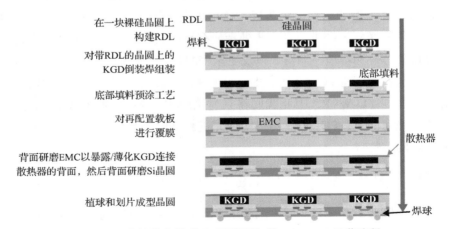

图 10.12　芯片排在最后（正面朝下）的 **FO-WLP** 工艺流程

这个工艺描述如下：

1）设计考虑：一般来说，系统由几个芯片（可能包括传感器）组成，需要在一个或多个布线层上相互连接。平面图应与技术设计手册一致。

该平面图包含了系统的电气要求，特别注意芯片对齐、信号和电源完整性、电源传输和存储（如电池、超级电容器、无线电源传输等）。使用设计规则检查器（Design Rule Checker，DRC）和节点对节点互连完整性检查设计是否违反设计规则，通常称为布图到原理图（Layout-to-Schematic，LVS）检查。在这方面，它与传统的封装和芯片设计程序没有实质性的区别，除了异质性的级别是显著的，这可能需要特殊的工具。

2）第一层临时载板的制备：第一层载板形成了临时基板，芯片正面朝下组装在该基板上（电路面向基板）。准备好基板放置图，并将适当的对位标记蚀刻到载板上。对位标记通常由透过胶粘层可见的高反差金属组成。通常，临时载板会被多次重复使用。载板可以是硅或玻璃。后者的优势是透明的，可以允许光学对准方式。

3）胶黏剂层应用：临时胶黏剂层可以旋涂或作为复合胶带应用。复合胶带可以是单层或双层涂层，如图 10.13 [19] 所示。热释层是胶黏剂层的一个重要特征。热释层材料由大量微观微米级颗粒组成。这些颗粒中的材料在热释温度附近显著膨胀，导致胶黏剂层分层。胶带制造商可以调整热释温度，因此有各种各样的胶带可用。在我们的案例中，我们使用的胶带在 90℃左右释放。不幸的是，胶带的表面和这种热释机制会导致表面粗糙，而这种粗糙度会转移到已成型的复合表面。因此这会造成问题，举例来说，在显示屏应用中，将需要添加一个平面化层。

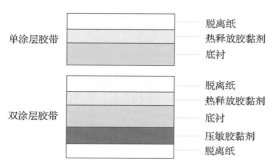

图 10.13　单层、双层涂布的热释胶黏剂原理图

4）芯片贴放：已知的不同厚度（通常 ≤ 300μm 厚）的裸芯片可以通过芯片倒装或黏接的方式组装在临时胶黏剂层上。在胶黏剂层上的芯片组装将使用

传统的芯片 – 基板胶黏剂完成，该胶黏剂目前可以实现 1μm 量级的对准精度。我们期望这种对准精度随着改进的工具能力提高。然后可以透过胶黏剂层观察对位标记来进行对准。作为芯片 – 晶圆键合机一部分的双面红外相机可以自动检测翻转向下的芯片和下方基板上的对位标记，并进行精确的贴片。

在我们的案例中，一种商业销售的 K&S APAMA 设备用于此。

5）基板重构：将芯片精确放置在第一层载板的临时胶黏剂层上后，在基板上涂上柔性成型化合物，然后使用第二层载板带的临时胶黏剂层进行压缩成型。

通常，这种胶黏剂层的结构类似于第一次使用的胶黏剂（见步骤 3），但有一个重要的区别。第二种胶黏剂的热释温度比第一种胶黏剂的热释温度高——通常超过 40℃。这允许通过加热方法移除第一层载板而不影响第二层载板。用标准砝码或其他技术对第二层载板顶部施加压力。整个基板的厚度取决于特氟龙环，特氟龙环被同心放置在晶圆的边缘。特氟龙环可以定制不同的厚度和形状，以获得所需的基板尺寸参数。然后将柔性成型化合物固化。在我们的案例中，使用的成型化合物是 PDMS（聚二甲基硅氧烷），来自硅橡胶（MDX4-4210），这是一种灵活的、生物兼容的黏弹性聚合物。PDMS 通常在室温下固化 24h。

芯片偏移是压缩成型过程中常见的现象，这是由于固化对组装芯片产生的阻力和固化后基板的收缩率造成的[20-23]。使用低杨氏模量材料，如 PDMS 在非常低的温度下固化，可以显著减少这种芯片偏移。我们目前已经验证实现了 100mm 晶圆[24]的芯片偏移小于 6μm。我们将在本章后面讨论芯片偏移的分析。在基板重构后，使用合适的技术将第一层载板剥离：热释放、化学释放或紫外线照射。移除这个载板可以暴露 PDMS 表面与准备对嵌入式芯片进行金属化。

6）应力缓冲层的沉积：由于临时胶黏剂的粗糙度，暴露的基板（重构）表面具有一定的粗糙度。我们发现，典型的光刻胶可能不能直接应用于暴露的 PDMS。这样做会导致光刻胶在固化时开裂，使其无法使用。为了避免这种情况，在制造 RDL 之前，首先在重构基板的顶部沉积应力缓冲层复合材料。采用化学气相沉积（CVD）技术，在 PDMS 基板上保角涂覆了聚氯代对二甲苯（一种拥有生物相容性的聚对二甲苯）作为应力缓冲层。在聚氯代对二甲苯层的顶部有一层旋涂的 SU-8 层，用作进一步的平面化和应力调节层。通过调整沉积膜厚度，这些应力缓冲层可以得到所需的柔韧性和标准的平面度[25, 26]。然后，光刻胶就可以旋涂并做出图案。

7）SU-8 波纹的沉积：我们之前提到过，PDMS 在固化时有一个显著的收缩现象。但是，由于 PDMS 紧紧地粘附在第二层载板上，所以最终它会扩展而不是收缩。结果，PDMS 受到了拉伸应力作用。如果我们在这时将表面金属化，金属导线将没有应力。

然而，从分离释放第二层载板开始，应力将得到缓解，PDMS 将收缩，使之前未受应力的金属导线处于压缩应力之下。在压缩应力作用下的导线会不稳定，容易发生弯曲。

我们已经观察到，这正是在金属导线上所发生的情况。这种弯曲使导线出现较大的空间随机波动，如图 10.14 所示[24, 27-29]。

弯曲的平面金属导线　　　　　　　　　垂直波纹形金属导线

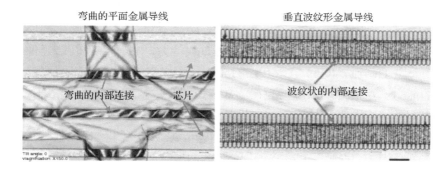

平面波纹形金属导线与垂直波纹形金属导线的表面轮廓

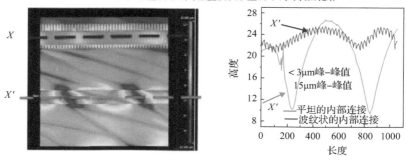

图 10.14　平面金属导线的弯曲现象，垂直波纹形金属导线比平面金属导线[24]的弯曲现象少

从基础固体力学可知，金属导线的临界弯曲应力与金属的杨氏模量成正比，与导带长度的平方成反比[30, 31]。因此，当弯曲诱导应力超过临界弯曲应力时，基板上的长导线很容易发生弯曲。通过对 FlexTrate™ 40μm 宽铜线的研究表明，这种弯曲振幅可超过 15μm，可能导致铜线分层或断裂。一种解决方案是将长导线分解成一整串较短的导线，以增加每一段导线的临界弯曲应力，

从而形成整体上机械可靠性更高的导线。在 FlexTrate™ 上，采用垂直波纹形金属导线的方法，使金属导线与基板平面的有效长度减少到波纹间距，从而显著提高临界弯曲应力，防止导线弯曲。事实上，作者团队证明了通过利用垂直波纹形金属导线，我们可以将弯曲振幅降低 5 倍，显著提高了金属导线的机械可靠性。垂直波纹是在基板上使用可光刻的 SU-8 制成的。波纹高度通常在 5μm 左右。波纹形状制作完成后，在波纹上对铜金属导线进行半加成电镀，见图 10.14 [24, 31, 32]。

8）RDL 制造：在基板上使用 SU-8 形成垂直波纹结构后，溅射 Ti/Cu 种子层，然后半加成电镀铜，形成第一层金属化层。然后在样品上涂上一层 MicroChem 公司的 SU-8 或 KMSF 1000 作为隔离介质。用光刻来形成介质上的通孔。然后进行半加成电镀，形成第二层金属化。两层金属化的使用为大多数现代消费类医疗器件提供了足够的布线能力。目前，我们已经证明了在 FlexTrate™ 上制造 <40μm 节距互连的能力。还探索了将互连节距压低到 10μm 以下的能力。这最终可以总结为在非常规透明有机基板上以这些精细尺寸进行可靠光刻的能力。光学技术，如使用防反射层和基板感知掩模模式，能使互连节距压低到 <10μm。图 10.15 显示了以 40μm 焊盘节距 [32] 相互连接的 200 个单元阵列。图 10.16 显示 FlexTrate™ [33] 的两层金属化方案。

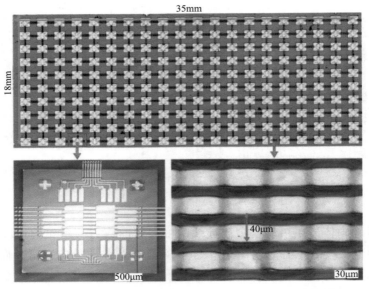

图 10.15　200 个芯片以 40μm 焊盘节距连接的 FlexTrate™ [32] 图像

图 10.16　以 40μm 焊盘节距连接的 FlexTrate™ 两层金属化图像[33]

9）基板的钝化和最终释放：在金属化层已经制作完成后，下一步是基板的钝化，以保护金属化免受腐蚀，并使整个制作的样品具有生物相容性。在 FlexTrate™ 上，我们探索了使用 2μm 厚的 CVD 沉积聚氯代对二甲苯层来增强耐腐蚀性和耐湿性，并提高基板的生物相容性。聚氯代对二甲苯不能完全防止水分到达互连处并引起腐蚀。因此，在顶部会沉积更多的无机防潮层如氧化铝和二氧化硅。

10）钝化基板的最终释放：随后使用适当的分离过程（热、化学或光学）将钝化基板最终从第二层载板中释放。在我们的 FlexTrate™ 中，2 号载板上的热释胶带的释放温度约为 170℃，因此可以通过将样品加热到该温度来剥离。最终，一个带有多个互连芯片的柔性 FlexTrate™ 如图 10.17[34]所示。

芯片偏移是晶圆级扇出封装中常见的现象。如图 10.18 所示，芯片可以以多种方式偏移[26]。在 z 方向，芯片可能会 "弹出"。这是由于芯片嵌入胶黏剂层时，它们是对准和放置在第一层载板上的。这是一个权衡问题，因为我们希望芯片能很好地粘附在胶黏剂层上，这就需要在放置时施加一些压力。

但是，压力过大会导致芯片部分嵌入到胶黏剂层中，导致弹出。如果弹出窗口太大，这种崎岖的地形将在光刻和线分辨率和台阶覆盖方面造成挑战。通过仔细的调整优化，这个弹出窗口可以减小到小于 1μm。随着 PDMS 的固化，芯片将会经受应力。这可能导致芯片在 x 和 y 方向上偏移，也可能导致芯片旋转和倾斜，如图 10.18 所示。x-y 偏移主要由 PDMS 的收缩决定，并具有径向依赖性。芯片偏移的分析在其他地方[24]详细描述，我们已经能够在两个方向上把它们控制在 6μm 左右。芯片倾斜也已经减少到可以忽略不计的值。

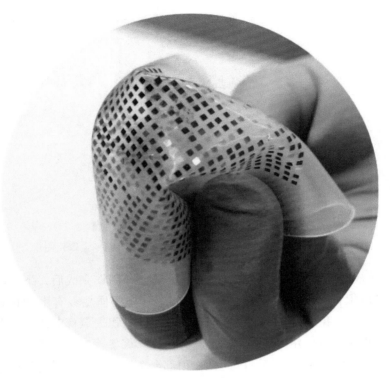

图 10.17   带有多个互连芯片[34]的 FlexTrate™ 图像

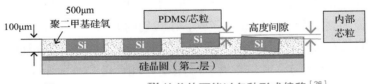

图 10.18   FlexTrate™ 的芯片可能以多种形式偏移[26]

10.4   FlexTrate™ 的应用

FlexTrate™ 经过验证的一些应用如下：

1）可折叠显示器：将钝化的多个市售的 InGaN LED（DA 1000，Cree Inc.，1mm ×1mm×0.335 mm）和内部的 Si 芯片（1mm×1mm×0.2 mm）集成在 FlexTrate™ 上来形成七段可折叠显示屏（37mm×52 mm×0.5mm），如图 10.19[32]所示。LED 在王水溶液中浸泡约 300s，以移除阳极和阴极焊板上的末端焊锡，然后放置在第一层载板上。硅芯片有对位标记，以帮助在制作可折叠显示屏的不同对位步骤中得到 ±1μm 的对位精度。七段显示屏的每段都有六个 LED 通过 40μm 节距的垂直波纹互连线并行连接。

LED 由电流限制为 200mA 的电源供电，以显示"UCLA CHIPS"，其中每个字母在可折叠显示屏上一次显示一个，见图 10.19 所示。

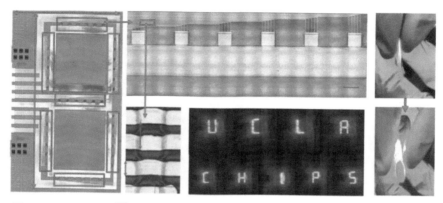

图 10.19　FlexTrate™ 上的折叠显示屏，多个 LED 通过 40μm 节距的垂直波纹互连线连接。显示屏折叠[32] 时，显示屏的 LED 仍然保持发光状态

此外，图 10.19 说明，当显示屏被手动折叠到 0mm 弯曲半径时，LED 仍然发光。说明显示屏能够可靠地弯曲到 1mm 的弯曲半径，经过 1000 次弯曲循环，而没有任何性能下降，包括任何金属线条和芯片都没有分层，表明即使在极端弯曲半径的循环弯曲情况下，此封装也是非常可靠的。在未来，这种体系可以规模化生产高密度，全彩，高度灵活的显示屏。

2）柔性无机 μLED 显示器：在这个产品中，UCLA 已经演示了蓝色 GaN μLED 阵列的 HI，具有 <100μm 的尺寸，通过在 FlexTrate™ 上添加硅单元来实现，如图 10.20[35] 所示。二极管泵浦固态（DPSS）激光源用于通过激光剥离（LLO）工艺从蓝宝石基板剥离 GaN LED。通过在 LED 顶部镀镍作为应力缓冲，允许在 LLO 工艺[36] 期间实现接近 100% 的良率。

被剥离的 LED 将被嵌入到 FlexTrate™ 的 PDMS 基板中，使用一种新型的包括黏合剂连接的物质转换技术，成品率为 99%。

通过在 FlexTrate™ 上转换 GaN μLED，证明了约 200 PPI 的像素分辨率。在整个 μLED 转换到 FlexTrate™ 的过程中，观察到 LED 性能没有下降。FlexTrate™ 上的 LED 显示屏可以可靠地弯曲到 5mm 的弯曲半径，而不会有任何性能下降。这种 μLED 显示屏可用于高性能和高分辨率的柔性可穿戴和可植入系统。

μLED 在FlexTrade™上
显示的工艺流程

300μm厚度

在处理FlexTrade™的流程后

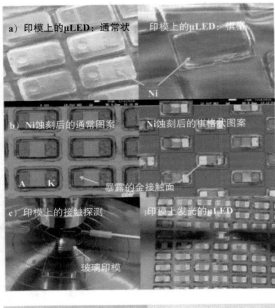

a）印模上的μLED：通常状　　印模上的μLED：棋格

b）Ni蚀刻后的通常图案　　Ni蚀刻后的棋格状图案

暴露的金接触面

c）印模上的接触探测　　印模上发光的μLED

玻璃印模

第二层释放后的样品　　　　弯曲到<5mm半径

μLED矩形阵列
（约10000μLED）

PDMS　　硅单元

图 10.20　在 FlexTrate™ 上制作 LED 显示屏的工艺流程
以及样品在不同工艺步骤[35]的图像

　　3）无线大脑植入系统：一种无线供电的皮下大脑植入系统在 FlexTrate™
上验证。该系统包括一个通过 13.56MHz 谐振磁耦合的外部线圈进行无线供
电的线圈，一个二极管，多个去耦深沟槽电容，一个低下降调节器和一个绿
色 LED（AlGaInP），如图 10.21[37] 所示。所有的电子元器件都是裸芯片形式，
集成在一起，没有任何焊料，由 40μm 节距的垂直波纹互连。当外部线圈从
10mm 的耦合距离为植入体供电时，LED 将在身体介质条件下以 15% 的功率
传输效率发光。

　　在 1000 次弯曲周期内，将种植体弯曲到 5mm 的弯曲半径时，种植体的性
能没有显著变化。总体来说，植入体的厚度只有约 535μm，直径只有 20mm。
这种柔性植入物可用于无线光遗传学应用[38]。

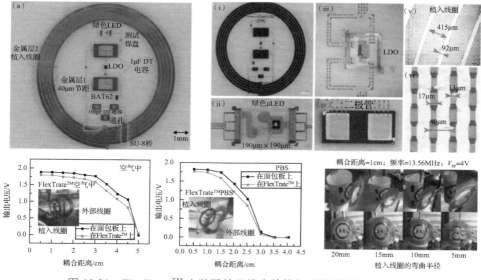

图 10.21　FlexTrate™ 上装配的无线大脑植入系统的图像，植入物
能够在弯曲至 5mm 弯曲半径的情况下保持可靠性[37]

4）个人环境监测器：FlexTrate™ 上集成了一个 MEMS 气体传感器，用于个人环境监测，如图 10.22[39] 所示。MEMS 气体传感器由班加罗尔 IISC 制造，传感器包括交错电极、金属氧化物（ZnO）传感材料和微加热器[40]。额外的聚合物层用于保护气体传感器的敏感膜，将 FlexTrate™ 传感器集成的成功率从 10% 提高到 >90%。此外，该系统还包括一个集成的模数转换器、跨阻抗放大器和蓝牙系统，可实现 FlexTrate™ 与外界（如智能手机）的无线通信。所有这些组件都通过 40μm 节距的互连线连接，通过实现高密度集成，有助于将整个系统集成在一个形状因子小的空间中。如图 10.22 所示，微加热器的温度和金属氧化物中的电流都随着加热器电压而增加，证实了 FlexTrate™ 中 MEMS 气体传感器后集成的正常功能。此外，传感器在 5V 加热器电压下的恢复时间和响应时间分别为 300s 和 50s，没有任何基线漂移。总体来说，该系统重量轻，灵活，价格便宜，易于佩戴。

5）FlexsEMG：多通道表面肌电图系统：用 FlexTrate™ 制成的表面肌电图（sEMG），称为 FlexsEMG，如图 10.23 所示[41-44]。它包括无源元件的非均匀无焊点的集成，一个市售的表面肌电信号数据处理和采集芯片（RHD 2216），蓝牙无线数据传输系统（EYSHSNZWZ），多达 20 个垂直波纹形金包铜电极，直径 6mm，电极间距 12mm，一个基准电极，所有电极都通过 40μm 的节距互

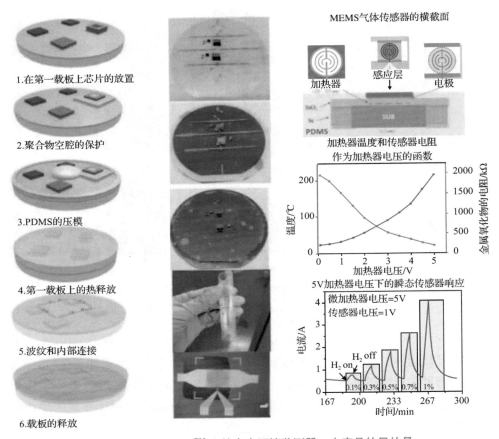

1. 在第一载板上芯片的放置

2. 聚合物空腔的保护

3. PDMS的压模

4. 第一载板上的热释放

5. 波纹和内部连接

6. 载板的释放

MEMS气体传感器的横截面

加热器　　感应层　　电极

加热器温度和传感器电阻
作为加热器电压的函数

5V加热器电压下的瞬态传感器响应

图 10.22　FlexTrate™ 上的个人环境监测器，本产品的目的是
通过可穿戴气体传感器系统[39]监测局部污染

连连接。FlexsEMG 系统外部添加 70mA·h 的可充电电池和透明黏合剂，分别为 FlexsEMG 系统供电和贴合人体。FlexsEMG 系统非常灵活，只有 5g 重，这使得它很易于佩戴，尺寸为 75mm×45mm×1mm。FlexsEMG 系统上的表面肌电信号电极能够记录与市售的 Ag/AgCl 电极一样优质的肌肉信号，而尺寸却比它小 5 倍[33]。

平均频率（MNF）和肌纤继传导速度（MFCV）等重要的肌肉参数有助于许多肌肉疾病的研究，这些参数可以借助该装置的 8 个通道进行评估[45-48]。这种无线多通道表面肌电信号系统可用于辅助脊柱手术监测，以减少附着在手术患者身上的电线数量，以及用于辅助患者康复监测和一般生理监测[49-52]。

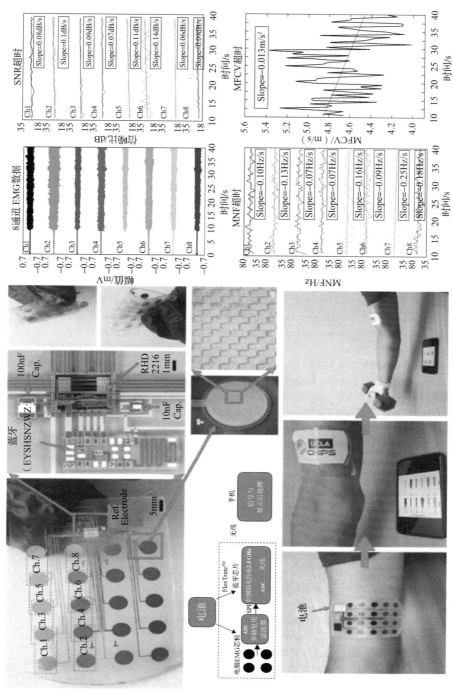

图 10.23　FlexTrate™ 上的多通道 sEMG 系统，叫做 FlexsEMG 系统：FlexsEMG 系统集成了各种电子元器件，包括多电极器件、ADC、信号滤波器、多路复用器、无源元件、蓝牙通信等，并可以通过 8 个通道记录肌肉信号[41]

致谢

本章作者要感谢加利福尼亚大学洛杉矶分校（UCLA）异构集成与性能扩展中心（UCLA CHIPS）小组，特别是福岛拓（日本东北大学）、古塔姆·埃兹拉苏和阿米尔·汉纳（是德科技）。本章原始文稿的发表得到了 NBMC、FlexTech、SRC、DARPA 和 UCLA 芯片联盟的支持。

参考文献

1 Kwon, Y.T., Kim, Y.S., Kwon, S. et al. (2020). All-printed nanomembrane wireless bioelectronics using a biocompatible solderable graphene for multimodal human-machine interfaces. *Nature Communications* 11: 3450. https://doi.org/10.1038/s41467-020-17288-0.

2 Gutruf, P., Yin, R.T., Lee, K.B. et al. (2019). Wireless, battery-free, fully implantable multimodal and multisite pacemakers for applications in small animal models. *Nature Communications* 10: 5742. https://doi.org/10.1038/s41467-019-13637-w.

3 Escobedo, P., Erenas, M.M., López-Ruiz, N. et al. (2017). Flexible passive near field communication tag for multigas sensing. *Analytical Chemistry 2017* 89 (3): 1697–1703. https://doi.org/10.1021/acs.analchem.6b03901.

4 IDTechEx Ltd (2020). *Flexible Hybrid Electronics 2020–2030: Applications, Challenges, Innovations and Forecasts.* IDTechEx Ltd.

5 Li, Y., Meng, L., Yang, Y. et al. (2016). High-efficiency robust perovskite solar cells on ultrathin flexible substrates. *Nature Communications* 7: 10214. https://doi.org/10.1038/ncomms10214.

6 O'Rourke, S.M., Loy, D.E., Moyer C. et al. (2008). Direct fabrication of a-Si:H thin film transistor arrays on plastic and metal foils for flexible displays. *Proc. 26th Army Sci. Conf.*, Orlando, USA (December 2008).

7 Proceedings of the IEEE (2015). 103(4).

8 Richfield, D. https://commons.wikimedia.org/w/index.php?curid=6039110. (accessed 27 May 2021).

9 Stoney, G.G. (1909). The tension of metallic films deposited by electrolysis. *Proceedings of the Royal Society of London A* 82: 172–175.

10 Marinov, V. (2016). The IC side of the flexible hybrid electronics technology. Presented at the SEMICON West. (July 2016).

11 Burghartz, J.N., Appel, W., Harendt, C. et al. (2009). Ultra-thin chips and related applications, a new paradigm in silicon technology. *Proceedings of the European Solid State Device Research Conference*. 29–36. doi: 10.1109/ESSDERC.2009.5331441.

12 Chen, Y., Wu, W., Liu, C.J. et al. (2014). Simultaneous optimization of analog circuits with reliability and variability for applications on flexible electronics. *IEEE Transactions on Computer-Aided Design of Integrated Circuits and Systems* 33 (1): 24–35. https://doi.org/10.1109/TCAD.2013.2282757.

13 Lee, K., Tanikawa, S., Murugesan, M. et al. (2013). Degradation of memory retention characteristics in DRAM chip by Si thinning for 3-D integration. *IEEE Electron Device Letters* 34 (8): 1038–1040. https://doi.org/10.1109/LED.2013.2265336.

14 Hackler, D., Wilson, D., Prack, E. (2019). Semiconductor on polymer chip scale packaging. *Chip Scale Review*, (July–August) pp. 5–6.

15 Khan, Y., Garg, M., Gui, Q. et al. (2016). Flexible hybrid electronics: direct interfacing of soft and hard electronics for wearable health monitoring. *Advanced Functional Materials* 26 (47): 8764–8775. https://doi.org/10.1002/adfm.201603763.

16 Jangam, S. and Iyer, S.S. (2021). Silicon-interconnect fabric for fine-pitch (≤ 10 μm) heterogeneous integration. *IEEE Transactions on Components, Packaging and Manufacturing Technology* 11 (5): 727–738. https://doi.org/10.1109/TCPMT.2021.3075219.

17 Iyer, S.S., Jangam, S., and Vaisband, B. (2019). Silicon interconnect fabric: a versatile heterogeneous integration platform for AI systems. *IBM Journal of Research and Development* 63 (6): 5:1–5:16. https://doi.org/10.1147/JRD.2019.2940427.

18 Pal, S., Petrisko, D., Tomei, M. et al. (2019). Architecting waferscale processors-a GPU case study. *IEEE International Symposium on High Performance Computer Architecture (HPCA)* (February 2019). IEEE press.

19 Nitto. https://www.nitto.com/us/en/products/e_parts/electronic001 (accessed May 27, 2021).

20 Han, Y., Ding, M.Z., Lin B. et al. (2016). Comprehensive Investigation of Die Shift in Compression Molding Process for 12 Inch Fan-Out Wafer Level Packaging. *IEEE 66th Electronic Components and Technology Conference (ECTC)*, Las Vegas, USA (May 31–June 3, 2016). IEEE press.

21 Che, F., Ho, D., Ding, M.Z. et al. (2016). Study on Process Induced Wafer Level Warpage of Fan-Out Wafer Level Packaging. *IEEE 66th Electronic Components and Technology Conference (ECTC)*, Las Vegas, USA (May 31–June 3, 2016). IEEE press.

22 Sharma, G., Kumar, A., Rao, V.S. et al. (2011). Solutions strategies for die shift problem in wafer level compression molding. *IEEE Transactions on Components, Packaging and Manufacturing Technology* 1 (4): 502–509.

23 Rao, V.S., Chong, C.T., Ho, D. et al. (2017). Process and reliability of large fan-out wafer level package based package-on-package. *IEEE 67th Electronic Components and Technology Conference (ECTC)*, Orlando, USA (May 30–June 2, 2017). IEEE press.

24 Hanna, A., Alam, A., Fukushima, T. et al. (2018). Extremely flexible (1 mm bending radius) biocompatible heterogeneous fan-out wafer-level platform with the lowest reported die-shift (<6 μm) and reliable flexible Cu-based interconnects. *IEEE 68th Electronic Components and Technology Conference (ECTC)*, San Diego, USA (May 29–June 1, 2018). IEEE press.

25 Fukushima, T., Alam, A., Wan, Z. et al. (2017) 'FlexTrateTM' — scaled heterogeneous integration on flexible biocompatible substrates using FOWLP. *IEEE 67th Electronic Components and Technology Conference (ECTC)*, Orlando, USA (May 30–June 2, 2017). IEEE press.

26 Fukushima, T., Alam, A., Hanna, A. et al. (2018). Flexible hybrid electronics technology using die-first FOWLP for high-performance and scalable heterogeneous system integration. *IEEE Transactions on Components, Packaging and Manufacturing Technology* 8 (10): 1738–1746. https://doi.org/10.1109/TCPMT. 2018.2871603.

27 Wu, D., Xie, H., Yin, Y. et al. (2013). Micro-scale delaminating and buckling of thin film on soft substrate. *Journal of Micromechanics and Microengineering* 23: 035040. https://doi.org/10.1088/0960-1317/23/3/035040.

28 Mei, H., Pang, Y., Im, S.H. et al. (2008). Fracture, delamination, and buckling of elastic thin films on compliant substrates. *11th Intersociety Conference on Thermal and Thermomechanical Phenomena in Electronic Systems*, Orlando, Florida (May 28–31, 2008). IEEE Press.

29 Bowden, N., Brittain, S., Evans, A.G. et al. (1998). Spontaneous formation of ordered structures in thin films of metals supported on an elastomeric polymer. *Nature* 393: 146–149. https://doi.org/10.1038/30193.

30 Guo, Z. and Tan, L. (2009). *Fundamentals and Applications of Nanomaterials*. Artech House.

31 Iyer, S.S., Alam, A., Hanna, A. Fukushima, T. (2018). Flexible and stretchable interconnects for flexible systems. International application # PCT/US2019/015840. US Patent App. 16/965,934, filed January 31, 2018, and published March 11, 2021.

32 Alam, A., Hanna, A., Irwin, R. et al. (2019). Heterogeneous integration of a fan-out wafer-level packaging based foldable display on elastomeric substrate. *IEEE 69th Electronic Components and Technology Conference (ECTC)*, Las Vegas, USA (May 28–31, 2019). IEEE press.

33 Alam, A., Molter, M., Gaonkar, B. et al. (2020). A high spatial resolution surface electromyography (sEMG) system using fan-out wafer-level packaging on FlexTrate™. *IEEE 70th Electronic Components and Technology Conference (ECTC)*, Vista, USA (May 26–29, 2020). IEEE press.

34 Alam, A. (2021). Development of FlexTrateTM and demonstration of flexible heterogeneously integrated low form-factor wireless multi-channel surface electromyography (sEMG) device. Order No. 28321669. University of California, Los Angeles.

35 Ezhilarasu, G., Paranjpe, A., Lee, J. et al. (2020). A "Heterogeneously integrated, high resolution and flexible inorganic μLED display using fan-out wafer-level packaging." *IEEE 70th Electronic Components and Technology Conference (ECTC)*, Vista, USA (May 26–29, 2020). IEEE press.

36 Ezhilarasu, G., Hanna, A., Paranjpe, A. et al. (2019). High yield precision transfer and assembly of GaN μLEDs using laser assisted micro transfer print-

ing. *IEEE 69th Electronic Components and Technology Conference (ECTC)*, Las Vegas, USA (May 28–31, 2019). IEEE press.

37 Ezhilarasu, G., Hanna, A., Irwin, R. et al. (2018). A Flexible, heterogeneously integrated wireless powered system for bio-implantable applications using fan-out wafer-level packaging. *IEEE International Electron Devices Meeting (IEDM)*, San Francisco, USA (December 1–5, 2018). IEEE press.

38 Ordaz, J.D., Wu, W., and Xu, X.M. (2017). Optogenetics and its application in neural degeneration and regeneration. *Neural Regeneration Research* 12 (8): 1197–1209. https://doi.org/10.4103/1673-5374.213532.

39 Benedict, S., Nagarajan, A., Kumar, T. et al. (2020). Heterogenous Integration of MEMS Gas Sensor using FOWLP: Personal Environment Monitors. *IEEE 70th Electronic Components and Technology Conference (ECTC)*, Vista, USA (May 26–29, 2020). IEEE press.

40 Prajapati, C.S., Soman, R., Rudraswamy, S.B. et al. (2017). Single chip gas sensor array for air quality monitoring. *Journal of Microelectromechanical Systems* 26 (2): 433–439. https://doi.org/10.1109/JMEMS.2017.2657788.

41 Alam, A., Molter, M., Kapoor, A. et al. (2021). Flexible heterogeneously integrated low form factor wireless multi-channel surface electromyography (sEMG) device. *IEEE 71st Electronic Components and Technology Conference (ECTC)*, USA (1 June-4 July 2021). IEEE press.

42 Duchateau, J. and Enoka, R.M. (2011). Human motor unit recordings: origins and insight into the integrated motor system. *Brain Research* 1409: 42–61. https://doi.org/10.1016/j.brainres.2011.06.011.

43 Heckman, C.J. and Enoka, R.M. (2012). Motor unit. *Comprehensive Physiology* 2 (4): 2629–2682. https://doi.org/10.1002/cphy.c100087.

44 Al-Mulla, M.R., Sepulveda, F., and Colley, M. (2011). A review of non-invasive techniques to detect and predict localised muscle fatigue. *Sensors (Basel)* 11 (4): 3545–3594. https://doi.org/10.3390/s110403545.

45 Drost, G., Stegeman, D.F., van Engelen, B.G. et al. (2006). Clinical applications of high-density surface EMG: a systematic review. *Journal of Electromyography and Kinesiology* 16 (6): 586–602. https://doi.org/10.1016/j.jelekin.2006.09.005.

46 Stegeman, D.F., Kleine, B.U., Lapatki, B.G. et al. (2012). High-density surface EMG: techniques and applications at a motor unit level. *Biocybernetics and Biomedical Engineering* 32 (3): 3–27. https://doi.org/10.1016/S0208-5216(12)70039-6.

47 Zwarts, M.J. and Stegeman, D.F. (2003). Multichannel surface EMG: basic aspects and clinical utility. *Muscle & Nerve* 28 (1): 1–17. https://doi.org/10.1002/mus.10358.

48 Yao, B., Zhang, X., Li, S. et al. (2015). Analysis of linear electrode array EMG for assessment of hemiparetic biceps brachii muscles. *Frontiers in Human Neuroscience* 9: 569. https://doi.org/10.3389/fnhum.2015.00569.

49 Stecker, M.M. (2012). A review of intraoperative monitoring for spinal surgery. *Surgical Neurology International* 3 (Suppl 3): S174–S187. https://doi.org/10.4103/2152-7806.98579.

50 Mays, J., Rampy, P., Sucato, D. et al. (2016). A wireless system improves reliability of intraoperative monitoring recordings. *IEEE Topical Conference on Biomedical Wireless Technologies, Networks, and Sensing Systems (BioWireleSS)*, Austin, USA, (January 24–27, 2016). IEEE press.

51 Sen-Gupta, E., Wright, D.E., Caccese, J.W. et al. (2019). A pivotal study to validate the performance of a novel wearable sensor and system for biometric monitoring in clinical and remote environments. *Digital Biomarkers* 3 (1): 1–13. https://doi.org/10.1159/000493642.

52 Kim, Y-S., Mahmood, M. Kwon, S. et al. (2019). Robust human-machine interfaces enabled by a skin-like, electromyogram sensing system. *Proc. SPIE, Nano-, Bio-, Info-Tech Sensors and 3D Systems III*. https://doi.org/10.1117/12.2513782.

第 11 章

基于 2.5D 和 3D 异构集成的多芯片集成电路技术：电和热设计考量及案例

Ting Zheng、Ankit Kaul、Sreejith Kochupurackal Rajan 和 Muhannad S. Bakir

11.1 引言

以数据为中心的计算量爆炸性增长对异构集成（Heterogeneous Integration，HI）和先进封装提出了需求。推动高端服务器 CPU 性能指数级增长历来需要增加芯片核心数量和扩大芯片尺寸等。这意味着芯片制备工艺将不断逼近光刻极限，成本也随之增加[1]。此外，先进工艺（例如 7nm 及更小）的成本正在增加[2]，但是并非片上系统（SoC）中所有功能电路都能从这种前沿技术中受益，例如 I/O 电路。这些挑战推动集成电路转向模块化设计，典型产品包括赛灵思的"珠峰"芯片[3]，AMD 基于芯粒技术的"罗马（Rome）"和"马蒂斯（Matisse）"SoC[2]，以及英特尔基于桥接[4]和硅通孔（TSV）技术的三维（3D）集成产品[5]。大多数先进集成方案有一个共同目的，即将不同的分立芯片连接起来实现单片 SoC 等同的功能。然而，这种集成系统最大的瓶颈问题之一是芯片间传输速率——带宽密度（Bandwidth Density，BWD）不足将导致数据传输期间功能模块处于空闲状态[6]，进而降低系统整体性能。

先进的多芯片异构集成架构，如 2.5D 和 3D 集成，可以满足芯片间信号互连所需的更高带宽和更低能耗要求，可以为高性能和低功耗计算提供解决方案。基于硅转接板的 2.5D 现场可编辑逻辑门阵列（FPGA）集成实现了超过 400Gbit/s 的总带宽[3]。利用 TSV 的 3D 内存 – 处理器堆叠集成，在 277MHz 频率下可实现最大内存带宽 510.4Gbit/s[7]。单片式 3D 集成是另一个有前景的技术，由于采用了互连更短、密度更高的纳米级垂直通孔，可实现比基于 TSV 的 3D 集成更高的带宽[8]。此外，正如前面所提到的，基于桥接芯片的多芯片封装技术近期已成为 2.5D 微系统集成研究热点，其中包括埋入式多互连桥接技术[4]和异构互连拼接技术[9]。简而言之，桥接芯片技术使用高密度互连的硅片用于芯片间通信。这类 2.5D 集成技术的性能指标与基于硅转接板的 2.5D 解决方案相当，并且具有包括避免使用 TSV 在内的其他许多优点。

本章，首先讨论使用拼接芯片或桥接芯片实现芯粒（chiplet）和转接板层级互连。内容涉及电气设计思路和实验性案例。接下来，介绍了 2.5D 和 3D 集成电路中的热设计注意事项。此外，以有源电路为研究对象（28nm 和 14nm 硅基芯片），通过案例展示了单片和 2.5D 集成电路中的微流体冷却技术。最后，介绍了 3D 集成中基于 TSV 的微流体冷却的芯粒技术。

11.2　异构互连拼接技术（HIST）

为了使异构集成具有类似于单片的性能且满足低损耗高密度信号互连要求，提出了一种称为异构互连拼接技术（Heterogeneous Interconnect Stitching Technology，HIST）的多芯片集成方案，如图 11.1 所示。该技术基于细节距和多高度可压缩微互连（Compressible Microinterconnects，CMI）结构实现 2.5D 和 3D 集成。

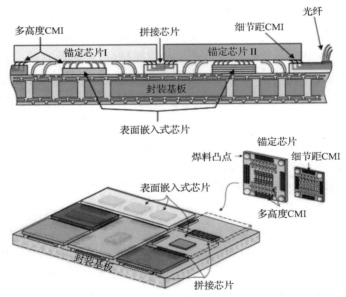

图 11.1　采用 HIST 技术的多芯片集成示意图[9]

如图 11.1 所示，在锚定芯片和封装基板之间设置拼接芯片，通过连接多个"锚定芯片"实现 2.5D 集成。这里的锚定芯片模拟了系统中实际需要组装集成的芯粒。细节距 CMI 作为片外输入 / 输出接口，连接了锚定芯片和拼接芯片。拼接芯片上的细节距 CMI 和细节距互连引线实现锚定芯片之间的高带宽信号互连。此外，该技术有望通过光纤组装实现锚定芯片与硅光子集成电路（Photonic Integrated Circuit，PIC）之间的直接互连，见图 11.1。

为了实现类 3D 的系统集成，将表面嵌入式芯片集成在锚定芯片下方，然后利用多高度和多节距 CMI 实现芯片的面对面键合[9]。多高度 CMI 代替传统的焊料凸点可实现锚定芯片和拼接芯片／表面嵌入芯片之间的信号互连，见图 11.1。此外，在图 11.1 中，CMI 完成锚定芯片和封装基板互连的同时，CMI 与封装基板上的焊盘和 RDL 一起还构成了电源通道。由于通过四角的大尺寸焊料凸点实现锚定芯片和封装基板之间的机械键合，因此这种集成方式具有一定的可返工性[9]。

作为关键技术，CMI 拥有许多优点。与传统焊球不同，CMI 具有弹性可压缩，可以补偿异构芯片厚度差异引起的片间互连长度差异㊀，从而在一个平台上可同时实现 2.5D 和 3D 面对面互连[9]。CMI 作为一种临时连接结构，具备便捷的芯片更换／返工能力，从而可以提高系统良率。在文献［10］中，CMI 可以提高集成系统的热机械可靠性。此外，CMI 不受 CTE 失配影响，从而为不同材料的芯片和基板（例如硅、玻璃、有机和化合物半导体）异构集成带来了灵活性[9]㊁。

为了实现锚定芯片之间的高带宽信号互连，需要使用细节距的 CMI。如图 11.2 所示，制作了一组 $30\mu m \times 30\mu m$ 节距阵列的 CMI。这些镀金钨镍合金 CMI 高约 $9.5\mu m$，长约 $25\mu m$，厚约 $2.5\mu m$。需要注意的是，这些 CMI 的几何

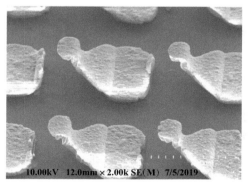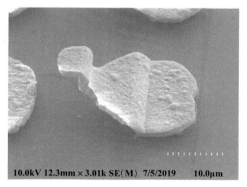

图 11.2　细节距 CMI 的 SEM 图像[9]

㊀　微系统集成中，不同芯片减薄厚度不同。——译者注
㊁　相比 BGA 等传统"硬"连接，CMI 是弹性可压缩的互连方式，如果设计得当，CMI 可以确保芯片和基板在 CTE 失配下仍保持可靠互连。——译者注

尺寸是在制造中通过光刻工艺确定的[9]，可以根据实际需求进一步缩小 CMI 的节距。如图 11.3 所示，根据这些细间距 CMI 的压痕试验结果，它们的平均测量顺应度约为 0.16 mm/N。当然，可以通过调整 CMI 的厚度获得更高的顺应度数值[9]。

多高度的镀金钨镍合金 CMI 的制造和测试表征在文献［11］中进行了阐述。如图 11.4 所示，CMI 高度分别为 75μm、55μm 和 30μm，其线节距为 150μm。文献［12］报道了压痕试验的结果：高度 75μm、55μm 和 30μm

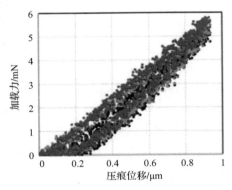

图 11.3　细节距 CMI 的压痕测试结果[9]

的 CMI 的顺应度分别为 12.21mm/N、8.82mm/N 和 3.91mm/N，它们垂直方向弹性变形量分别为 40μm、35μm 和 20μm。为了在组装过程中实现均匀的键合力，可以调整 CMI 顶视形状和厚度以获得相近的顺应度数值[12]。CMI 的寿命疲劳可靠性研究中，对一个高 75μm 的 CMI 进行了连续 5000 次周期的压痕试验。图 11.5 所示的结果表明，在 5000 次压痕周期后，没有明显的塑性形变。CMI 的电气性能表征研究中，高度分别为 75μm、55μm 和 30μm 的 CMI 的平均

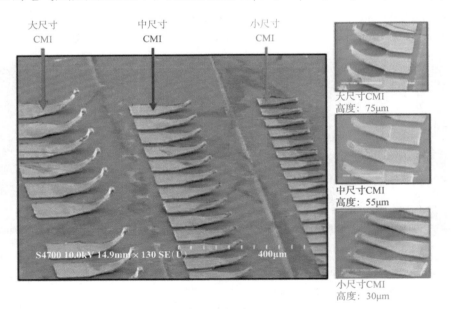

图 11.4　多高度 CMI 的 SEM 图像[11]

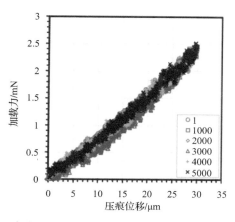

图 11.5 高度 75μm 的 CMI 结构 5000 次压痕试验结果[11]

电阻值分别为 67.17mΩ、55.18mΩ 和 48.13mΩ[12]。作为对比，文献 [13] 中包含或者不含底部填充情况下，高约 13μm，节距 20μm 铜柱的电阻为 40 ~ 50mΩ。如图 11.1 所示，采用这种多高度 CMI 结构，可以将不同厚度的表面嵌入式芯片进行集成。此外，通过调整光刻工艺参数，可以很容易地改变所制备的 CMI 的高度[11]。

对于射频 / 毫米波应用，HIST 技术可以通过拼接芯片在异构芯粒间提供低损耗和低寄生参数的信号通道。如图 11.6 所示，拼接芯片的衬底采用低损耗介电材料，如熔融石英（介电常数：3.9，损耗角正切：0.0002）。包含共面波导（CPW）和镀金钨镍合金 CMI 结构的拼接芯片具有短且阻抗匹配的信号通道。由于 CMI 组装过程中不需要底部填充，通道之间的寄生电容也大大降低。此外，HIST 还提供了一种灵活的方法，通过将无源元件从高损耗硅芯粒转移至低损耗表面埋入式芯片中，可进一步提升系统性能[14]。

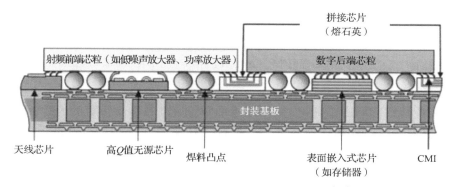

图 11.6 HIST 技术在射频 / 毫米波的应用[14]

　　文献［14］报道了拼接芯片信号通道的射频特性的精确测试结果，频率高达 30GHz。分别对节距 200μm、长度 500μm（500μm 长的共面波导和 CMI）以及节距 200μm、长度 1mm 的两个信号通道进行了 S 参数提取，如图 11.7 所示。测试表明，由于使用了熔融二氧化硅拼接芯片基板（介电常数：3.9，损耗正切：0.0002），实现了低损耗信号传输。在工作频率 30GHz 以下时，长度 500 μm 信号通道的插入损耗低于 0.4dB。

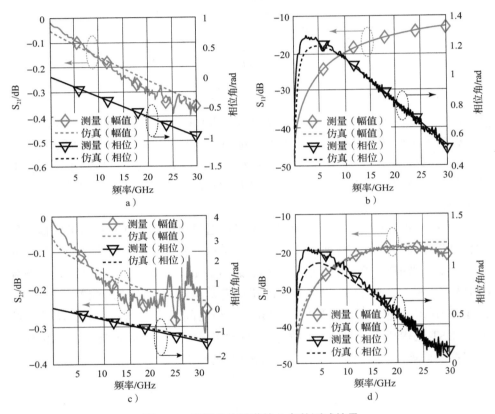

图 11.7　拼接芯片通道的 S 参数测试结果
a）拼接芯片上长度 500μm 通道的插入损耗　b）拼接芯片上长度 500μm 通道的回波损耗
c）拼接芯片上长度 1000μm 通道的插入损耗　d）拼接芯片上长度 1000μm 通道的回波损耗[14]

　　损耗特性方面，在射频 / 毫米波应用中（例如 28GHz 带宽的 5G 无线电通信），这种低损耗的拼接芯片通道性能优于传统的硅转接板通道。文献［14］对一款与拼接芯片通道尺寸相同的 CMOS 级硅转接板（电导率为 10S/m）进行了模拟仿真。在 28GHz 时，拼接芯片内长度为 1mm 的信号通道的插入损耗仅为 0.2dB，而硅转接板内长度为 1mm 的信号通道的插入损耗达到了 3.78dB。

在时域特性方面，文献 [14] 对 1mm 长的拼接芯片信号通道和 1mm 长的硅转接板信号通道的 S 参数进行了眼图仿真。结果如图 11.8 所示，低损耗的拼接芯片通道使眼图高度增加了 49.4%，并且降低了信号上升 / 下降沿时间（拼接芯片上升 / 下降沿时间为 3.3ps，而硅转接板上升 / 下降沿时间为 8.3 ps），这意味着拼接芯片具有更低的信号延迟和通道寄生参数。1mm 长的拼接芯片信号通道工作在通信速率为 50Gbit/s 时，能得到明显的眼图开口，且无需任何均衡设计。

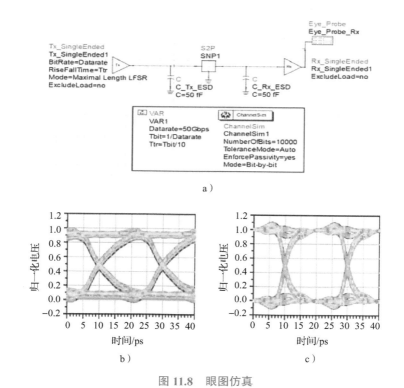

图 11.8　眼图仿真

a）ADS 仿真电路图　b）带有 50fF ESD 电容的硅转接板通道在 50Gbit/s 通信速率下的眼图　c）带有 50fF ESD 电容的拼接芯片通道在 50Gbit/s 通信速率下的眼图[14]

CMI 的射频性能也在文献 [14] 中首次报道。采用 L-2L 去嵌入技术，提取了地 – 信号 – 地 CMI 的 S 参数，频率达到 30GHz。它们的插入损耗小于 0.17dB，回波损耗仅 –16.4dB。该结果表明 CMI 在 30GHz 以下的损耗可以忽略不计。

上文讨论的拼接芯片概念也可以应用于转接板层级。硅转接板可在芯粒之间提供高速低功耗通信。传统设计中，转接板之间通信主要依托主板上的通道实现，这种通信方式导致能效和带宽严重降低[母]。为此，我们之前展示过一种新型的包含多个转接板瓦片的大规模硅基平台[15]，它本质上是多个硅转接板，直接在印制线路板（PWB）上以瓦片方式组装而成（见图 11.9）。这种方法可以实现多个在光刻掩膜版尺寸以下的硅转接板集成。瓦片之间通过硅桥实现电气互连，这些硅桥被装在顶部并跨越两个或多个硅转接板瓦片。瓦片和硅桥通过柔性互连件实现电连接，这些互连件与焊盘之间接触电阻低且可重复使用[15]。正自对准结构（PSAS）和倒立金字塔槽结构实现了硅转接板瓦片与 PWB 以及硅转接板瓦片与硅桥之间的自对准组装。以上方案是实现硅转接板间高带宽和低比特能耗（EPB）平台目标的第一步。它的关键特征是：①硅转接板瓦片、硅桥和 PWB 的高精度对准；②通过硅桥实现瓦片间的电气互连。在此基础上，纳米光子学可以进一步被集成到平台中，以实现长互连尺寸下更高的带宽密度和更低的 EPB。图 11.10 展示了在 PWB 上组装完成的硅转接板瓦片，瓦片间互连通过高带宽密度的硅桥芯片实现[15]。

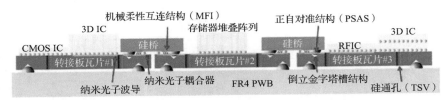

图 11.9　在 FR4 印制线路板上直接进行硅转接板装配[15]

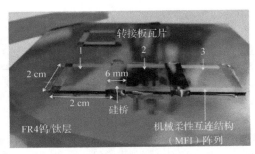

图 11.10　三块硅转接板瓦片采用硅桥/拼接芯片直接装配在印制板上[15]

11.3　基于桥芯片 2.5D 集成技术的热评估

随着多芯片封装实现了在一个封装中集成越来越多的高性能芯片，热管理挑战将增加。空气冷却在面对这样的系统时是乏力的，将导致许多硅芯片处于

⊖　母板上的通信距离长，通道寄生参数大。——译者注

闲置状态（停止运行或者降频工作）[16]。此外，高功率芯片与低功率芯片之间的热耦合也会降低整个系统的性能[17]。因此，尽管这些新的集成架构提供了潜在的电气优势，但存在突出的散热问题。

文献［18，19］对基于硅转接板的 2.5D 集成，以及文献［20，21］对基于 TSV 的和文献［22，23］对单片 3D IC 集成进行了大量的热分析和优化研究。然而，未见针对基于桥接芯片的 2.5D 集成平台的热学建模。因此，本节我们首先研究基于硅桥芯片 2.5D 集成的热性能，并与其他 2.5D 和 3D 解决方案进行比较。其次，我们深入探究基于硅桥芯片的 2.5D 集成，并评估不同工艺参数（如热界面材料（TIM）性能、芯片厚度和芯片间距）对热性能的影响。这些研究将帮助行业了解硅桥集成技术面临的热边界和挑战。接下来，我们提出了一种基于后道工艺（BEOL）埋入式集成方案，可以避免引入长引线和大尺寸焊盘，从而改善 EPB 和降低芯片间延迟。

11.3.1　2.5D 集成和 3D 集成典型架构

1. 2.5D 集成

图 11.11 显示了三种采用不同芯片间互连工艺实现的 2.5D 集成技术。图 11.11a 是基于桥接的集成技术，其中硅桥芯片埋入在有机封装基板中。硅桥接芯片上高密度互连和细节距微焊球用于芯片间的互连。图 11.11b 是传统的基于硅转接板的集成技术。图 11.11c 是非埋入式集成，它将硅桥芯片直接放置在有源芯片和封装之间。

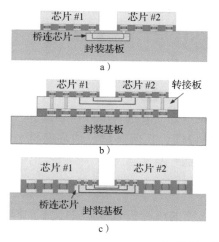

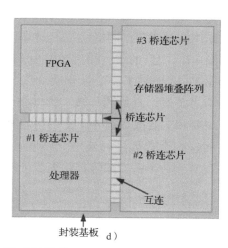

图 11.11　2.5D 芯片堆叠

a）采用桥接芯片技术　b）采用硅转接板技术　c）采用了多高度微球焊接的非埋入式硅桥技术
d）采用硅桥技术进行 FPGA-CPU- 内存 2.5D 集成示意图（顶视图）[24]

本节，我们将以一个 FPGA-CPU- 内存芯片构成的 2.5D 集成微系统作为桥连芯片技术的测试载体；所有讨论内容均基于这个芯片组（见图 11.11d）。

2. 三维集成

图 11.12 是两种三维集成架构[24]。图 11.12a 展示了基于 TSV 的三维集成，利用带焊料帽的铜柱（或微凸点）和 TSV 实现两个或多个已知合格芯片（KGD）之间建立垂直互连。图 11.12b 展示的是单片式三维集成，采用标准光刻工艺依次处理两个或多个有源器件层并实现互连。

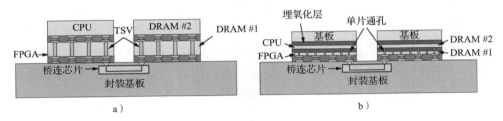

图 11.12   3D 芯片堆叠集成

a）基于 TSV   b）基于单片纳米尺度 TSV[24]

我们以两种不同的三维集成方式讨论一个由 CPU-FPGA-DRAM 构成的集成微系统。微系统包含两个 3D 堆叠芯片：一个是 CPU 和 FPGA 堆叠，另一个是多颗相同 DRAM 芯片堆叠。

11.3.2   热建模和性能

本小节使用的散热结构见文献 [25]。为了提升计算效率，在 x、y 和 z 方向上采用的是非共形网格⊖。稳态和瞬态模型在 ANSYS 中进行了验证，分析表明结温（T_j）上升的最大相对误差小于 7%[24,26]。

图 11.13 展示了一个带有风冷热沉的 2.5D 集成系统。3D 集成系统的散热结构与之类似，只是芯片被三维堆叠起来。在热建模中，散热器和 PWB 被抽象为主要和次要散热边界。使用均匀的对流系数，分别对散热器顶面和封装基板底面这两个边界进行建模。厚度、材料特性、几何参数、边界条件、微凸点、TSV 和功率密度图等具体细节可参考文献 [24]。

11.3.3   不同 2.5D 集成方案的热性能对比

三种 2.5D 集成电路方案均采用带散热器的风冷方式见图 11.13a。芯片布局和功率分布图分别显示在图 11.11d 和 11.13b 中。除非另有说明，所有的热

⊖   一种有限元计算中常用的网格划分方法。——译者注

分析均为图 11.13b 中最大功率分布图的稳态结果，以得到系统中最恶劣工况。每个芯片的热分布如图 11.14 所示。由于三种方案大部分热量均通过顶部

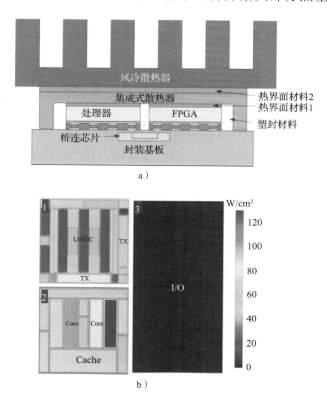

图 11.13　a）采用硅桥芯片 2.5D 集成在垂直方向的各层信息　b）各芯片的功率密度分布图
1—FPGA 芯片，44.8W　2—处理芯片，74.49W　3—DRAM 芯片（单元电路），每个单元电路 5.65W[24]

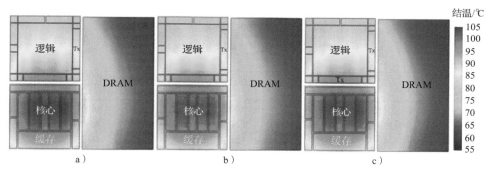

图 11.14　各集成方案中每颗芯片的热分布顶视图，图中绘制了底部温度最高的 DRAM 芯片
a）基于植入式硅桥芯片，T_{max} =104.92℃
b）硅转接板，T_{max} =102.8℃　c）基于非植入式硅桥芯片，T_{max} =104.23℃[24]

的散热器传导（转接板、未埋入桥接芯片和含桥接芯片三种情况，分别为97.17%、97.19% 和 98.18%），因此它们都呈现出相似的热特性。然而，由于不同方案中存在不同二次散热路径，结温 T_j 略有差异。此外，由于导电通孔散热器的存在，各方案中的芯片间均存在明显的横向热耦合。

11.3.4   2.5D 和 3D 集成之间的热性能对比

相同配置和相同工况下，3D 堆叠集成的功率密度将大于其 2.5D 集成方案。因此，散热会迎来更难的挑战。在本节中，我们将探讨两种 3D 集成方法，并将其与基于桥式芯片的 2.5D 集成进行热性能比较。

图 11.15b 列出了基于桥芯片的 2.5D 和两种 3D IC 情况下的最大结温温升。结果表明，2.5D 集成具有比两种 3D IC 情况更好的热特性。图 11.15a 显示了在考虑两种 3D IC 情况下 CPU 和 FPGA 晶片的热分布。与图 11.14a 所示的 2.5D 桥芯片情况相比，3D 集成方式具有更强的热耦合，导致两个芯片的热分布呈镜像对称。单片 3D 集成方式具有较小的有源层厚度，这导致散热效果比

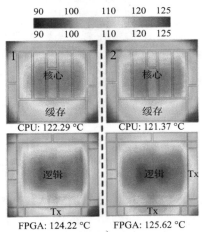

a）

单位：℃	CPU		FPGA		DRAM[1]	
	T_{max}	T_{min}	T_{max}	T_{min}	T_{max}	T_{min}
桥连芯片	104.92	83.08	98.28	75.02	89.17	60.01
单片式的	122.29	93.61	124.22	94.25	96.25	63.57
TSV	121.37	94.64	125.62	98.94	98.18	66.57

1 对于 DRAM，图中显示了存储器堆叠阵列中底部最热的芯片

b）

图 11.15   a）3D 堆叠方案下每个裸芯片的热分布图（1—单片 3D 集成　2—基于 TSV 的 3D 集成）　b）桥连芯片 2.5D 集成与 3D 集成的热对比[24]

基于 TSV 的 3D IC 更差，见图 11.12⊖。然而，由于从 FPGA 到散热器的热阻比基于 TSV 的 3D IC 略小，导致最高温度更低。

11.3.5　基于桥接芯片 2.5D 集成的热研究

1. 热界面材料（TIM）导热系数

考虑两个位置处的热界面材料（TIM）对导热性能的影响：第一个存在于散热器和每个芯片之间（TIM1），第二个应用于热扩散器和热沉之间（TIM2），见图 11.13a。为了研究 TIM 性能的影响，我们将 TIM1 和 TIM2 的热导率从 0.9 ～ 400 W/℃·m 进行扫描（假设 TIM1 和 TIM2 是相同的材料）。从结果（见图 11.16a）可以看出，在大约 3 W/℃·m 处有一个热导率的突变点，超过这个点，更好的 TIM 导热性并不会带来明显的收益。同样，改变 TIM 厚度参数也有类似的结果[24]。

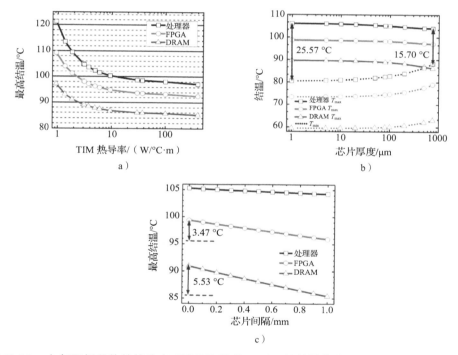

图 11.16　a）每颗裸芯片的热分布（裸芯片厚度 1μm），热扩散能力受到限制，图中可以观察到约束边界　b）芯片厚度的影响，点状线是各裸芯片的最低温度 T_{min}　c）芯片间隔的影响，芯片间隔增加，结温 T_j 减少[24]

⊖　更薄的有源层，导致横向温度扩散能力降低，参见 11.3.5 小节的标题 2。——译者注

2. 芯片厚度

芯片的厚度对于热扩散以减少局部热点温度非常重要。随着芯片厚度的减小，横向热阻增加，热扩散能力降低，如图 11.16b 所示。

3. 芯片间距

图 11.16c 中，在保持散热器尺寸相同的情况下，随着芯片间距的增加，每个芯片的结温都会降低。然而，温度降低的速率对于功耗较小的芯片更大，这意味着低功耗芯片更容易受到热耦合的影响。由于 DRAM 在高于 85℃时性能下降[27]，因此需要严格设计 DRAM 芯片与其他高功率芯片之间的间距。然而，也需要考虑芯片间互连尺寸（例如带宽密度 / 每比特功耗，以及集成密度）与热性能之间的折中。

11.3.6　多片式 3D 集成

为了实现基于 TSV 和单片式 3D IC 之间互连的桥接缝隙和异构集成，提出了一种后道工艺的埋入式集成方案[28]。该方案（见图 11.17）是一个高密度集成的系统，被分成多个器件层，其中定制的芯粒（例如 I/O 驱动器和射频前端）被埋入到基础层（应用处理器）的背部，另外还有一个单片集成内存层（例如 RRAM）。3D 无缝片外互连（SoC+）技术旨在结合 TSV 3D 集成和单片 3D 集成的优点，包括极高效的信号传输和高带宽密度。这种方案可以通过高密度互连和高精度自对准技术来实现。

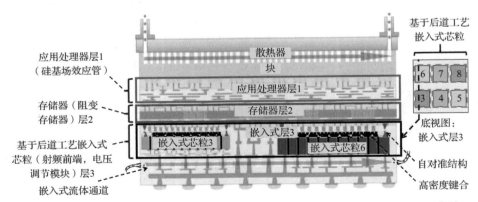

图 11.17　无缝片外互连 3D 集成概念图：基于后道工艺的埋入式芯粒集成技术[29]

11.4　高功率电子器件的单片微流体冷却

如前文所述，随着现代计算机系统的功率密度和总功率的增加，传统的冷却系统已经到达极限。先进的高度密异构集成方案（例如 2.5D 和 3D）给系统散热带来了更加严峻的挑战。Tuckerman 和 Pease[30] 首次演示了微流体冷却技术，它有潜力能够解决高功率和高性能集成电路冷却难题。此外，将这种方法应用于 2.5D 和 3D 集成系统，可以缓解芯粒之间的热耦合等问题。

此外，由于液体冷却剂（如水）的比热容比空气高出 3000 倍（在标准温度和压力附近），使用液体冷却剂可以显著减少换热和流体输送所需的体积。同时，通过先进的硅微纳加工工艺，制备高比表面积的微结构，可以获得超低形状因数和高效的热管理解决方案，有助于提升数据中心等应用场景下的计算单元堆叠密度。

本节将探索通过单片微流道冷却有源芯片为计算系统带来的性能上的收益。讨论中的具体对象是一套单芯片 FPGA 的测试平台。随后，类似的设计和硅微制造技术将与先进的增材制造技术结合，制备出应用于 2.5D 封装的微流体散热器。最后讨论将这些技术推广到 3D 集成电路对电学性能的影响。

11.4.1 单芯片系统的实验演示和特征

长期以来，微电子学最常见的冷却方法是在集成电路封装顶部安装风冷散热器（ACHS），如图 11.18a 所示。但风冷的散热能力有限，可以通过使用多种形式的微流体冷却进行提升。首先，由于微小的散热器尺寸⊖和液体冷却剂的高热容特性，与直接使用风冷相比，微流体冷却可以实现更低的对流热阻。此外，在传统架构中（见图 11.18a），由于距离较远，热量须通过多个材料界面才能传导并到达散热器，因此总的传导热阻较大。为了有效降低这些界面处的热阻，使用了两个级别的 TIM，但这些界面仍然是整个结（芯片结）到环境热阻的主要瓶颈。通过直接在硅片上刻蚀散热器，可以将热源和散热器之间的传导热阻降到最低。

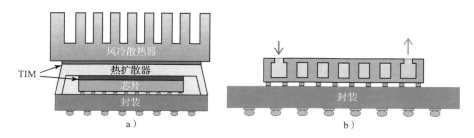

图 11.18 单片微流体冷却模式对热阻的减小[31]

a）传统的微电子系统 b）与微流体散热器单片集成的微电子系统

⊖ 小尺寸下的比表面积更大。——译者注

　　已有大量文献报道了关于基于微针翅式的单片微流体冷却设计和评估结果（见图 11.18b）。这些成果大多数是在含电阻加热器的无源硅基底上完成的，而本节将重点讨论在有源 CMOS 芯片上的工作。对 28nm 工艺制造的 Altera Stratix V FPGA 芯片进行后，将微针肋翅片式散热器直接集成到与有源电路相距数百微米的倒装键合芯片背面。然后，用去离子水作为冷却剂，设置不同的流量和入口温度，测试了这种微流体对 FPGA 的制冷效果。所有测试均在 Altera Stratix V DSP 开发板上进行，并与默认风冷散热器的测试板进行了比较。测试流量设置在 0.15 ～ 3.0mL/s，进口温度设置在 21 ～ 50℃。

　　为了进行试验演示，制造流程进行了优化设计，以适应已封装的倒装键合 FPGA 芯片。首先，将 FPGA 从开发板上拆焊下来。在移除热扩散器和热界面材料之后，将该芯片安装到带有冷却脂的载体晶圆上。随后，采用光刻工艺对器件进行图案化处理，使用博世（Bosch）工艺来蚀刻硅微针翅，形成具有垂直侧壁的微柱，平均深度 240μm。优化蚀刻工艺以最小化锥度效应，因为假设微柱底部较窄，这个底部最小横截面积将是散热通道的瓶颈，从而降低微柱散热性能。进出口腔室在同一蚀刻步骤中形成，它处于微针 – 翅阵列两侧，区别在于这个位置没有微针翅。图 11.19a 是蚀刻后微针 – 翅的扫描电镜图像。此外，还单独制作了一个硅盖板，刻蚀有进口和出口孔。首先使用高温环氧树脂将硅盖板粘贴在蚀刻后的 FPGA 顶部，以提供一个平滑的表面用于将 FPGA 重新焊接到开发板上。焊接完成后，使用环氧树脂永久固定硅盖板，并且安装两个微型端口用来传输冷却剂。图 11.19b 展示了带有微型端口并且已经重新焊接好的 FPGA 的照片。

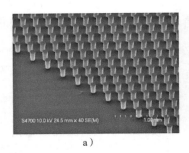
a）

b）

图 11.19　制造完成的测试样件[31]

a）被刻蚀的微针翅结构的扫描电子显微镜（SEM）图片
b）处理后的 FPGA 芯片被焊接到开发板上，并带有硅盖帽和用于流体输运的微型接口

　　FPGA 加载了一种自定义脉冲压缩算法，用于模拟 FPGA 常见的 DSP 类型用例。FPGA 在开环系统中进行测试，以去离子水作为冷却剂。测量结果如

图 11.20 所示。在流量为 3.0 mL/s，压降为 97kPa 的条件下，平均芯片结 – 进液热阻降低至了 0.07℃ /W。与风冷方案相比，这意味着 FPGA 具备更低的工作温度。进一步，更低的工作温度允许更高的时钟速度（见图 11.20b），以及更低的漏电功率（见图 11.20c）。FPGA 也可用进口水温最高 50℃的水进行冷却，从而可以直接向周围空气进行高效的热交换，或者废热利用[32]。

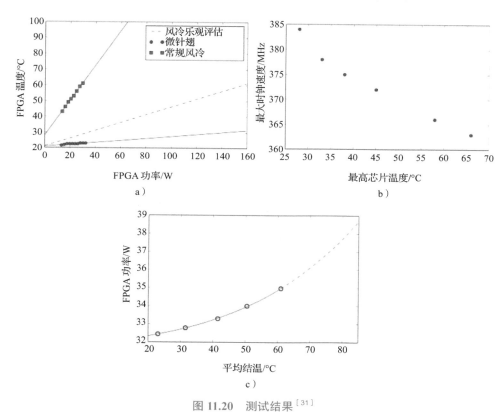

图 11.20   测试结果[31]

a）微流体散热结构（MFHS）与传统风冷方案的对比
b）时钟频率与芯片温度关系   c）芯片功耗与裸芯片温度关系

11.4.2   微流体冷却 2.5D 集成系统：实验演示

为了高密度集成多个芯粒，行业正在推进 2.5D 集成产业化。虽然这种高密度集成提升了系统性能，但由于它增加了封装体内总功率，并且如前文所述相邻单元间引入热串扰，因此它给系统散热带来了挑战。

前一个案例中使用的硅微加工方法也可以作为一个潜在的解决方案应用于 2.5D 系统。3D 打印技术的进步可以用于制备超小尺度的微流体输运结构，与小体积特征的硅基散热器相结合，可以构成一个非常紧凑而完整的散热解决方案。本节，我们将描述了一个硅微针翅式散热器的设计和制造，用于冷却由五个异构芯片单元集成的 FPGA（Stratix 10 GX）。硅微针翅的几何形状根据底部芯片的热流密度不同而变化。硅微针翅散热器嵌入一个 3D 打印的塑料件中，并从顶部将散热器和冷却剂的进出口管道相连接。散热器剖面概念图如 11.21a 所示。

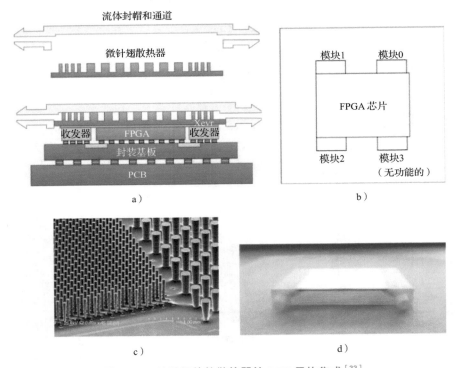

a)

b)

c)

d)

图 11.21　针肋翅片热散热器的 2.5D 异构集成[33]

a）含微针翅式散热器 2.5D 封装剖面图　b）Stratix 10 FPGA 芯片
c）刻蚀后的微针翅式的扫描电子显微镜图　d）集成后的微流体散热器

首先创建了一个初始的异构微针翅设计，采用一个高深径比的微针翅结构实现收发器芯片正上方的散热，另一个微针翅结构设计在 FPGA 上方用于该区域散热（见图 11.21b）。根据收发器和 FPGA 芯片的相对功率密度，对微针翅结构节距和直径进行了相应调整，从而可以对中心的 FPGA 芯片进行高效散热。微针翅结构被刻蚀至 457μm 的深度（见图 11.21c）。该刻蚀硅冷却板与 3D 打印的外壳连接并使用环氧胶进行粘接密封。组装好的散热器（见图 11.21d）被安装在去除顶盖的 Stratix 10 芯片封装体上方。

　　组装好的散热器和 FPGA 电路板在以去离子水为冷却剂的开环冷却系统中进行了测试。与风冷相比，使用微流体冷却的散热器可以减少 FPGA 裸芯片和周围收发器裸芯片之间的热耦合效应，如图 11.22a 所示。此外，微流体制冷的低热阻使得 FPGA 处于更低的环境温度从而实现更高的计算水平（见图 11.22b）。除了降低裸芯片之间的温度和热耦合之外，采用小尺寸微流体散热器还可以实现计算密度的大幅增加。

芯片	空气	微流体
FPGA	0.46 °C/W	0.057 °C/W
收发模块0	0.48 °C/W	0.003 °C/W
收发模块1	0.43 °C/W	0.004 °C/W
收发模块2	0.45 °C/W	0.045 °C/W

a）

芯片	空气	液体	未计算状态下风冷
FPGA	70.5 °C	30.1 °C	38.5 °C
收发模块0	81.5 °C	35.1 °C	48.5 °C
收发模块1	81 °C	37.7 °C	52 °C
收发模块2	75.5 °C	43.6 °C	46 °C

b）

图 11.22　微流体冷却测试结果以及与风冷方案的比较[33]

a）裸芯片间的热耦合：芯片温度变化与 FPGA 功耗间的关系

b）风冷和微流体冷却下的 Stratix 10 系列芯片的温度测试结果

11.4.3　单片微流体冷却的 3D 集成：对 I/O 电学性能影响建模

　　由于 3D 堆叠中散热路径有限，热问题在 3D 集成电路中变得更加严重。将微流体冷却与 3D 集成电路相结合（见图 11.23a），是解决这些问题的潜在方

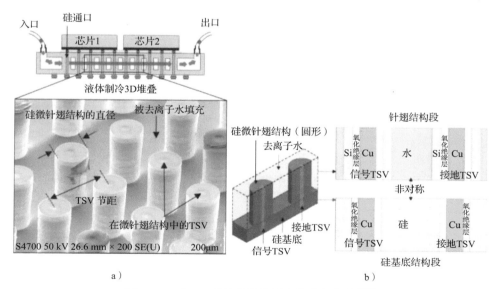

a）　　　　　　　　　　　　　　b）

图 11.23　为 3D 结构设计的微流体冷却集成[37]

a）提出的集成微流体散热器的硅基 3D 堆叠微系统

b）对信号 – 地 TSV 孔结构的通用电学建模方法，其中硅通孔在微针翅结构内部且浸没在去离子水中

案[34,35]。然而，在集成之前，应该对电学互连结构和微流体之间的相互作用
进行深入理解和分析。由于使用了微流体冷却，TSV 之间通过二氧化硅、硅和
去离子水存在电容耦合，因此，TSV 的电特性会受到各种材料特性的影响。虽
然硅的相对介电常数几乎是恒定的（11.9），但去离子水的相对介电常数随着频
率变化显著。可以使用德拜模型获得去离子水的频率响应特性[36]。去离子水
的频率相关介电常数高于硅，因此导致 TSV 寄生电容和电导的增加。

为此，文献[37]探讨了 TSV 在非对称基板（见图 11.23b）中的电路模
型。模型研究结果（见图 11.24a）表明，微流体散热器的几何形状会严重影响
TSV 的电学寄生参数值（见图 11.24b 和图 11.24c）。即，需要对 3D 集成系统
进行热电协同仿真，通过微流体内部结构尺寸的优化设计确保获得最优的电学
和热学性能。

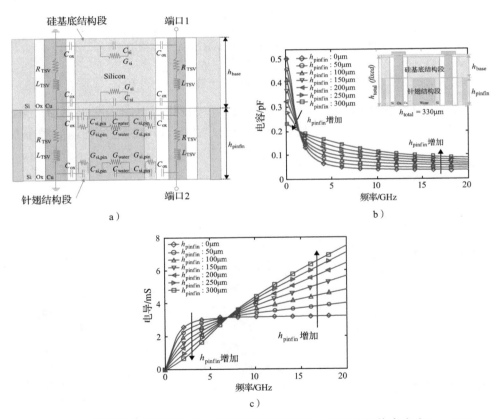

图 11.24　不同的微针肋翅片结构的电路模型和仿真结果，微针肋翅片高度为 $0 \sim 300\mu m$，
每 $50\mu m$ 取值，基底厚度可以用 $330\mu m$ 总厚度减去微针肋翅片高度值[37]

a）全电路模型　b）TSV 总电容　c）TSV 总电导

11.5　本章小结

本章介绍了芯粒的 2.5D 和 3D 集成技术以及硅转接板技术。介绍了电气和热设计考虑因素，并强调了在实现如此高度集成电子系统时独特和关键的挑战——散热。为此，本章也介绍了可用于 2.5D 和 3D IC 集成的微流体冷却方案。

参考文献

1 Su, L. (2019). "Delivering the future of high-performance computing," *DARPA ERI Summit: Opening plenary* 2019. (Presentation date: July 15, 2019).

2 Naffziger, S., Lepak, K., Paraschou, M., and Subramony, M. (2020). "2.2 AMD chiplet architecture for high-performance server and desktop products," *2020 IEEE International Solid- State Circuits Conference - (ISSCC)*, pp. 44–45.

3 Erdmann, C., Lowney, D., Lynam, A., Keady, A., McGrath, J., Cullen, E., Breathnach, D., Keane, D., Lynch, P., De La Torre, M., De La Torre, R., Lim, P., Collins, A., Farley, B., and Madden, L. (2015). "A heterogeneous 3D-IC consisting of two 28 nm fpga die and 32 reconfigurable high-performance data converters," *IEEE Journal of Solid-State Circuits* 50(1) pp. 258–269.

4 Mahajan, R. Sankman, R., Patel, N., Kim, D., Aygun, K., Qian, Z., Mekonnen, Y., Salama, I., Sharan, S., Iyengar, D., and Mallik, D. (2016). "Embedded multi-die interconnect bridge (EMIB) - a high density, high band-width packaging interconnect," *2016 IEEE 66th Electronic Components and Technology Conference (ECTC)*, pp. 557–565.

5 Gomes, W., Khushu, S., Ingerly, D. B., Stover, P. N., Chowdhury, N. I., O'Mahony, F., Balankutty, A., Dolev, N., Dixon, M. G., Jiang, L., Prekke, S., Patra, B., Rott, P. V., and Kumar, R. (2020). "8.1 Lakefield and mobility compute: A 3D stacked 10nm and 22ffl hybrid processor system in $12 \times 12mm2$, 1mm package-on-package," *2020 IEEE International Solid- State Circuits Conference - (ISSCC)*, pp. 144–146.

6 Cong, J., Ghodrat, M. A., Gill, M., Grigorian, B., Gururaj, K., and Reinman, G. (2014). "Accelerator-rich architectures: Opportunities and progresses," *Proceedings of the 51st Annual Design Automation Conference, DAC '14*, (New York, NY, USA), pp. 1–6, Association for Computing Machinery, 2014.

7 Kim, D. H., Athikulwongse, K., Healy, M. B., Hossain, M. M., Jung, M., Khorosh, I., Kumar, G., Lee, Y., Lewis, D. L., Lin, T., Liu, C., Panth, S., Pathak, M., Ren, M., Shen, G., Song, T., Woo, D. H., Zhao, X., Kim, J., Choi, H., Loh, G. H., Lee, H. S., and Lim, S. K.(2015). "Design and analysis of 3D-MAPS (3D massively parallel processor with stacked memory),"

IEEE Transactions on Computers 4(1), pp. 112–125.

8 Panth, S., Samadi, K., Du, Y., and Lim, S. K. (2013). "High-density integration of functional modules using monolithic 3D-IC technology," *2013 18th Asia and South Pacific Design Automation Conference (ASP-DAC)*, pp. 681–686.

9 Jo, P. K., Kochupurackal Rajan, S., Gonzalez, J. L., and Bakir, M. S. (2020). "Polylithic integration of 2.5-D and 3-D chiplets enabled by multi-height and fine-pitch CMIs," *IEEE Transactions on Components, Packaging and Manufacturing Technology* 10, pp. 1474–1481.

10 Hossen, M. O., Gonzalez, J. L., and Bakir, M. S. (2018). "Thermomechanical analysis and package-level optimization of mechanically flexible interconnects for interposer-on-motherboard assembly," *IEEE Transactions on Components, Packaging and Manufacturing Technology* 8, pp. 2081–2089.

11 Jo, P. K., Zhang, X., Gonzalez, J. L., May, G. S., and Bakir, M. S. (2018). "Heterogeneous multi-die stitching enabled by fine-pitch and multi-height compressible microinterconnects (CMIs)," *IEEE Transactions on Electron Devices* 65, pp. 2957–2963.

12 Jo, P. K. (2019). "Polylithic integration of heterogeneous multi-die enabled by compressible microinterconnects." PhD thesis, Georgia Institute of Technology, Atlanta, Georgia, US, Dec. 2019.

13 Jacquinot, H., Arnaud, L., Garnier, A., Bana, F., Barbe, J. C., and Cheramy, S. (2017). "RF characterization and modeling of 10 mm fine-pitch cu-pillar on a high density silicon interposer," *2017 IEEE 67th Electronic Components and Technology Conference (ECTC)*, (Orlando, Florida, US), May 2017, pp. 266–272.

14 Zheng, T., Jo, P. K., Rajan, S. K., and Bakir, M. S. (2020). "Polylithic integration for RF/MM-Wave chiplets using stitch-chips: Modeling, fabrication, and characterization," *2020 IEEE/MTT-S International Microwave Symposium (IMS)*, (Los Angeles, California), Aug. 2020, pp. 1035–1038.

15 Yang, H. S., Zhang, C., and Bakir, M. S. (2014). "Self-aligned silicon interposer tiles and silicon bridges using positive self-alignment structures and rematable mechanically flexible interconnects," *IEEE Transactions on Components, Packaging and Manufacturing Technology* 4, Nov. 2014, pp. 1760–1768.

16 Serafy, C., Bar-Cohen, A., Srivastava, A., and Yeung, D. (2016). "Unlocking the true potential of 3-D CPUs with microfluidic cooling," *IEEE Transactions on Very Large Scale Integration (VLSI) Systems* 24(4), pp. 1515–1523.

17 Zhang, Y., Zhang, Y., Sarvey, T., Zhang, C., Zia, M., and Bakir, M. (2016). "Thermal isolation using air gap and mechanically flexible interconnects for heterogeneous 3-D ICs," *IEEE Transactions on Components, Packaging and Manufacturing Technology* (6) 1, pp. 31–39.

18 Oprins, H., and Beyne, E. (2014)."Generic thermal modeling study of the impact of 3D-interposer material and thickness options on the thermal performance and die-to-die thermal coupling," *Fourteenth Intersociety Conference on Thermal and Thermomechanical Phenomena in Electronic Systems (ITherm)*, pp. 72–78, 2014.

19 Zhang, X., Lin, J. K., Wickramanayaka, S., Zhang, S., Weerasekera, R., Dutta, R., Chang, K. F., Chui, K.-J., Li, H. Y., Wee Ho, D. S., Ding, L., Katti, G.,

Bhattacharya, S., and Kwong, D.-L. (2015). "Heterogeneous 2.5D integration on through silicon interposer," *Applied Physics Reviews* 2(2), p. 02130.

20 Black, B.. Annavaram., M., Brekelbaum, N., DeVale, J., Jiang, L., Loh, G. H., McCaule, D., Morrow, P., Nelson, D. W., Pantuso, D., Reed, P., Rupley, J., Shankar, S., Shen, J., and Webb, C. (2006). "Die stacking (3D) microarchitecture," *2006 39th Annual IEEE/ACM International Symposium on Microarchitecture (MICRO'06)*, pp. 469–479.

21 Cong, J., Luo, G., and Shi, Y. (2011). "Thermal-aware cell and through-silicon-via co-placement for 3D ICs," *Proceedings of the 48th Design Automation Conference*, DAC '11, (New York, New York, US), pp. 670–675, Association for Computing Machinery, 2011.

22 Samal, S. K., Panth, S., Samadi, K., Saedi, M., Du, Y., and Lim, S. K. (2014). "Fast and accurate thermal modeling and optimization for monolithic 3D ICs," *Proceedings of the 51st Annual Design Automation Conference*, DAC '14, (New York, New York, US), pp. 1–6, Association for Computing Machinery, 2014.

23 Wei, H., Wu, T. F., Sekar, D., Cronquist, B., Pease, R. F., and Mitra, S. (2012). "Cooling three-dimensional integrated circuits using power delivery networks," *2012 International Electron Devices Meeting*, pp. 14.2.1–14.2.4.

24 Zhang, Y., Sarvey, T. E., and Bakir, M. S. (2017). "Thermal evaluation of 2.5-D integration using bridge-chip technology: Challenges and opportunities," *IEEE Trans. Compo. Packag. Manuf. Technol.* 7(7), pp. 1101–1110.

25 Zhang, Y., Zhang, Y., and Bakir, M. S. (2014). "Thermal design and constraints for heterogeneous integrated chip stacks and isolation technology using air gap and thermal bridge," *IEEE Trans. Compo. Packag. Manuf. Technol.* 4(12), pp. 1914–1924.

26 Zhang, Y., Sarvey, T. E., and Bakir, M. S. (2014). "Thermal challenges for heterogeneous 3D ICs and opportunities for air gap thermal isolation," *2014 International 3D Systems Integration Conference (3DIC)*, pp. 1–5.

27 Sohn, K., Yun, W., Oh, R., Oh, C., Seo, S., Park, M., Shin, D., Jung, W., Shin, S., Ryu, J., Yu, H., Jung, J., Lee, H., Kang, S., Sohn, Y., Choi, J., Bae, Y., Jang, S., and Jin, G. (2017). "A 1.2 v 20 nm 307 GB/s HBM DRAM with at-speed wafer-level IO test scheme and adaptive refresh considering temperature distribution," *IEEE Journal of Solid-State Circuits* 52(1), pp. 250–260.

28 Kaul, A., Rajan, S. K., Obaidul Hossen, M., May, G. S., and Bakir, M. S. (2020). "BEOL-embedded 3D polylithic integration: Thermal and interconnection considerations," *2020 IEEE 70th Electronic Components and Technology Conference (ECTC)*, pp. 1459–1467.

29 Kaul, A., Peng, X., Rajan, S. K., Yu, S., and Bakir, M. S. (2020). "Thermal modeling of 3D polylithic integration and implications on BEOL RRAM performance," *2020 IEEE International Electron Devices Meeting (IEDM)*, pp. 13.1.1–13.1.4.

30 Tuckerman, D. B., and Pease, R. F. W. (1981). "High-performance heat sinking for VLSI," *IEEE Electron Device Letters* 2(5), pp. 126–129.

31 Sarvey, T. E., Zhang, Y., Cheung, C., Gutala, R., Rahman, A., Dasu, A., and

Bakir, M. S. (2017). "Monolithic integration of a micropin-fin heat sink in a 28-nm FPGA," *IEEE Transactions on Components, Packaging and Manufacturing Technology* 7(10), pp. 1617–1624.

32 Zimmermann, S., Tiwari, M. K., Meijer, I., Paredes, S., Michel, B., and Poulikakos, D. (2012). "Hot water cooled electronics: exergy analysis and waste heat reuse feasibility," *International Journal of Heat and Mass Transfer* 55(23–24), pp. 6391–6399.

33 Sarvey, T. E., Kaul, A., Rajan, S. K., Dasu, A., Gutala, R., and Bakir, M. S. (2019). "Microfluidic cooling of a 14-nm 2.5-D FPGA with 3-D printed manifolds for high-density computing: Design considerations, fabrication, and electrical characterization," *IEEE Transactions on Components, Packaging and Manufacturing Technology* 9(12), pp. 2393–2403.

34 Zhang, Y., Zheng, L., and Bakir, M. S. (2013). "3-D stacked tier-specific microfluidic cooling for heterogeneous 3-D ICs," *IEEE Transactions on Components, Packaging and Manufacturing Technology* 3(11), pp. 1811–1819.

35 Zhang, Y., Oh, H., and Bakir, M. S. (2013). "Within-tier cooling and thermal isolation technologies for heterogeneous 3D ICs," *2013 IEEE International 3D Systems Integration Conference (3DIC)*, pp. 1–6.

36 Kaatze, U. (1989). "Complex permittivity of water as a function of frequency and temperature," *Journal of Chemical and Engineering Data* 34(4), pp. 371–374.

37 Oh, H., Swaminathan, M., May, G. S., and Bakir, M. S. (2020). "Electrical circuit modeling and validation of through-silicon vias embedded in a silicon microfluidic pin-fin heat sink filled with deionized water," *IEEE Transactions on Components, Packaging and Manufacturing Technology* 10(8), pp. 1337–1347.